目次

教科書ぴったりトレーニング
大日本図書版 **理科2**年

■ 成績アップのための学習メソッド ▶ 2 ～ 5

■ 学習内容

ぴたトレ0（スタートアップ）　▶ 6 ～ 9

※原則, ぴたトレ1は偶数, ぴたトレ2は奇数ページになります。

■ 定期テスト予想問題　▶ 119 ～ 135

■ 解答集　▶ 別冊

[写真提供]

コーベット・フォトエージェンシー

成績アップのための学習メソッド

学習のはじめ

ぴたトレ0
スタートアップ

この学年の内容に関連した,これまでに習った内容を確認しよう。
学習のはじめにとり組んでみよう。

日常の学習

ぴたトレ1
要点チェック

教科書の用語や重要事項を
さらっとチェックしよう。
要点が整理されているよ。

ぴたトレ2
練習

問題演習をして,基本事項を身に
つけよう。ページの下の「ヒント」
や「ミスに注意」も参考にしよう。

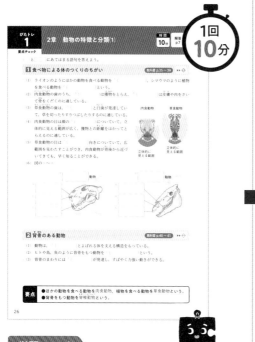

1回
10分

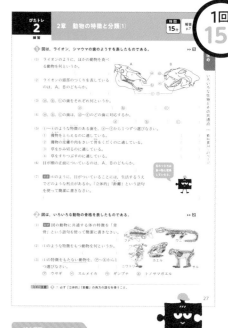

1回
15分

学習メソッド

「わかる」「簡単」と思った内容な
ら、「ぴたトレ2」から始めてもいい
よ。「ぴたトレ1」の右ページの「ぴ
たトレ2」で同じ範囲の問題をあつ
かっているよ。

学習メソッド

わからない内容やまちがえた内容
は,必要であれば「ぴたトレ1」に
戻って復習しよう。▶▶■ のマークが
左ページの「ぴたトレ1」の関連す
る問題を示しているよ。

「学習メソッド」を使うとさらに効率的・効果的に勉強ができるよ！

ぴたトレ3

確認テスト

テスト形式で実力を確認しよう。まずは,目標の70点を目指そう。
「定期テスト予報」はテストでよく問われるポイントと対策が書いてあるよ。

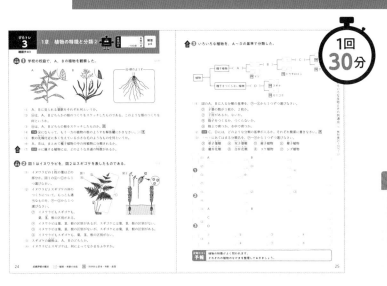

1回 30分

学習メソッド

テスト前までに「ぴたトレ1〜3」のまちがえた問題を復習しておこう。

↓

テスト前

定期テスト 予想問題

テスト前に広い範囲をまとめて復習しよう。
まずは,目標の70点を目指そう。

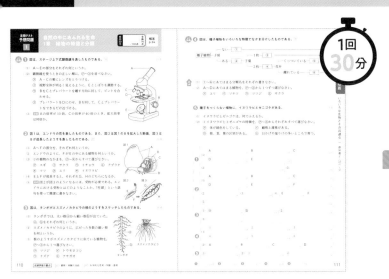

1回 30分

学習メソッド

さらに上を目指すキミは「点UP」にもとり組み,まちがえた問題は解説を見て,弱点をなくそう。

次のページへ続くよ

〔 効率的・効果的に学習しよう! 〕

✕ 同じまちがいをくり返さないために

まちがえた問題は,別冊解答の「考え方」を読んで,どこをまちがえたのか確認しよう。

 ## 効率的に 勉強するために

各ページの解答時間を目安にしてとり組もう。まちがえた問題のチェックボックスにチェックを入れて,後日復習しよう。

 ## 理科に特徴的な問題の ポイントを押さえよう

計算 ,作図 ,記述 の問題にはマークが付いているよ。何がポイントか意識して勉強しよう。

 ## 観点別に自分の学力をチェックしよう

学校の成績はおもに,「知識・技能」「思考・判断・表現」といった観点別の評価をもとにつけられているよ。
一般的には「知識」を問う問題が多いけど,テストの問題は,これらの観点をふまえて作ら

れることが多いため,「ぴたトレ3」「定期テスト予想問題」でも「知識・技能」のうちの「技能」と「思考・判断・表現」の問題にマークを付けて表示しているよ。自分の得意・不得意を把握して成績アップにつなげよう。

 ## 付録も活用しよう

 ✕ 赤シート ▮▮ 中学ぴたサポアプリ

持ち歩きしやすいミニブックに,理科の重要語句などをまとめているよ。スキマ時間やテスト前などに,サッとチェックができるよ。

スマホで一問一答の練習ができるよ。スキマ時間に活用しよう。

〔 勉強のやる気を上げる**4**つの工夫 〕

1 "ちょっと上"の目標をたてよう

頑張ったら達成できそうな,今より"ちょっと上"のレベルを目標にしよう。目指すところが決まると,そこに向けてやる気がわいてくるよ。

ちょっと上に

2 無理せず続けよう

勉強を続けると,「続けたこと」が自信になって,次へのやる気につながるよ。「ぴたトレ理科」は1回分がとり組みやすい分量だよ。無理してイヤにならないよう,あまりにも忙しいときや疲れているときは休もう。

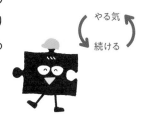

やる気
続ける

3 勉強する環境を整えよう

勉強するときは,スマホやゲームなどの気が散りやすいものは遠ざけておこう。

4 とりあえず勉強してみよう

やる気がイマイチなときも,とりあえず勉強を始めるとやる気が出てくるよ。
わからない問題にいつまでも時間をかけずに,解答と解説を読んで理解して,また後で復習しよう。「ぴたトレ理科」は細かく範囲が分かれているから,「できそう」「興味ありそう」な内容からとり組むのもいいかもね。

わからない
問題
↓
とばして,
後で復習

解答 p.1

単元1 化学変化と原子・分子 の学習前に

（　）にあてはまる語句を答えよう。

1章　物質の成り立ち 教科書 p.10〜36

【中学校1年】物質のすがた

□ 物質が温度によって固体，液体，気体の間で
状態を変えることを ①（　　　　　　　　）という。

□ 金属には，次のような共通の性質がある。

- ②（　　　　　　　）をよく通す（電気伝導性）。
- ③（　　　　　　　）をよく伝える（熱伝導性）。
- 磨くと特有の光沢が出る（金属光沢）。
- たたいて広げたり（展性），引きのばしたり（延性）することができる。

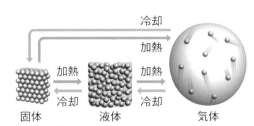

粒子のモデルで考えた状態変化

2章　いろいろな化学変化／3章　化学変化と熱の出入り 教科書 p.38〜58

【中学校1年】物質のすがた

□ 「コップ」や「スプーン」など，使う目的や形などでものを区別するときの
名称を ①（　　　　　　）という。一方，「ガラス」や「プラスチック」など，
①をつくっているもの（材料）の名称を ②（　　　　　　）という。

□ ③（　　　　　　）には，ものを燃やすはたらきがある。

□ 有機物の多くは炭素のほかに水素を含んでおり，
燃やすと ④（　　　　　　　　）のほかに水が発生する。

4章　化学変化と物質の質量 教科書 p.60〜69

【中学校1年】物質のすがた

□ 物質を水などの液体に溶かすとき，
水などの液体に溶けている物質を ①（　　　　　　），
水のように①を溶かしている液体を
②（　　　　　　），①が②に溶けた液を溶液という。
また，②が水の溶液を，③（　　　　　　　　）という。

□ 水を物質に溶かす前と溶かした後では，
全体の質量は ④（　　　　　　　　）。

□ 物質が状態変化したとき，その体積は変化するが，質量は ⑤（　　　　　　　　）。

溶液
（塩化ナトリウム
水溶液）

溶質
（塩化ナトリウム）

溶媒
（水）

塩化ナトリウム水溶液のつくり方

（　）にあてはまる語句を答えよう。

1章　生物をつくる細胞　[教科書 p.84 ～ 93]

【中学校1年】生物の世界

□顕微鏡を使うと，観察物を 40～600 倍程度に拡大して観察することができる。

観察するときにつくる，観察物をスライドガラスにのせて，カバーガラスを

かぶせたものを①（　　　　　　　　　　）という。

2章　植物の体のつくりとはたらき　[教科書 p.94 ～ 112]

【小学校5年】植物の発芽・成長・結実

□インゲンマメなどの種子には，①（　　　　　　）という

栄養分が含まれていて，発芽するときに使われる。

【小学校6年】植物の養分と水の通り道，生物と環境

□植物の葉に日光が当たると，空気中の②（　　　　　　　　）を

とり入れて，③（　　　　　　）を出す。

ヨウ素液をつけた
インゲンマメの種子

□根からとり入れられた水は，根から茎，茎から葉へと続く水の通り道を通って，

体全体に運ばれる。体の中に運ばれた水が，主に④（　　　　　　）から

水蒸気となって出ていくことを⑤（　　　　　　）という。

3章　動物の体のつくりとはたらき　[教科書 p.114 ～ 147]

【小学校6年】ヒトの体のつくりとはたらき

□食べ物は口の中でかみくだかれ，①（　　　　　　　）と混ざる。

①のはたらきで，デンプンは別の物質に変化する。

口で消化された食べ物は，胃や②（　　　　　　）でさらに消化され，

栄養分は水とともに主に②で吸収される。

□酸素を体内にとり入れ，二酸化炭素を体外に出すことを

③（　　　　　　）という。

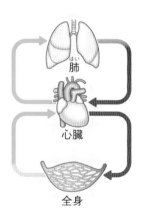

肺

心臓

全身

全身をめぐる血液

□心臓は④（　　　　　　）を全身に送り出し，④は栄養分や酸素を運び，

体の各部分で不要なものや二酸化炭素を受けとる。

心臓から⑤（　　　　　　）に送られた④は，⑤で二酸化炭素を出し，

酸素を受けとって心臓に戻る。

【小学校4年】ヒトの体のつくりと運動

□ヒトの体は，骨についた⑥（　　　　　　）が縮んだりゆるんだりすることで

動かすことができる。また，ヒトの体は，関節で曲げることができる。

7

( )にあてはまる語句を答えよう。

1章 電流と回路 `教科書 p.160 ～ 190`

【小学校4年】電流のはたらき

□ 乾電池とモーターをつなぐと、回路に電流が流れて
モーターが回る。乾電池をつなぐ向きを変えると、
回路に流れる電流の向きが変わり、
モーターの回る向きは^①( )。

□ 乾電池2個を直列つなぎにしてモーターにつなぐと、
回路に流れる電流は、乾電池1個のときより
大きくなり、モーターの回る速さは
^②( )。

□ 乾電池2個を並列つなぎにしてモーターにつなぐと、
回路に流れる電流は、乾電池1個のときと変わらず、
モーターの回る速さは^③( )。

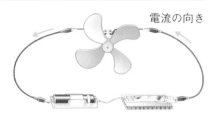

電流の向き

回路に流れる電流

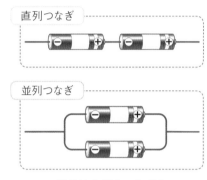

直列つなぎ

並列つなぎ

乾電池2個のつなぎ方

2章 電流と磁界／3章 電流の正体 `教科書 p.192 ～ 221`

【小学校3年】磁石の性質

□ 磁石は、金属のうち、^①( )を引きつける。

□ 磁石が最も強く①を引きつける部分を^②( )といい、
ちがう②どうしは引き合い、同じ②どうしはしりぞけ合う。

【小学校5年】電流がつくる磁力

□ 電磁石は、^③( )に電流が流れているときだけ、
磁石の性質をもつ。また、電磁石にはN極とS極がある。

□ ③に流れる電流の向きが逆になると、電磁石のN極とS極も
^④( )になる。

□ ③に流れる電流を大きくすると、電磁石が鉄を引きつける力は
^⑤( )なる。

□ コイルの巻数を多くすると、電磁石が鉄を引きつける力は
^⑥( )なる。

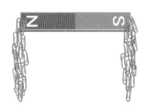

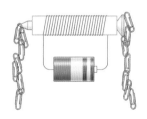

棒磁石と電磁石

単元4 気象のしくみと天気の変化 の学習前に

解答 p.2

( )にあてはまる語句を答えよう。

1章　気象観測／2章　気圧と風　　教科書 p.236〜255

【小学校4年】天気のようす

□気温は，風通しのよい場所で，地面から1.2〜1.5mの高さで，
　温度計に①（　　　　　　　　）が直接当たらないようにしてはかる。

□空全体の広さを10として，雲がおおっている空の広さが0〜8のときの天気を
　②（　　　　　　　），9〜10のときの天気を③（　　　　　　　）という。

□晴れの日は1日の気温の変化が④（　　　　　　　）。
　また，くもりや雨の日は1日の気温の変化が⑤（　　　　　　　）。

3章　天気の変化　　教科書 p.256〜273

【小学校4年】水と温度

□熱せられるなどして，水（液体）が
　目に見えないすがたに変わったものを
　①（　　　　　　　）（気体）という。

□水が①になって空気中に出ていくことを
　②（　　　　　　　）という。空気中には①が
　含まれていて，冷やされると水になる。

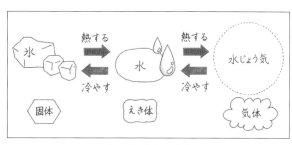

水のすがたの変化

□水を冷やして0℃になると，水は③（　　　　　　）（固体）になる。

4章　日本の気象　　教科書 p.274〜286

【小学校5年】天気の変化

□天気が変わるとき，雲は動きながら，雲の量が
　増えたり減ったりする。日本付近では，雲はおよそ
　①（　　　　　）から②（　　　　　）へと動く。

□雲の動きにつれて，天気もおよそ③（　　　　　）から
　④（　　　　　）へと変わっていく。

□台風は日本の⑤（　　　　　）の方で発生し，
　はじめは西へ進み，しだいに北へ進むことが多い。
　また，台風が近づくと，強い風がふいたり，
　短い時間に大雨が降ったりする。

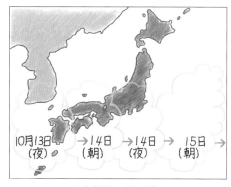

日本付近の雲の動き

10月13日（夜）→14日（朝）→14日（夜）→15日（朝）→

（　）と　　　にあてはまる語句を答えよう。

1 熱による分解

教科書p.10〜17　▶▶❶

□(1) ある物質が別の物質になる変化を¹（　　　　　　　）という。

□(2) 1種類の物質が2種類以上の物質に分かれる化学変化を²（　　　　　　　）といい，とくに加熱したときに起こる分解を³（　　　　　　　）という。

□(3) 黒色の固体である酸化銀を加熱すると，固体の⁴（　　　　）と気体の⁵（　　　　）に分解する。

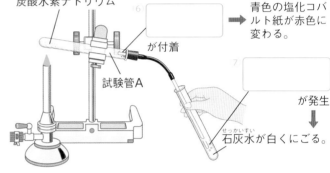

炭酸水素ナトリウムの熱分解

炭酸水素ナトリウム

⁶（　　　　）が付着

試験管A

青色の塩化コバルト紙が赤色に変わる。

⁷（　　　　）が発生

石灰水が白くにごる。

□(4) 図の⁶，⁷

□(5) 気体の発生がなくなったとき，試験管Aには白色の⁸（　　　　）が残る。

□(6) 炭酸水素ナトリウムと炭酸ナトリウムを水に入れると⁹（　　　　　　　　　　）の方がよく溶ける。このとき，¹⁰（　　　　　　　　　　）を加えると，炭酸ナトリウムが溶けた水溶液の方がはっきりと変色し，強い¹¹（　　　　　　）性であることがわかる。

2 電気による分解

教科書p.19〜22　▶▶❷

□(1) 図の¹，²

□(2) 純粋な水に電流を流すには大きな電圧が必要である。電流を流れやすくするために³（　　　　　　　　　）を溶かした水を使う。

□(3) ⁴（　　　　）極にたまった水素にマッチの炎を近づけると，水素が音を立てて⁵（　　　　）。

□(4) ⁶（　　　　）極にたまった酸素の中に火のついた線香を入れると，線香が⁷（　　　　）を上げて燃えた。

水の電気分解

¹（　　　　）がたまる。　²（　　　　）がたまる。

物質名

たまった気体の体積
陽極：陰極＝1：2

陰極　　　　陽極

電源装置

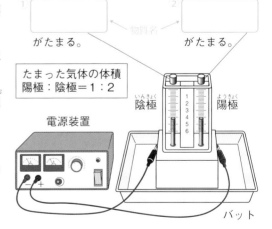

バット

要点	●炭酸水素ナトリウムは炭酸ナトリウム・水・二酸化炭素に分解する。 ●水の電気による分解では，陰極に水素，陽極に酸素が発生する。

1章　物質の成り立ち(1)

1 図の装置の試験管に炭酸水素ナトリウムを入れて加熱したところ，試験管に残った固体Ａと，液体Ｂ，気体Ｃに分解した。　▶▶ 1

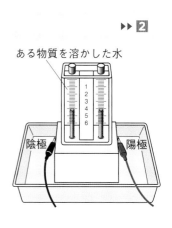

- □(1) 試験管に残った固体Ａは，何という物質か。
  （　　　　　　　　　　　　）
- □(2) 次の文の①，②にあてはまる語句を，それぞれ書きなさい。
  液体Ｂは　①　であり，青色の　②　をつけると赤色になることで確認できる。
  ①（　　　　　）　②（　　　　　　　　）
- □(3) 気体Ｃは何という物質か。
  （　　　　　　　　　　　　）
- □(4) [記述] (3)であることを確かめる方法と結果を，簡潔に書きなさい。
  （　　　　　　　　　　　　　　　　　　　　）
- □(5) 水によく溶けるのは，炭酸水素ナトリウムと固体Ａのどちらか。
  （　　　　　　　　　　　　）
- □(6) 炭酸水素ナトリウムと固体Ａの水溶液にフェノールフタレイン液を加えたとき，それぞれどのように変色するか。
  炭酸水素ナトリウム（　　　　　　　　）
  固体Ａ（　　　　　　　　）
- □(7) [記述] フェノールフタレイン液の色が(6)のように変化したことから，固体Ａの水溶液についてどのようなことがわかるか。「アルカリ性」という語を用いて簡潔に書きなさい。
  （　　　　　　　　　　　　　　　　　　　　）

2 図のような装置で，電気による水の分解を行なった。　▶▶ 2

- □(1) 水に溶かした物質は何か。　（　　　　　　　　）
- □(2) [記述] (1)を溶かした理由を，簡潔に書きなさい。
  （　　　　　　　　　）
- □(3) 電圧を加えると，陽極と陰極のそれぞれから気体が発生し始めた。それぞれの電極から発生した気体は何か。
  陽極（　　　　　）　陰極（　　　　　）
- □(4) 陽極に２目盛りまで気体がたまったとき，陰極では何目盛りまで気体がたまるか。
  （　　　　　　　）
- □(5) [記述] 陰極で発生した気体にマッチの炎を近づけるとどうなるか。簡潔に書きなさい。
  （　　　　　　　　　　　）

図中：ある物質を溶かした水　陰極　陽極

ヒント 🔸 1 (6) フェノールフタレイン液は，アルカリ性が強いほど濃(こ)い赤色に変化する。
🔸 2 (4) たまった気体の体積の比は，陽極：陰極＝1：2となる。

1章　物質の成り立ち(2)

（　）と□□□にあてはまる語句や記号，数を答えよう。

1 原子 _{げん し}

教科書p.23〜25　▶▶①

□(1) 物質をつくっている最小の粒子を^{りゅう し} ¹（　　　　　　）という。

□(2) 原子の種類を ²（　　　　　　）といい，2019年までに118種類が知られている。

□(3) 原子の大きさは，³（　　　　　　）ごとに異なる。

□(4) 原子の性質
　● 化学変化のとき，それ以上 ⁴（　　　　　　　　　）。 _{か がくへん か}
　● 化学変化のとき，なくなったり，新しくできたり，他の元素の原子に変わったり ⁵（　　　　　　　）。 _{げん そ}
　● 原子の質量は，⁶（　　　　　　）によって決まっている。

原子の性質

□(5) 元素を簡単に表現するために決められた，世界共通の記号を ⁷（　　　　　　　　　　）という。

□(6) 図の ⑧ 〜 ⑪

元素の名前	水素	⁹	¹⁰	鉄
元素記号	⁸	C	O	¹¹

□(7) 元素をその規則性をもとに並べた表を ¹²（　　　　　　）という。

2 分子 _{ぶん し}

教科書p.28〜29　▶▶②

□(1) 物質の性質を示す最小の粒子を ¹（　　　　　　）という。

□(2) 気体の酸素や水素は，1個の原子のままではなく ²（　　　　　　）個の原子が結びついた分子の形になっている。

□(3) 図の ³ 〜 ⁵

³ [　　　　　　] の分子　　　⁴ [　　　　　　] の分子　　　⁵ [　　　　　　] の分子

H H
水素原子

酸素原子
O
H H
水素原子

O C O
炭素原子

□(4) 金属や塩化ナトリウムなどは，⁶（　　　　　　）のような粒子をつくらず，多数の ⁷（　　　　　　）が決まった割合で集まってできた物質である。

塩化ナトリウムのモデル
塩素原子
ナトリウム原子

要点 ●物質をつくる最小の粒子を原子といい，物質の性質を示す最小の粒子を分子という。

1章　物質の成り立ち(2)

時間 15分　解答 p.3

1 原子について，次の問いに答えなさい。 ▸▸ 1

□(1) 原子について説明した①～⑤について，正しいものには○，まちがっているものには×をつけなさい。

① 化学変化で，新しい原子ができることはない。（　　）
② 化学変化で，原子がなくなることがある。（　　）
③ 化学変化で，１個の原子が２個に分かれることがある。（　　）
④ 化学変化で，原子の種類が変わることはない。（　　）
⑤ 原子の質量は，種類によって決まっている。（　　）

□(2) 次の①～⑫にあてはまる元素の名前や記号を，それぞれ書きなさい。

元素の名前	記号
①	H
炭素	②
窒素	③
酸素	④

元素の名前	記号
⑤	Na
マグネシウム	⑥
硫黄	⑦
⑧	Cl

元素の名前	記号
カルシウム	⑨
⑩	Fe
銅	⑪
⑫	Ag

①（　　）②（　　）③（　　）④（　　）
⑤（　　）⑥（　　）⑦（　　）⑧（　　）
⑨（　　）⑩（　　）⑪（　　）⑫（　　）

2 分子について，次の問いに答えなさい。 ▸▸ 2

□(1) 分子は，何を示す最小のものか。（　　）

□(2) 窒素の分子１個は，どのような原子が何個結びつくことでできているか。例と同じように書きなさい。（例）　酸素の分子１個：「２個の酸素原子が結びついてできている。」

（　　）

□(3) 次の図は，水の分子と二酸化炭素の分子をモデルで表したものである。①～③は，それぞれ何の原子か。

①（　　）
②（　　）
③（　　）

□(4) 右の図は，ナトリウム原子と塩素原子が１：１の割合で集まってできた物質をモデルで表したものである。

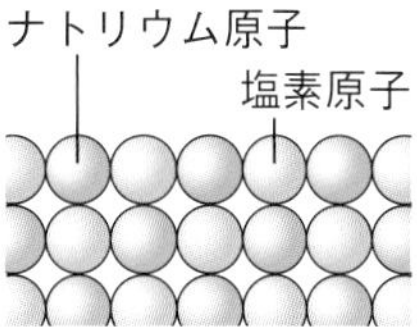

① 何という物質か。（　　）
② 分子をつくるか，つくらないか。（　　）

ヒント 1 (1) 化学変化で原子が変化することはない。

ミスに注意 2 (1) 原子と分子を混同しないように注意する。

( ) と ☐ にあてはまる語句や化学式，数を答えよう。

1 化学式 教科書p.30～33 ▶▶❶

☐(1) 元素記号を使って物質の種類を表したものを $^1($　　　　　) という。

☐(2) 図の ②, ③

水の化学式の表し方

モデルを ^{2}☐ に置きかえる。　原子をまとめて，^{3}☐ を右下に置く。

水のモデル　$\longrightarrow$　HOH　$\xrightarrow{\text{H：2個　O：1個}}$　H_2O

☐(3) 銅は，分子をつくらない金属であり，1種類の元素の原子が集まってできているので，化学式は $^4($　　　　) 1個で代表させ，$^5($　　　　　) と表す。

☐(4) 塩化ナトリウムは，ナトリウム原子と塩素原子が1：1の割合で集まってできている。各元素の原子の数の割合が1：1なので，化学式は $^6($　　　　　) と表す。

☐(5) 1種類の元素からできている物質を $^7($　　　　) といい，2種類以上の元素からできている物質を $^8($　　　　) という。

2 化学反応式 教科書p.34～36 ▶▶❷

☐(1) 化学式を用いて化学変化のようすを表した式を $^1($　　　　　) という。

☐(2) 図の ②～⑥

化学反応式のつくり方（水の分解）

水　$\longrightarrow$　水素　＋　酸素

H_2O
水素原子：2個
酸素原子：1個

右側と左側の数を同じにするために，左側に水の分子を1個加える。

H_2　O_2
水素原子：2個　酸素原子：2個

←右側の ^{2}☐ が1個多い。

H_2O　H_2O
水素原子：4個　酸素原子：2個
2 ^{3}☐ ←化学式

$\longrightarrow$

H_2　H_2　O_2
水素原子：4個　酸素原子：2個
2 ^{4}☐ ＋ ^{5}☐
化学式

化学反応式をつくるときは，右側（変化の後）と左側（変化の前）の原子の ^{6}☐ と数が等しくなるように調節する。

☐(3) 酸化銀（Ag_2O）が分解して，銀と酸素になる化学変化を化学反応式で表すと，
$^7($　　　) Ag_2O $\longrightarrow$ $^8($　　　) Ag ＋ $^9($　　　　) になる。

要点 ●化学反応式をつくるときは，変化の前後の原子の種類と数を同じにする。

1 次のモデルで表された物質について，あとの問いに答えなさい。　▶▶ **1**

① 炭素原子　酸素原子
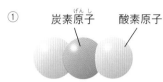

② 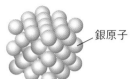　銀原子

③ 酸素原子

④ 塩素原子　ナトリウム原子

⑤ 窒素原子
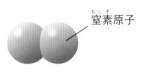

⑥ 酸素原子　水素原子
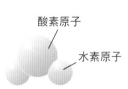

□(1)　①〜⑥の化学式を，それぞれ書きなさい。

①（　　　　　　）　②（　　　　　　）　③（　　　　　　）
④（　　　　　　）　⑤（　　　　　　）　⑥（　　　　　　）

□(2)　①〜⑥の物質のうち，単体を全て選びなさい。（　　　　　　）

□(3)　①〜⑥の物質のうち，化合物を全て選びなさい。（　　　　　　）

□(4)　記述 (3)の物質を選んだ理由を，簡潔に書きなさい。

（　　　　　　　　　　　　　　　　　　　　　　　　　　）

2 化学反応式について，次の問いに答えなさい。　▶▶ **2**

□(1)　水が分解して水素と酸素になる化学変化を，化学反応式に表そうとした次の①，②のどちらも誤りがある。誤っている内容を，例と同じように書きなさい。

（例）$2H_2O \longrightarrow H_2 + H_2 + O_2$

（答）：右側（変化の後）にできた2個の水素分子を，まとめて$2H_2$と書いていない。

①　$H_2O \longrightarrow H_2 + O_2$

（　　　　　　　　　　　　　　　　　　　　　　　　　　）

②　$2H_2O \longrightarrow 2H_2 + 1O_2$

（　　　　　　　　　　　　　　　　　　　　　　　　　　）

□(2)　酸化銀（Ag_2O）が分解して，銀と酸素になる化学変化について，①，②に答えなさい。

①　作図 銀原子を●，酸素原子を○として，化学変化のようすをモデルでかきなさい。

（　　　　　　　　　　　　　　　　　　　　　　　　　　）

②　化学変化のようすを表す化学反応式を書きなさい。

（　　　　　　　　　　　　　　　　　　　　　　　　　　）

ミスに注意 **1** (2)分子（ぶんし）をつくる物質でも，1種類の元素（げんそ）からできていれば単体である。

ヒント **2** (1)②分子の数が1個のときは化学式の前に1と書かずに省略する。

1章　物質の成り立ち

時間30分　／100点　合格70点　解答p.4

❶ 図1は酸化銀，図2は炭酸水素ナトリウムを加熱しているようすである。 40点

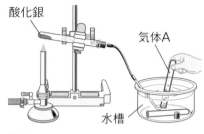

図1
酸化銀
気体A
水槽

図2
炭酸水素ナトリウム
液体B
気体C

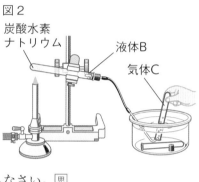

- □(1) 気体Aと気体Cについて，①，②に答えなさい。
    - ① 単体であるものを書きなさい。なお，単体がないときは，「なし」と書きなさい。
    - ② 気体A，気体Cが発生するものを，㋐～㋔からそれぞれ選びなさい。
        - ㋐ 亜鉛にうすい塩酸を加える。
        - ㋑ 二酸化マンガンにうすい過酸化水素水を加える。
        - ㋒ 石灰石にうすい塩酸を加える。
        - ㋓ 塩化アンモニウムと水酸化ナトリウムの混合物に水を加える。
- □(2) 液体Bの化学式を書きなさい。
- □(3) 記述 液体Bが(2)の化学式で表される物質であることを確認する方法と結果を，簡潔に書きなさい。思
- □(4) 図1で，酸化銀に起こった化学変化を化学反応式で表しなさい。思
- □(5) 図2で，加熱した試験管に残った固体を何というか。
- □(6) 炭酸水素ナトリウム水溶液と(5)の水溶液のうち，弱いアルカリ性を示すのはどちらか。

❷ 図のような装置を使って，少量の水酸化ナトリウムを溶かした水に電圧を加えたところ，両方の電極から気体が発生した。電極Aで発生した気体の体積が電極Bで発生した気体の体積の約2倍であった。 27点

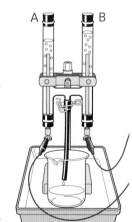

A　B

- □(1) 記述 水を電気によって分解するとき，純粋な水を使わず水酸化ナトリウムを溶かした水を使う理由を，簡潔に書きなさい。技
- □(2) 陽極はA，Bのどちらか。思
- □(3) 電極A，Bから発生する気体の性質を，㋐～㋔からそれぞれ選びなさい。
    - ㋐ 火のついた線香を入れると，線香が炎を上げて燃える。
    - ㋑ 石灰水に通すと，石灰水が白くにごる。
    - ㋒ 青色のリトマス紙を赤色に変える。
    - ㋓ マッチの炎を近づけると，気体が音を立てて燃える。
- □(4) 水が電極A，Bから発生する気体に分解する化学変化を，化学反応式で表しなさい。思

❸ 次の問いに答えなさい。

□(1) 作図 炭素が燃えて，二酸化炭素ができた。この化学変化を原子のモデルで表しなさい。ただし，炭素原子を●，酸素原子を○とする。

□(2) 作図 酸化銀を加熱すると，銀と酸素になった。この化学変化を原子のモデルで表しなさい。ただし，銀原子を◎，酸素原子を○とする。

❹ 図は，物質を2つの基準で4つのグループに分けたものである。

21点

□(1) 記述 単体と化合物には，どのようなちがいがあるか。簡潔に書きなさい。思

□(2) Xにあてはまる語を書きなさい。

□(3) 次の①，②の物質は，それぞれ図のⓐ～ⓓのどこに入るか。
　　① 酸化銀
　　② アンモニア

	単体	化合物
Xをつくる	ⓐ 水素 窒素	ⓑ 水 塩化水素
Xをつくらない	ⓒ 銅 マグネシウム	ⓓ 塩化ナトリウム

❶	(1) ①	②気体A	気体C		
	(2)				
	(3)				
	(4)				
	(5)	(6)			
❷	(1)				
	(2)	(3) A	B		
	(4)				
❸	(1)				
	(2)				
❹	(1)				
	(2)	(3) ①	②		

(1)① 5点　②気体A 4点　気体C 4点　(2) 5点　(3) 6点　(4) 6点　(5) 5点　(6) 5点

❷(1) 6点　(2) 5点　(3) A 5点　B 5点　(4) 6点

❸(1) 6点　(2) 6点

❹(1) 6点　(2) 5点　(3)① 5点　② 5点

定期テスト
予報

教科書にある元素記号は確実に覚えましょう。また，炭酸水素ナトリウムの熱分解で生じる物質が炭酸ナトリウム，水，二酸化炭素であることも覚えておきましょう。

2章　いろいろな化学変化(1)

時間 10分　解答 p.5

(　　)と［　　］にあてはまる語句や化学式，数を答えよう。

1 有機物の燃焼

教科書p.38〜40　▸▸ 1 2

□(1) 物質が酸素と結びつく化学変化を①(　　　　)といい，①でできる物質を②(　　　　)という。また，光や熱を出しながら激しく①が進む現象を③(　　　　)という。

□(2) 図の④，⑤

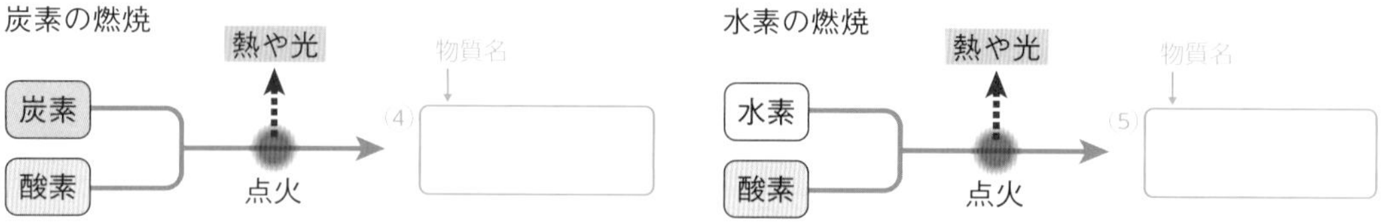
炭素の燃焼
熱や光
物質名
炭素
酸素
点火
④
水素の燃焼
熱や光
物質名
水素
酸素
点火
⑤

□(3) 有機物は⑥(　　　　)原子を含むため，酸素と結びついて二酸化炭素ができる。また，⑦(　　　　)原子を含むため，酸素と結びついて水ができる。

□(4) 天然ガスの主成分である，有機物のメタンの燃焼を化学反応式で表すと，

メタン CH_4 ＋ 2⑧(　　　　)〔酸素〕 ⟶ 二酸化炭素 CO_2 ＋ 2⑨(　　　　)〔水〕

2 金属の燃焼

教科書p.42〜45　▸▸ 2

□(1) マグネシウムリボンを加熱すると，激しい光を出しながら空気中の酸素と結びつき，①(　　　　)になる。

□(2) スチールウール(鉄)を加熱すると，光を出しながら空気中の酸素と結びつき，②(　　　　)になる。

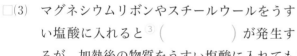

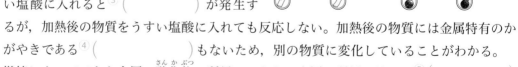

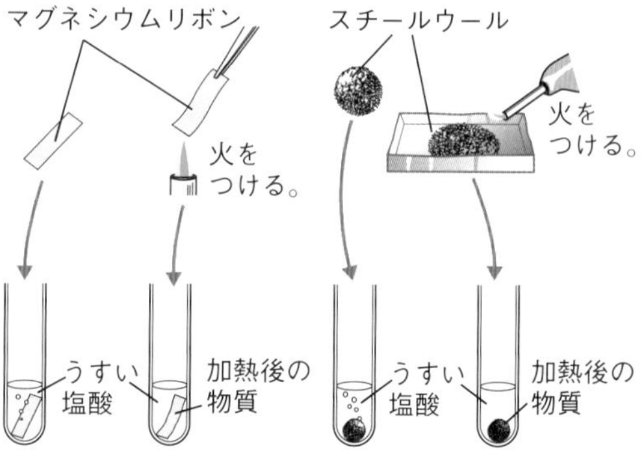
マグネシウムリボン
火をつける。
うすい塩酸
加熱後の物質
スチールウール
火をつける。
うすい塩酸
加熱後の物質

□(3) マグネシウムリボンやスチールウールをうすい塩酸に入れると③(　　　　)が発生するが，加熱後の物質をうすい塩酸に入れても反応しない。加熱後の物質には金属特有のかがやきである④(　　　　)もないため，別の物質に変化していることがわかる。

□(4) 燃焼によってできた金属の酸化物の質量は，もとの金属の質量と比べて⑤(　　　　)なっている。これは，結びついた⑥(　　　　)の分だけ質量が増加したためである。

□(5) マグネシウムの燃焼を化学反応式で表すと，

⑦(　　　)Mg ＋ O_2 ⟶ ⑧(　　　)MgO　になる。

□(6) ⑨(　　　　)は金属が穏やかに酸化したものである。

要点
- ●有機物が燃焼すると，二酸化炭素と水を生じる。
- ●金属が燃焼すると酸化物ができ，結びついた酸素の分だけ質量が大きくなる。

2章　いろいろな化学変化(1)

時間 15分　解答 p.5

1 図1は，石灰水を入れた集気瓶の中で炭を燃やす実験，図2は密閉した袋に水素と酸素を入れて点火した実験である。 ▸▸[1]

□(1) 図1で炭は赤くなって燃えた。このときどのような化学変化が起こっているか。「酸素」という語を使って簡潔に説明しなさい。
（　　　　　　　　　　）

図1

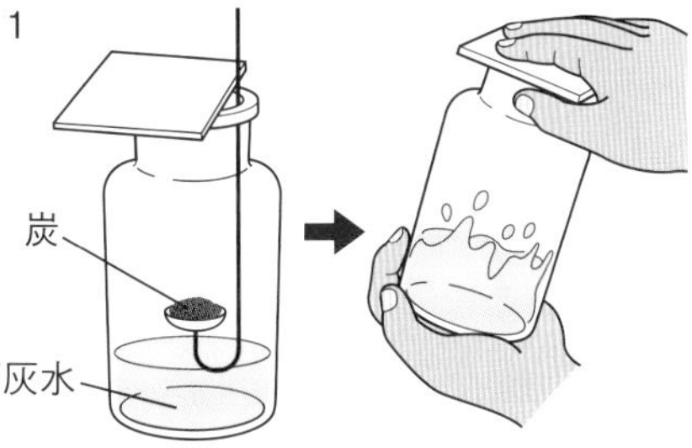
炭
石灰水

□(2) 炭が全て燃えた後，集気瓶のふたをしてよく振ると石灰水が白くにごった。このことから，炭が燃えることで何が発生したことがわかるか。
（　　　　）

図2

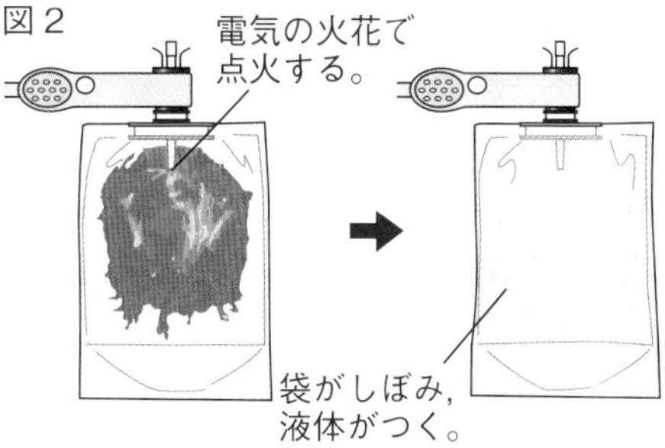
電気の火花で
点火する。
袋がしぼみ，
液体がつく。

□(3) 図2で，袋の中についた液体は何か。
（　　　）

□(4) 図2で起こった化学変化を，化学反応式で表しなさい。
（　　　　　　　　　　）

□(5) 図1，図2のように，熱や光を出しながら激しく化学変化が進む現象を何というか。
（　　　）

2 図のように，スチールウールとマグネシウムリボンに火をつけた。 ▸▸[1][2]

□(1) 反応後に，スチールウールとマグネシウムリボンは，それぞれ何という物質になったか。

スチールウール（　　　　　　　）

マグネシウムリボン（　　　　　　　）

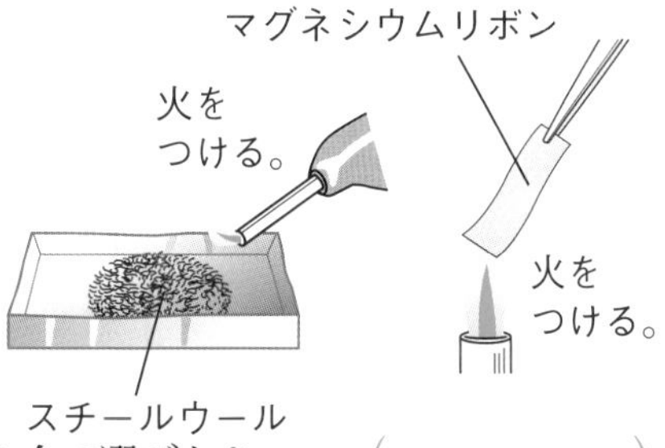
マグネシウムリボン
火を
つける。
火を
つける。
スチールウール

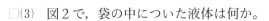

□(2) (1)のような物質をまとめて何というか。
（　　　）

□(3) うすい塩酸に入れると水素が発生するものを，㋐～㋓から全て選びなさい。（　　　）

㋐ スチールウール　　㋑ スチールウールの加熱後にできた物質

㋒ マグネシウムリボン　　㋓ マグネシウムリボンの加熱後にできた物質

□(4) スチールウールとマグネシウムリボンで，加熱後の物質の質量は火をつける前と比べてどうなったか。
（　　　　　）

□(5) マグネシウムリボンに火をつけたときの化学変化を化学反応式で表しなさい。
（　　　　　　　　　　）

ミスに注意　2 (3) 反応後の物質は，金属ではなくなっている。

ヒント　2 (4) 金属の酸化物の質量は，(もとの金属の質量)＋(結びついた酸素の質量)になる。

2章　いろいろな化学変化(2)

時間 10分　解答 p.5

（　）と［　］にあてはまる語句や化学式を答えよう。

1 還元(かんげん)(酸素を失う化学変化(かがくへんか))　教科書p.46〜49 ▸▸1

□(1) 酸化物(さんかぶつ)が酸素を失う化学変化を[1]（　　　　）という。

□(2) 図の[2]，[3]

酸化銅の還元

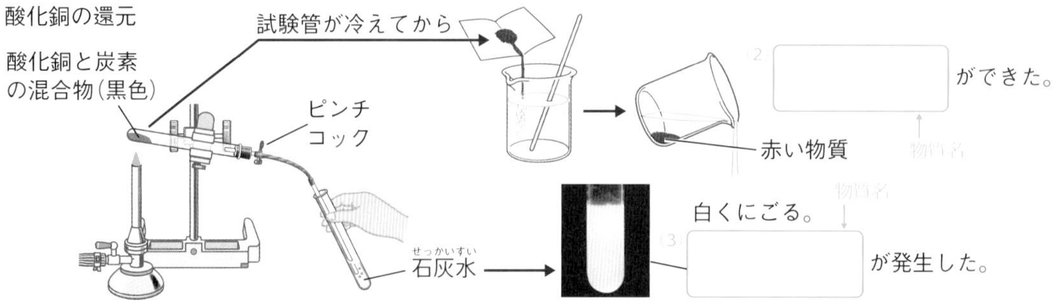
試験管が冷えてから
酸化銅と炭素
の混合物(黒色)
ピンチ
コック
赤い物質
2
ができた。
物質名
白くにごる。
物質名
石灰水
3
が発生した。

□(3) 図の実験で，[4]（　　　　）は酸素を失って銅になった。一方，[5]（　　　　）は酸素と結びついて二酸化炭素になった。

□(4) 図の[6]，[7]

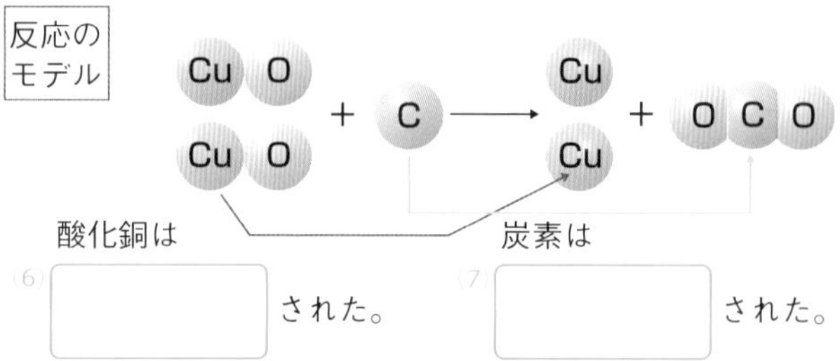
反応の
モデル
Cu O
Cu O
C
Cu
Cu
O C O
酸化銅は
6
された。
炭素は
7
された。

2 硫黄(いおう)と結びつく化学変化　教科書p.50〜53 ▸▸2

□(1) 図の[1]

□(2) 実験[1]のように，鉄と硫黄の混合物に磁石を近づけると，引きつけ[2]（　　　　）。一方，硫化鉄(りゅうかてつ)に磁石を近づけると，引きつけ[3]（　　　　）。

□(3) 実験[2]のように，鉄と硫黄の混合物にうすい塩酸をたらすと[4]（　　　　）が発生する。これは，混合物中の[5]（　　　　）がうすい塩酸と反応したためである。一方，硫化鉄にうすい塩酸をたらすとにおいのある[6]（　　　　）が発生する。

□(4) 鉄と硫黄の反応を化学反応式(かがくはんのうしき)で表すと，Fe ＋[7]（　　　　）⟶[8]（　　　　）である。

□(5) 銅と硫黄が反応すると[9]（　　　　）が生じる。

鉄と硫黄の混合物の加熱

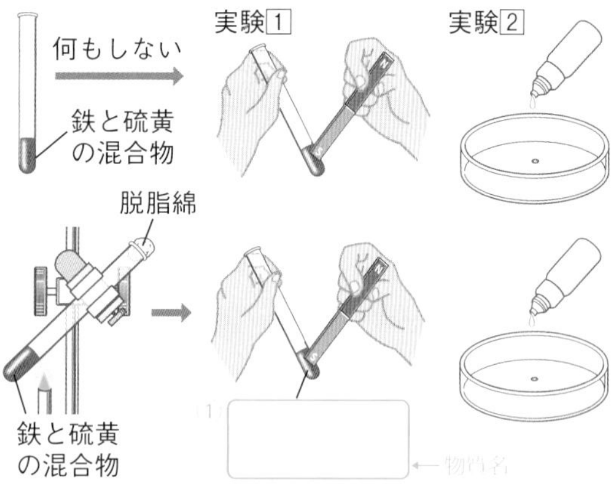
何もしない
鉄と硫黄
の混合物
実験[1]
実験[2]
脱脂綿
鉄と硫黄
の混合物
1
物質名

要点
- ●酸化物が酸素を失う化学変化を還元という。
- ●鉄と硫黄の混合物を加熱すると，鉄とは異なる性質をもつ硫化鉄ができる。

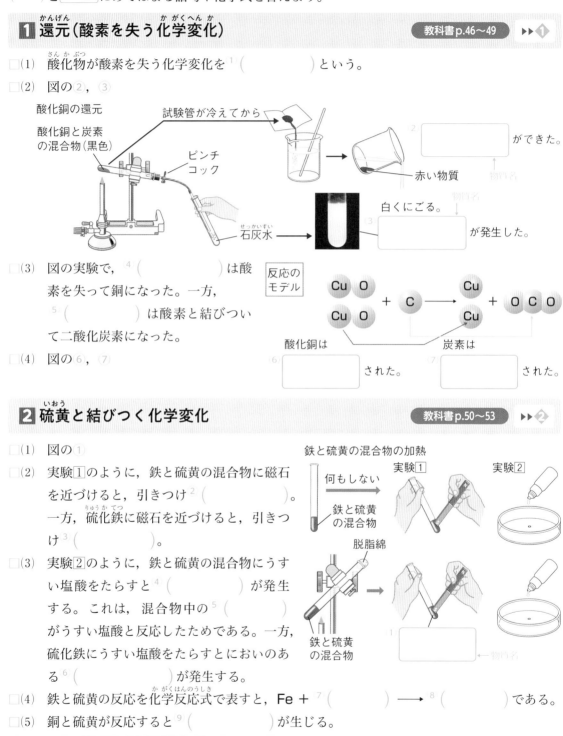

2章 いろいろな化学変化(2)

時間 15分 解答 p.5

1 図のように，酸化銅2.0 gと粉状の炭0.2 gの混合物を入れた試験管Aを加熱したところ，気体が発生して石灰水(せっかいすい)が白くにごり，試験管Aに赤色の物質が残った。 ▶▶ 1

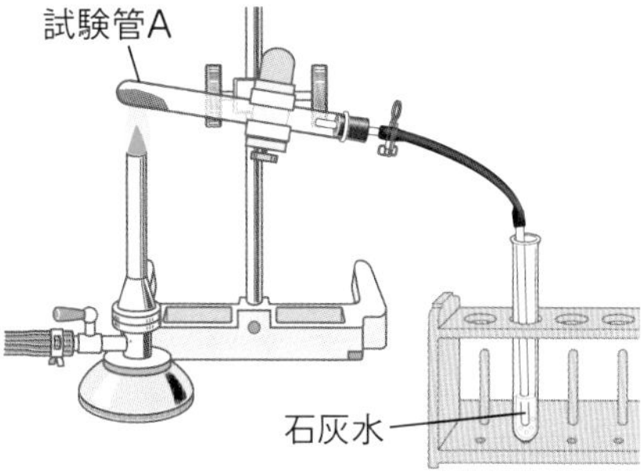

□(1) 試験管Aに残った，赤色の物質は何か。
（　　　）

□(2) この実験で発生した気体は何か。
（　　　）

□(3) この実験で，酸化銅と炭素が受けた化学変化(かがくへんか)を，それぞれ何というか。
酸化銅（　　　）　炭素（　　　）

□(4) [作図] この実験で起こった化学変化を，銅原子(げんし)を◎，炭素原子を●，酸素原子を○として，モデルで表しなさい。
（　　　）

□(5) この実験で起こった化学変化を，化学反応式(かがくはんのうしき)で表しなさい。
（　　　）

2 鉄粉1.4 gと硫黄(いおう)0.8 gをよく混ぜ，試験管Aに$\frac{1}{4}$，Bに$\frac{3}{4}$を入れた。図のように，試験管Bをガスバーナーで加熱すると，加熱部分が赤くなった。 ▶▶ 2

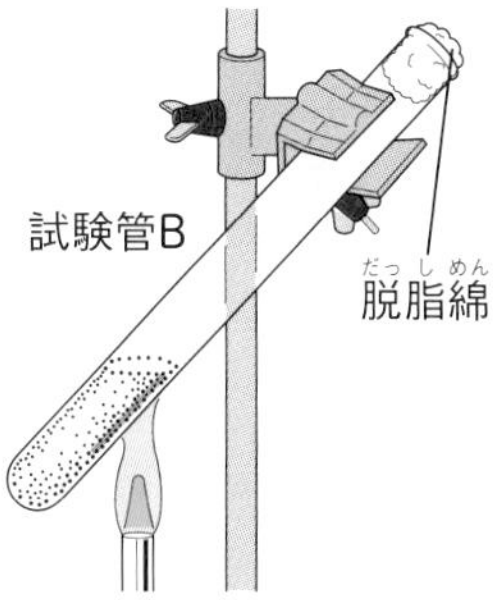

□(1) 加熱部分が赤くなった後，どのようにすればよいか。㋐～㋓から選びなさい。（　　　）
㋐ ガスバーナーの炎(ほのお)を強くして加熱を続ける。
㋑ ガスバーナーの炎を下へずらして加熱を続ける。
㋒ ガスバーナーの炎を弱くして加熱を続ける。
㋓ ガスバーナーでの加熱をやめる。

□(2) 試験管Bにできた物質を何というか。（　　　）

□(3) 試験管Aと加熱後の試験管Bに磁石を近づけたとき引きつけられる試験管として正しいものを，㋐～㋓から選びなさい。（　　　）
㋐ 試験管A　㋑ 試験管B　㋒ 両方　㋓ ない

□(4) 試験管Aと加熱後の試験管Bにうすい塩酸をたらしたときに発生する気体の性質として正しいものを，㋐～㋓から選びなさい。（　　　）
㋐ どちらもにおいがある。　㋑ 試験管Aの方の気体だけにおいがある。
㋒ 試験管Bの方の気体だけにおいがある。　㋓ どちらもにおいがない。

□(5) 鉄粉と硫黄の混合物を加熱したときに起こる化学変化を，化学反応式で表しなさい。
（　　　）

ミスに注意 1 (4)(5) 反応の前と後で，原子の種類と数が同じになるようにする。

単元1 化学変化と原子・分子 ― 教科書46～53ページ

2章　いろいろな化学変化

時間30分　／100点　合格70点　解答 p.6

1 図のように，水素と酸素を入れた袋に，水にふれると青色から赤色に変わる試験紙も入れ，口を閉じて点火したところ，炎が上がる燃焼が起こった。　31点

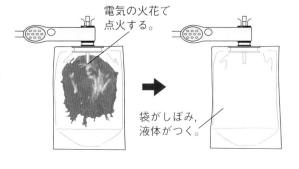

電気の火花で点火する。

袋がしぼみ，液体がつく。

☐(1) [記述] 燃焼とはどのような化学変化か。簡潔に書きなさい。[思]

☐(2) 袋の中に入れた試験紙を何というか。

☐(3) 水など，物質が酸素と結びつくことでできた物質を何というか。

☐(4) [作図] この実験で起こった化学変化を，水素原子を●，酸素原子を○としてモデルで表しなさい。[思]

☐(5) ガスコンロで炎が上がるのも燃焼である。ガスコンロで使われているガスの主成分であるメタン(CH_4)が燃焼するときの化学変化を，化学反応式で表しなさい。

2 図のような装置で，試験管Aに酸化銅2.0 gと粉状の炭0.2 gの混合物を入れて加熱したところ，試験管Bに気体がたまった。試験管Bが気体でいっぱいになったところで試験管Cに入れかえて気体を集めた。気体が発生しなくなったところで，ある操作を行ってからガスバーナーの火を止めた。　43点

☐(1) [記述] 下線部のある操作を，簡潔に書きなさい。[技]

☐(2) [記述] (1)のようにするのは，どのようなことが起こらないようにするためか。簡潔に書きなさい。[思]

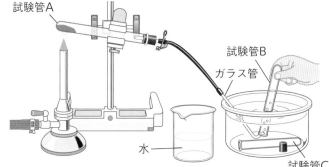

試験管A

試験管B

ガラス管

水

試験管C

☐(3) [記述] 発生した気体の性質を調べるとき，試験管Bに集めた気体は使わず試験管Cに集めた気体を使った。試験管Bの気体を使わない理由を，簡潔に書きなさい。[思]

☐(4) 試験管Cに集めた気体に石灰水を入れて振ると，石灰水が白くにごった。発生した気体は何か。物質名を書きなさい。

☐(5) 気体の発生がなくなってから，試験管Aに残った物質をビーカーの水に入れると，炭の粉は水に浮き，水の底には赤色の固体が沈んだ。この赤色の固体は何か。物質名を書きなさい。

☐(6) この実験で，酸化された物質と還元された物質の物質名をそれぞれ書きなさい。

☐(7) この実験の化学変化と同じように，酸化鉄の粉末にアルミニウムの粉末を加えて加熱すると激しい化学変化が起こり，酸化アルミニウムと鉄が生じる。このとき，酸化された物質と還元された物質の物質名をそれぞれ書きなさい。[思]

　成績評価の観点　[技]…観察・実験の技能　[思]…科学的な思考・判断・表現

❸ 硫黄と金属が結びつく化学変化を調べるため，図1のように硫黄が入った試験管に銅線を入れて加熱したところ，化学変化が起こり銅線の色が変化した。また，図2のように硫黄と粉状の鉄の混合物を試験管に入れて加熱した。

26点

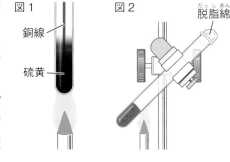

図1　図2　脱脂綿

銅線
硫黄

□(1) 図1の化学変化の後，銅線の表面は何という物質になったか。

□(2) 図1の銅線の表面で起こった化学変化を，化学反応式で表しなさい。［思］

□(3) ［記述］図2では，加熱部分が赤色になったところでガスバーナーの火を止めたが，試験管内の混合物には全て化学変化が起こった。このように化学変化が進む理由を，簡潔に書きなさい。［思］

□(4) 図2で生じた試験管内の物質の性質として正しいものを，㋐〜㋒から全て選びなさい。
　　㋐　磁石を近づけても引きつけられない。　　　　㋑　化合物である。
　　㋒　うすい塩酸をたらすとにおいのない気体が発生する。　　㋓　酸化物である。

❶	(1)		7点
	(2) 　　　　　　　5点	(3)	5点
	(4)		7点
	(5)		7点

❷	(1)		7点
	(2)		7点
	(3)		7点
	(4) 　　　　　　　5点	(5)	5点
	(6) 酸化された物質	還元された物質	6点
	(7) 酸化された物質	還元された物質	6点

❸	(1) 　　　　　　　6点	
	(2)	7点
	(3)	7点
	(4) 　　　　　　　6点	

定期テスト予報	酸化と酸化物，燃焼を理解した上で，還元は酸化と同時に起こることをおさえ，酸化された物質と還元された物質が区別できるようにしておきましょう。

23

( )と□にあてはまる語句を答えよう。

1 熱を発生する化学変化

教科書p.54〜55 ▶▶ ❶

□(1) 私たちはくらしの中で,都市ガスや灯油などの [1]( )を燃焼することで発生する [2]( )を暖房や調理などに利用している。

□(2) 図の [3]

酸化カルシウムに水を加えたときの反応

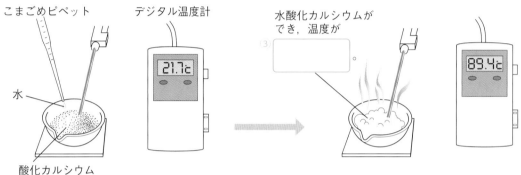

こまごめピペット
デジタル温度計
21.7℃
水
酸化カルシウム

水酸化カルシウムができ,温度が
[3]( )。
89.4℃

□(3) 酸化カルシウムに水を加えると,[4]( )ができると同時に [5]( )が発生する。

2 インスタントかいろのしくみ

教科書p.55〜56 ▶▶ ❷

□(1) 市販のかいろは,開封すると中の鉄粉と空気中の [1]( )が反応し,発熱する。

□(2) 図の [2],[3]

かいろの成分を混ぜたときの反応

食塩水
活性炭
鉄粉

物質名
鉄と空気中の [2]( )が結びつき,
温度が [3]( )。
温度計

□(3) 熱を発生する化学変化を [4]( )という。

要点
●酸化カルシウムと水の反応や,鉄の酸化は熱を発生する反応である。
●熱を発生する化学変化を発熱反応という。

3章　化学変化と熱の出入り(1)

時間 15分　解答 p.7

1 図のように，酸化カルシウムに液体Aを加えたところ温度が上がった。 ▶▶1

□(1) 液体Aは何か。 (　　　)

□(2) 酸化カルシウムに液体Aを加えたことで生じた物質を，次の㋐～㋓から選びなさい。 (　　　)

㋐ 塩化カルシウム

㋑ 硫酸(りゅうさん)カルシウム

㋒ 水酸化カルシウム

㋓ 炭酸カルシウム

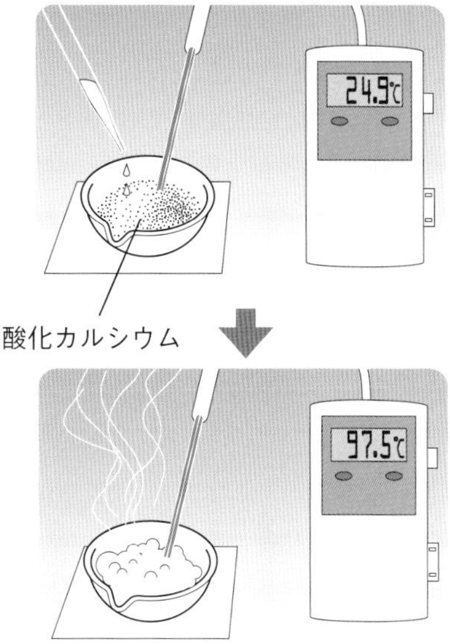

□(3) 酸化カルシウムに液体Aを加える前よりも，加えた後の温度が高くなったことから，酸化カルシウムと液体Aの化学変化(かがくへんか)によって何が発生したと考えられるか。 (　　　)

□(4) (3)が発生する化学変化を何というか。 (　　　)

2 図のように，鉄粉と活性炭を蒸発皿に入れてよくかき混ぜ，そのときの温度を測ると25℃であった。次に，食塩水を加えて混ぜ，30秒ごとに温度を測った。 ▶▶2

□(1) 温度の変化として正しいものを，㋐～㋓から選びなさい。 (　　　)

㋐ しだいに上がっていった。

㋑ しだいに下がっていった。

㋒ 最初だけ，ごくわずかに上がった。

㋓ 最初だけ，ごくわずかに下がった。

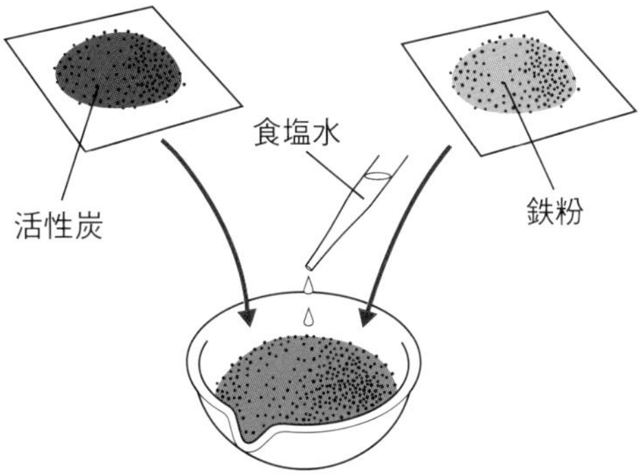

□(2) この実験で起こった化学変化を表す次の式の①，②にあてはまる物質名を書きなさい。

鉄　＋　[①]　⟶　[②]

①(　　　)　②(　　　)

□(3) [記述] 温度の変化がなくなるのは，どのようなときか。簡潔に書きなさい。ただし，食塩水は十分な量が加えられたものとする。

(　　　　　　　　　　)

□(4) この実験と同じ化学変化を利用しているものを，㋐～㋒から選びなさい。 (　　　)

㋐ 温風ヒーター　㋑ インスタントかいろ　㋒ 瞬間冷却(しゅんかんれいきゃく)パック

ミスに注意 2 (2) 活性炭と食塩水は反応しやすくするためのもので，化学変化に直接は関係しない。

ヒント 2 (3) 化学変化ができなくなる状況(じょうきょう)を考える。

( )と□□□にあてはまる語句を答えよう。

1 熱を吸収する化学変化

教科書p.57〜58 ▶▶ 1

□(1) 図の①〜③

アンモニアの発生と温度

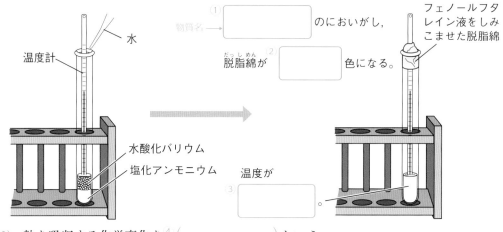

物質名 → (1)[_____] のにおいがし,

脱脂綿が (2)[_____] 色になる。

温度計

水

フェノールフタレイン液をしみこませた脱脂綿

水酸化バリウム
塩化アンモニウム

温度が
(3)[_____] 。

□(2) 熱を吸収する化学変化を (4)( ) という。

□(3) 一般に化学変化が進むと (5)( ) が出入りする。その熱を (6)( ) という。

□(4) 塩化アンモニウムと水酸化バリウムの化学変化は,次のように表せる。

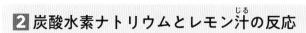

塩化アンモニウム + 水酸化バリウム ⟶ 塩化バリウム + (7)( ) + 水

熱

2 炭酸水素ナトリウムとレモン汁の反応

教科書p.57〜58 ▶▶ 2

□(1) 炭酸水素ナトリウムを混ぜた水にレモン汁を加えると,レモン汁に含まれる
(1)( ) と炭酸水素ナトリウムが反応して (2)( ) が発生する。

□(2) 図の③

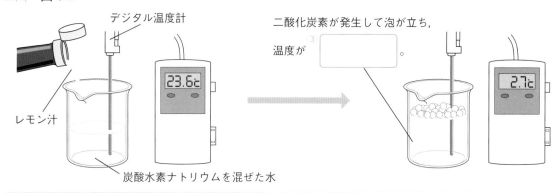

デジタル温度計

二酸化炭素が発生して泡が立ち,

温度が (3)[_____] 。

レモン汁

炭酸水素ナトリウムを混ぜた水

23.6℃

2.7℃

要点 ●熱を吸収する化学変化を**吸熱反応**という。

3章　化学変化と熱の出入り(2)

時間 15分　解答 p.7

1 図のように，塩化アンモニウムと水酸化バリウムに水を加えると特有の刺激臭(しげきしゅう)がした。 ▸▸1

□(1) フェノールフタレイン液をしみこませた脱脂綿(だっしめん)は何色に変わったか。（　　　）

□(2) この実験で，水を加えてしばらくたってから試験管の底をさわると，どうなっていたか。次の㋐，㋑から選びなさい。（　　　）

㋐　あたたかくなっていた。

㋑　冷たくなっていた。

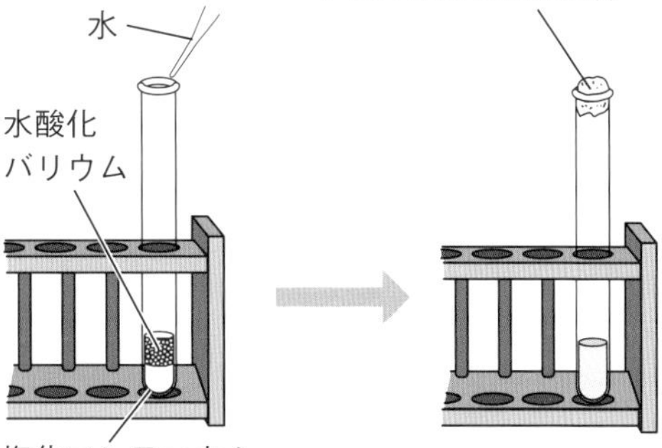

□(3) (2)のように温度が変化する化学変化(かがくへんか)を何というか。（　　　）

□(4) 化学変化が進むと出入(でい)りする熱のことを何というか。（　　　）

□(5) この実験で起こった化学変化を表す次の式の①，②にあてはまる物質名を，あとの㋐～㋔から選びなさい。①（　　　）②（　　　）

水酸化バリウム　＋　塩化アンモニウム　⟶　塩化バリウム　＋　［①］（気体）　＋　［②］（液体）

㋐　塩素　　㋑　水　　㋒　酸素　　㋓　エタノール　　㋔　アンモニア

2 図のように，炭酸水素ナトリウムを混ぜた水にレモン汁(じる)を加えたところ，気体が発生した。 ▸▸2

□(1) 発生した気体の物質名と化学式(かがくしき)を書きなさい。

物質名（　　　）

化学式（　　　）

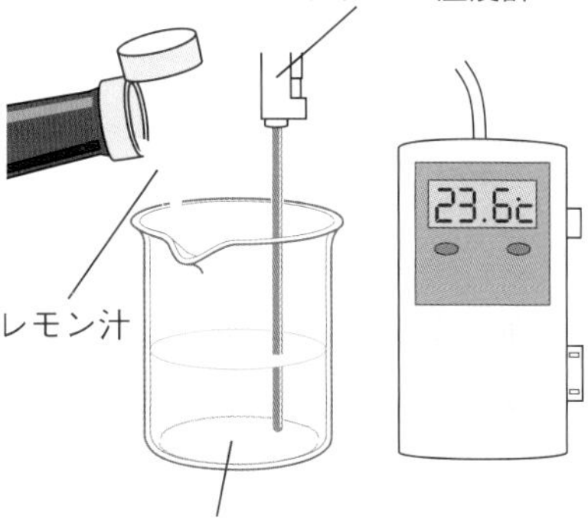

□(2) (1)の気体が発生したのは，レモン汁に含(ふく)まれる何という物質が炭酸水素ナトリウムと化学変化を起こしたからか。次の㋐～㋒から選びなさい。（　　　）

㋐　塩酸　　㋑　炭酸　　㋒　クエン酸

□(3) この実験では，ビーカー内の液体の温度は上がったか，下がったか。（　　　）

□(4) (3)のように温度が変化する化学変化は，発熱反応(はつねつはんのう)と吸熱反応(きゅうねつはんのう)のどちらか。（　　　）

[ヒント] 1 (1) フェノールフタレイン液は，アルカリ性の水溶液(すいようえき)で赤く変化する薬品である。

[ミスに注意] 2 (4) 温度が上がる反応が発熱反応，温度が下がる反応が吸熱反応である。

4章　化学変化と物質の質量(1)

時間 10分　解答 p.7

(　　)と[　　]にあてはまる語句や数，化学式を答えよう。

1 質量保存の法則

教科書p.60〜64　▸▸ 1 2

□(1)　図の①〜③

化学変化の前後の質量を調べる実験

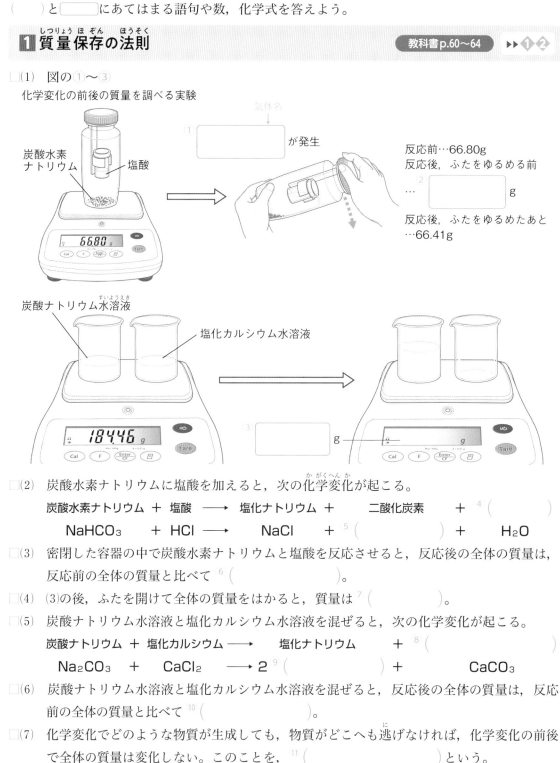

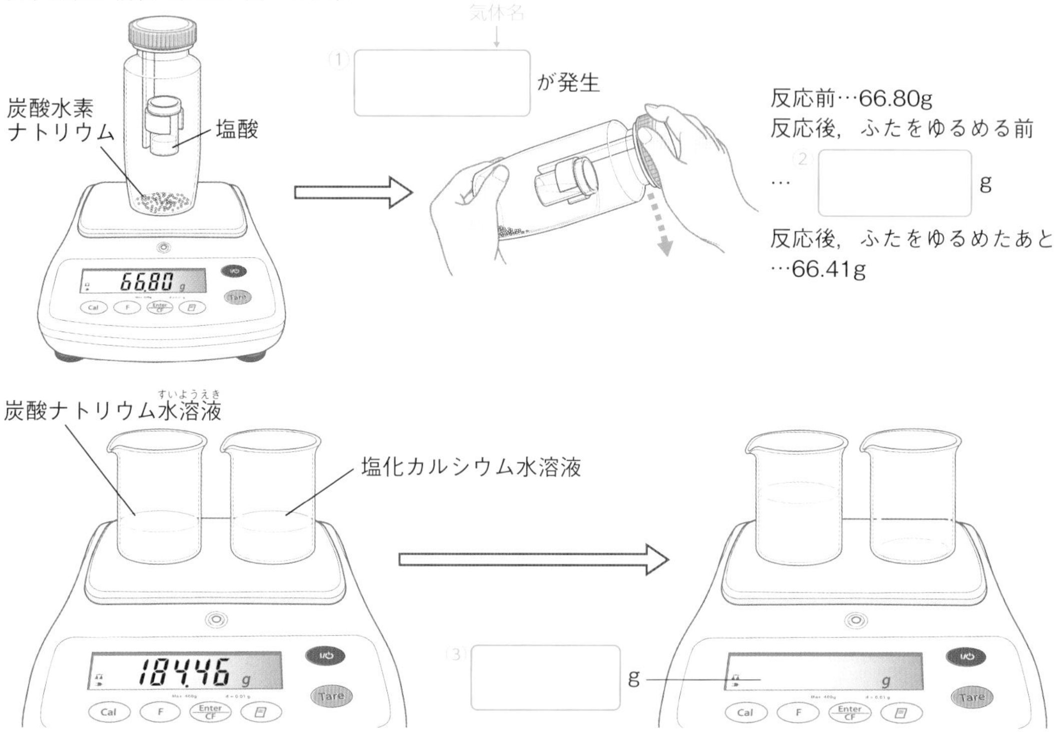
気体名
① [　　] が発生
炭酸水素ナトリウム
塩酸
66.80 g
反応前…66.80g
反応後，ふたをゆるめる前
…② [　　] g
反応後，ふたをゆるめたあと
…66.41g
炭酸ナトリウム水溶液
塩化カルシウム水溶液
184.46 g
③ [　　] g

□(2)　炭酸水素ナトリウムに塩酸を加えると，次の化学変化が起こる。

炭酸水素ナトリウム ＋ 塩酸 ⟶ 塩化ナトリウム ＋ 二酸化炭素 ＋ ④(　　)

$NaHCO_3$ ＋ HCl ⟶ $NaCl$ ＋ ⑤(　　) ＋ H_2O

□(3)　密閉した容器の中で炭酸水素ナトリウムと塩酸を反応させると，反応後の全体の質量は，反応前の全体の質量と比べて⑥(　　)。

□(4)　(3)の後，ふたを開けて全体の質量をはかると，質量は⑦(　　)。

□(5)　炭酸ナトリウム水溶液と塩化カルシウム水溶液を混ぜると，次の化学変化が起こる。

炭酸ナトリウム ＋ 塩化カルシウム ⟶ 塩化ナトリウム ＋ ⑧(　　)

Na_2CO_3 ＋ $CaCl_2$ ⟶ 2 ⑨(　　) ＋ $CaCO_3$

□(6)　炭酸ナトリウム水溶液と塩化カルシウム水溶液を混ぜると，反応後の全体の質量は，反応前の全体の質量と比べて⑩(　　)。

□(7)　化学変化でどのような物質が生成しても，物質がどこへも逃げなければ，化学変化の前後で全体の質量は変化しない。このことを，⑪(　　)という。

要点　●化学変化の前後で全体の質量が変化しないことを質量保存の法則という。

4章　化学変化と物質の質量(1)

時間 15分　解答 p.7

1 図のように，密閉した容器の中でうすい塩酸と炭酸水素ナトリウムを反応させ，反応の前後での全体の質量を調べた。 ▸▸1

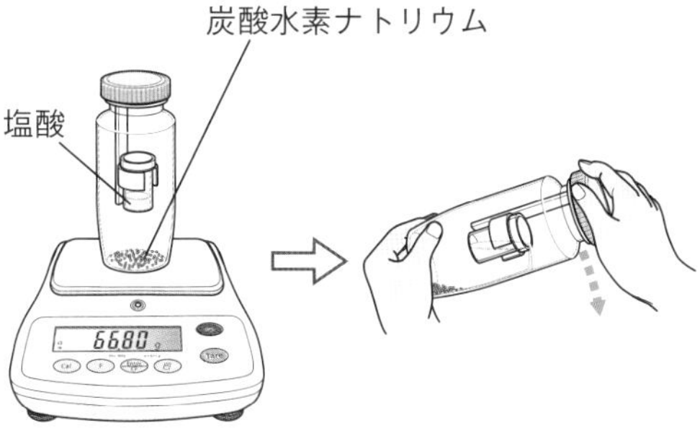

□(1) 塩酸と炭酸水素ナトリウムが反応して発生する気体の物質名と化学式(かがくしき)を書きなさい。

物質名（　　　　）
化学式（　　　　）

□(2) 反応の前後で，全体の質量はどうなったか。次の㋐～㋒から選びなさい。（　　　）

㋐ 反応後の質量は，反応前の質量より大きくなった。
㋑ 反応後の質量は，反応前の質量より小さくなった。
㋒ 変化しなかった。

□(3) 反応後に容器のふたを開け，しばらくしてから再びふたをした。このとき，全体の質量はふたを開ける前と比べてどうなったか。次の㋐～㋒から選びなさい。（　　　）

㋐ 増えた。　㋑ 減った。　㋒ 変化しなかった。

□(4) (3)のようになるのはなぜか。理由を次の㋐～㋓から選びなさい。（　　　）

㋐ 発生した気体が容器の外に逃(に)げたから。
㋑ 発生した気体には質量がないから。
㋒ 発生した液体の質量が大きいから。
㋓ 容器のまわりにあった気体が入ってきたから。

2 図のように，炭酸ナトリウム水溶液(すいようえき)と塩化カルシウム水溶液を混ぜ，反応の前後での全体の質量を調べた。 ▸▸1

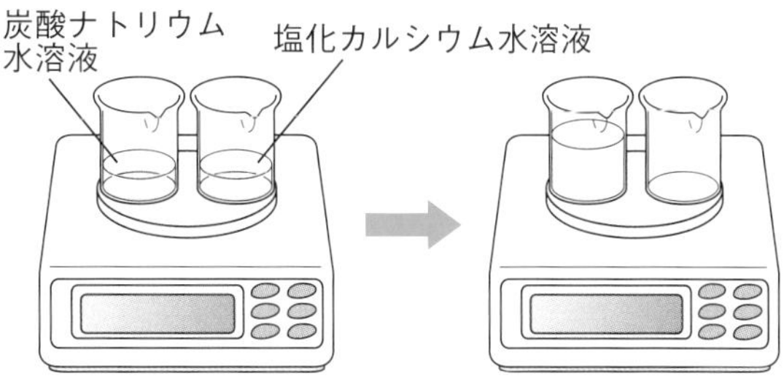

□(1) 炭酸ナトリウム水溶液と塩化カルシウム水溶液が反応して生成する物質は，固体，液体，気体のうちのどれか。（　　　）

□(2) 反応前の全体の質量をA，反応後の全体の質量をBとすると，AとBの関係はどうなるか。次の㋐～㋒から選びなさい。（　　　）

㋐ $A < B$　㋑ $A = B$　㋒ $A > B$

□(3) (2)のようになるのは，何という法則が成り立っているからか。（　　　）

ヒント
1 (1) 反応によって生成する物質は，塩化ナトリウム，二酸化炭素，水である。
2 (2) 外部に逃げる物質がなければ，化学変化(かがくへんか)の前後で全体の質量は変化しない。

4章　化学変化と物質の質量(2)

（　）と□□□にあてはまる語句や数を答えよう。

1 銅を加熱したときの質量の変化

教科書p.65〜69　▶▶❶❷

□(1) 銅を加熱すると，空気中の¹（　　　　）と
結びついて酸化銅になり，質量が
²（　　　　　　）。

□(2) 1.0gの銅を加熱し続けると，はじめは加熱の
回数とともに加熱後の質量は³（　　　　　）
ていくが，やがて加熱を繰り返しても，変化
しなくなる。つまり，一定量の銅と反応する
酸素の質量には，限界が⁴（　　　　　）。

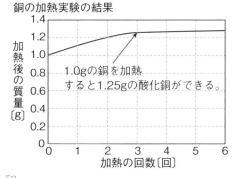

銅の加熱実験の結果

1.0gの銅を加熱
すると1.25gの酸化銅ができる。

□(3) 銅の質量（横軸）と，銅を加熱して生成した酸化物の質量（縦軸）の関係をグラフに表すと，
⁵（　　　　　　）の関係を示す直線になる。

□(4) 銅の質量（横軸）と，結びついた酸素の質量（縦軸）の関係をグラフに表すと，
⁶（　　　　　　）の関係を示す直線になる。

□(5) 図の⁷〜¹⁰

銅とマグネシウムを加熱したときの質量の変化

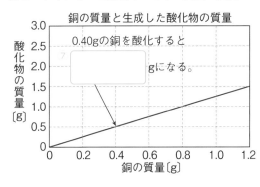

銅の質量と生成した酸化物の質量

0.40gの銅を酸化すると

⁷ □□□ gになる。

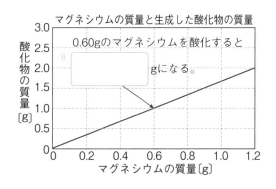

マグネシウムの質量と生成した酸化物の質量

0.60gのマグネシウムを酸化すると

⁸ □□□ gになる。

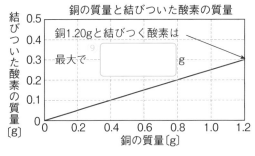

銅の質量と結びついた酸素の質量

銅1.20gと結びつく酸素は
最大で⁹ □□□ g

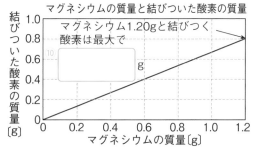

マグネシウムの質量と結びついた酸素の質量

マグネシウム1.20gと結びつく
酸素は最大で¹⁰ □□□ g

□(6) 銅の質量と，結びつく酸素の質量の比は¹¹（　　　　）:¹²（　　　　　）である。

□(7) マグネシウムの質量と，結びつく酸素の質量の比は¹³（　　　　）:¹⁴（　　　　）である。

要点　●銅やマグネシウムなどの金属の質量と，結びつく酸素の質量の比は一定である。

4章　化学変化と物質の質量(2)

時間 15分　解答 p.8

1

ステンレス皿に銅粉をのせて全体の質量をはかってから，粉末を広げて図1のように加熱し，冷えてから全体の質量をはかった。その後，同じ操作を5回繰り返し，結果を図2にまとめた。 ▸▸ [1]

□(1) 銅を加熱すると何ができるか。物質名と化学式を書きなさい。

物質名（　　　　　）

化学式（　　　　　）

図1

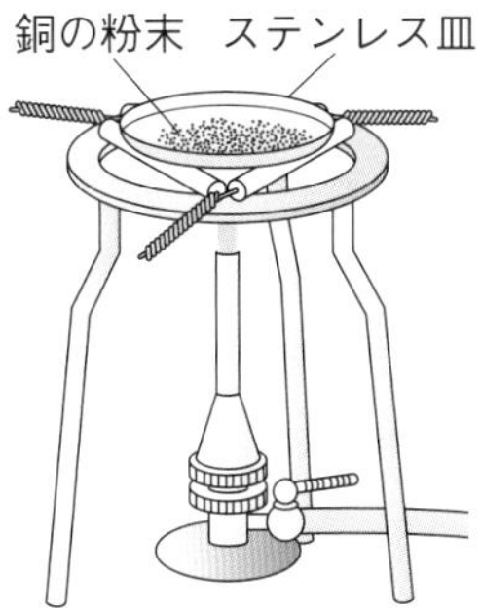

図2

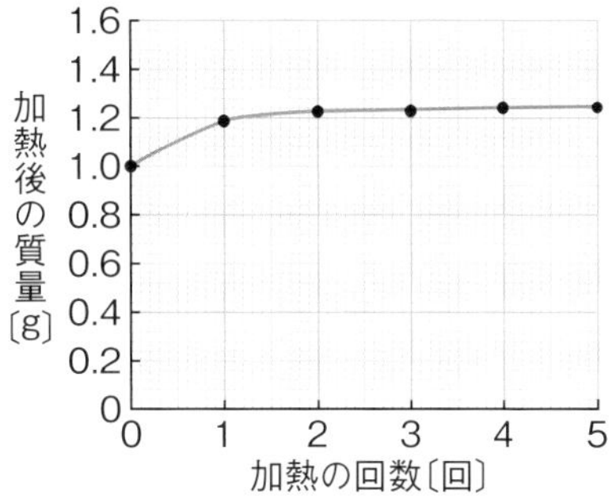

□(2) 銅の加熱を繰り返すと，質量の増加が見られなくなる理由を，次の㋐～㋒から選びなさい。（　　　）

㋐　空気中の酸素がなくなったから。

㋑　全ての銅が酸化銅になり，銅が残っていないから。

㋒　銅の酸化と，酸化銅の分解が同時に起こるようになるから。

□(3) 1.00 gの銅を加熱したとき，結びついた酸素の質量は何gか。次の㋐～㋓から選びなさい。

㋐　1.30 g　　㋑　1.25 g　　㋒　0.25 g　　㋓　0.10 g　　（　　　）

□(4) [計算] 銅を加熱したときの，銅の質量と結びつく酸素の質量の比はどうなるか。次の㋐～㋓から選びなさい。（　　　）

㋐　4：1　　㋑　5：4　　㋒　4：5　　㋓　1：4

2

マグネシウムの質量をいろいろと変えて空気中でじゅうぶんに加熱し，生成する物質の質量を調べると図のようになった。 ▸▸ [1]

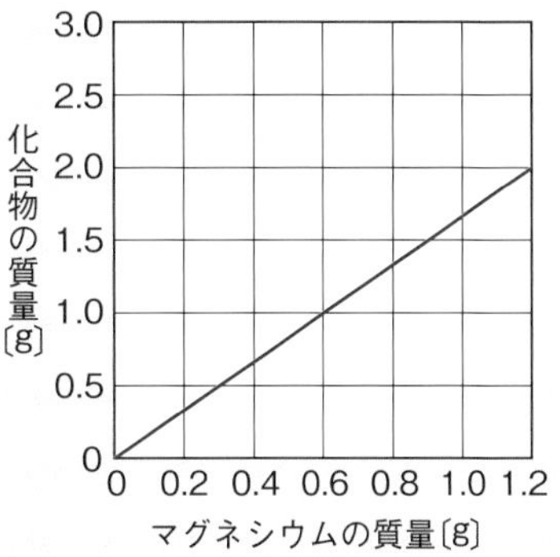

□(1) マグネシウムを加熱すると何ができるか。物質名と化学式を書きなさい。

物質名（　　　　　）

化学式（　　　　　）

□(2) [計算] 1.2 gのマグネシウムをじゅうぶんに加熱すると，何gの酸素と結びつくか。（　　　）

□(3) [計算] マグネシウムを加熱したとき，マグネシウムの質量と結びつく酸素の質量の比はどうなるか。次の㋐～㋓から選びなさい。（　　　）

㋐　5：3　　㋑　3：2

㋒　2：3　　㋓　3：5

[ミスに注意] 2 (3) 生じた物質の質量ではなく，結びついた酸素の質量であることに注意する。

3章　化学変化と熱の出入り
4章　化学変化と物質の質量

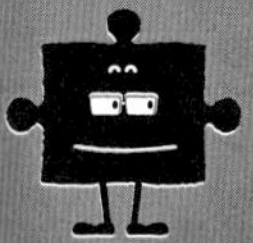

時間30分　／100点　合格70点　解答 p.8

❶ 図のA～Cのように物質を混ぜ，それぞれの化学変化による温度変化を調べた。これについて，あとの問いに答えなさい。　33点

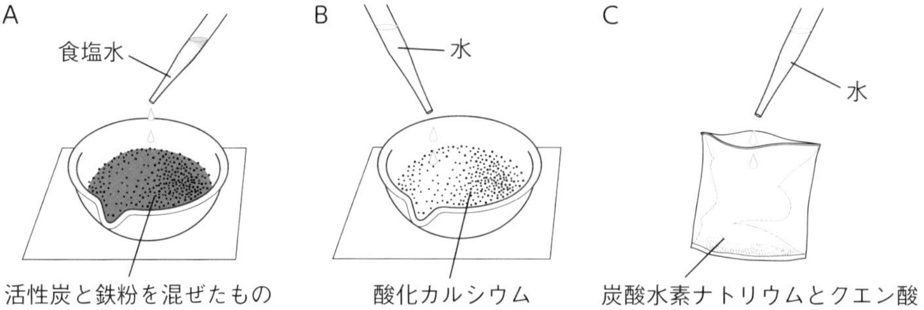
A
食塩水
活性炭と鉄粉を混ぜたもの
B
水
酸化カルシウム
C
水
炭酸水素ナトリウムとクエン酸

□(1)　A，Bの化学変化によってできる物質は何か。それぞれの物質名を書きなさい。

□(2)　Cで発生する気体と同じ気体が発生するものを，次の㋐～㋔から全て選びなさい。

㋐　炭酸水素ナトリウムを加熱する。　　㋑　酸化銀を加熱する。

㋒　亜鉛をうすい塩酸に入れる。　　㋓　石灰石をうすい塩酸に入れる。

㋔　二酸化マンガンをうすい過酸化水素水(オキシドール)に入れる。

□(3)　A～Cの化学変化のうち，発熱反応であるものを全て選びなさい。

[点UP] □(4)　Aは，インスタントかいろのつくりと同じになっている。市販のインスタントかいろは袋の中に入っていて，開封しなければ発熱しないが，これはなぜか。理由を簡潔に書きなさい。[思]

❷ [計算] 銅の質量をいろいろと変えて図1の装置でじゅうぶん加熱し，生成する酸化銅の質量を調べると，図2のような結果が得られた。　39点

[よく出る] □(1)　銅の質量と，結びつく酸素の質量の比を，最も簡単な整数の比で答えなさい。

□(2)　2.8 gの銅を図1の装置でじゅうぶんに加熱すると，生成する酸化銅は何gか。

□(3)　3.2 gの銅を図1の装置で加熱するとき，結びつく酸素の質量は最大で何gか。

□(4)　4.5 gの酸化銅をつくるために必要な銅と酸素はそれぞれ何gか。

[点UP] □(5)　2.0 gの銅を図1の装置で数分加熱すると，質量は2.2 gになった。銅は何g残っているか。次の㋐～㋔から選びなさい。

㋐　0.8 g　　㋑　1.0 g　　㋒　1.2 g

㋓　1.4 g　　㋔　1.6 g

□(6)　この実験で起こった化学変化を，化学反応式で表しなさい。

図1

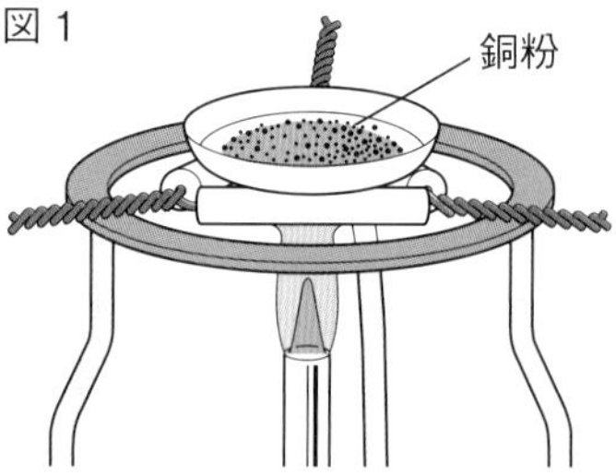
銅粉

図2

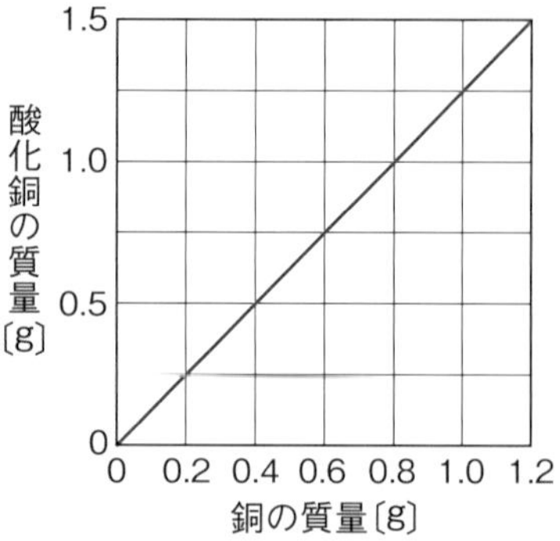
1.5
1.0
0.5
0
酸化銅の質量〔g〕
0
0.2
0.4
0.6
0.8
1.0
1.2
銅の質量〔g〕

成績評価の観点　[技]…観察・実験の技能　[思]…科学的な思考・判断・表現

❸ ステンレス皿にマグネシウムの粉末をのせてうすく広げ，じゅうぶんに加熱してから，加熱後にできる酸化マグネシウムの質量を測定する実験を行った。マグネシウムの質量は0.3 g～1.2 gまでいろいろ変えて実験し，その結果を下の表にまとめた。

28点

マグネシウムの質量〔g〕	0	0.30	0.60	0.90	1.20
酸化マグネシウムの質量〔g〕	0	0.50	0.99	1.50	1.99

□(1) 作図 マグネシウムの質量と結びついた酸素の質量との関係を表すグラフを，右の図にかきなさい。

□(2) 計算 マグネシウムの質量と結びついた酸素の質量の比を，最も簡単な整数の比で答えなさい。

□(3) 計算 Kさんは1.50 gのマグネシウムをじゅうぶんに加熱して何gになるか調べようとしたが，ステンレス皿にのせるときに少しこぼしてしまい，加熱後にできた酸化マグネシウムは2.20 gだった。

① 酸化マグネシウムが2.20 gできるために必要なマグネシウムは何gか。

② Kさんがこぼしたマグネシウムは何gか。

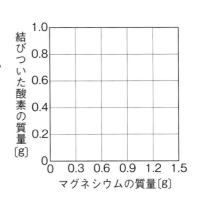

	(1)	A		B	
			6点		6点
❶	(2)			(3)	
			6点		6点
	(4)				
					9点
	(1)			(2)	
			6点		6点
	(3)			(4) 銅　　　　酸素	
❷			6点		6点
	(5)				
			6点		
	(6)				
					9点
	(1)	図に記入		(2)	
❸			7点		7点
	(3) ①			②	
			7点		7点

定期テスト予報 グラフや表をもとに，金属の質量と結びつく酸素の質量の比を求める問題が出るでしょう。「増加した質量」が「結びついた酸素の質量」であることを押さえましょう。

1章　生物をつくる細胞(1)

（　）と□□□にあてはまる語句を答えよう。

1 生物の顕微鏡観察

教科書p.84〜88 ▶▶ **1** **2**

□(1)　顕微鏡の使い方

1. ①（　　　　　　　　）が当たらない明るい場所に置き，対物レンズを一番
　②（　　　　　　　　）倍率にして，視野全体が明るくなるようにする。

2. 横から見ながら調節ねじを回し，ステージにのせたプレパラートをできるだけ
　③（　　　　　　　　）に近づける。

3. ④（　　　　　　　　）をのぞきながら，調節ねじを2のときとは反対に回してプレパラートを離していき，ピントが合ったら止める。

顕微鏡で観察した細胞のようす

	タマネギの表皮	オオカナダモの葉	ヒトの頬内側の粘膜
そのまま観察			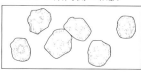
染色して観察	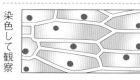		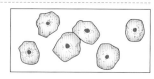

□(2)　動物も植物も，生物の基本的な単位は，⑤（　　　　　　　　）という小さな構造である。

□(3)　細胞の中で，染色液によく染まった部分を⑥（　　　　　　　　）という。

2 植物の細胞と動物の細胞

教科書p.88〜89 ▶▶ **2**

□(1)　図の①〜④

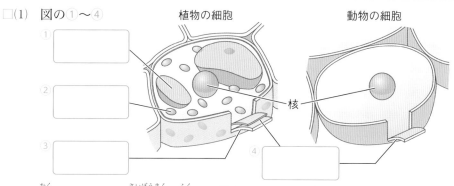

植物の細胞　　　動物の細胞

核

□(2)　核以外の部分を細胞膜も含めて⑤（　　　　　　　　）という。

□(3)　生物の体の1つ1つの細胞が行う呼吸を⑥（　　　　　　　　）という。

> **要点**
> ●動物も植物も，細胞が集まって体がつくられている。
> ●1つ1つの細胞は，細胞の呼吸を行っている。

1章　生物をつくる細胞(1)

時間 15分　解答 p.9

単元2 生物の体のつくりとはたらき｜教科書84～89ページ

1 図のA～Cは，タマネギの表皮，オオカナダモの葉，ヒトの頬の内側の粘膜を染色液で染めて顕微鏡で観察したときのスケッチである。 ▸▸1

A

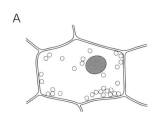

B

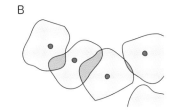

C

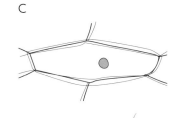

□(1) 染色液として使う薬品を，次の㋐～㋓から選びなさい。（　　）

㋐ 石灰水　　㋑ ヨウ素液

㋒ 酢酸カーミン液　　㋓ フェノールフタレイン液

□(2) タマネギの表皮を顕微鏡で観察したようすはA～Cのどれか。（　　）

□(3) 顕微鏡観察をするときの正しい手順になるように，㋐～㋓を並べなさい。（　→　→　→　）

㋐ プレパラートをステージの上にのせる。

㋑ 視野全体が明るく見えるようにする。

㋒ 接眼レンズをのぞきながら，プレパラートから離していく。

㋓ 対物レンズをプレパラートにできるだけ近づける。

2 図1，図2は，生物の細胞のつくりを模式的に表したものである。 ▸▸1 2

□(1) 植物の細胞は，図1，図2のどちらか。（　　）

□(2) 図1のⓐ，ⓒの部分をそれぞれ何というか。

ⓐ（　　）

ⓒ（　　）

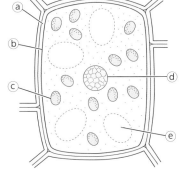

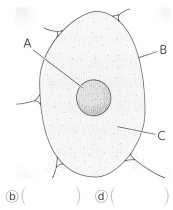

□(3) 図1のⓑ，ⓓに対応するつくりを，図2のA～Cから1つずつ選びなさい。

図1

図2

ⓑ（　　）　ⓓ（　　）

□(4) 酢酸オルセイン液によく染まるつくりを，図1，図2から1つずつ選びなさい。

図1（　　）　図2（　　）

□(5) (4)は，ふつう1つの細胞に何個あるか。（　　）

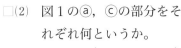

ヒント 1 (3) ピントを合わせるとき，対物レンズにプレパラートを近づけてはいけない。

2 (4) 酢酸カーミン液や酢酸オルセイン液によく染まるのは，核(かく)である。

1章　生物をつくる細胞(2)

（　）と□にあてはまる語句を答えよう。

1 細胞と生物の体

教科書p.90〜92 ▶▶❶

□(1)　体が1つの細胞で構成されているのが¹（　　　　　　　　）であり，多くの細胞が集まって構成されているのが²（　　　　　　　　）である。

□(2)　図の③〜⑤

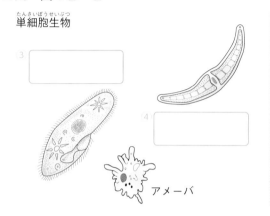

単細胞生物

³[　　　　　　]

⁴[　　　　　　]

アメーバ

多細胞生物

⁵[　　　　　　]

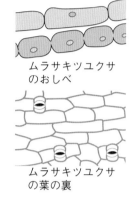

ムラサキツユクサ
のおしべ

ムラサキツユクサ
の葉の裏

2 多細胞生物の体の成り立ち

教科書p.92〜93 ▶▶❷

□(1)　図の①，②

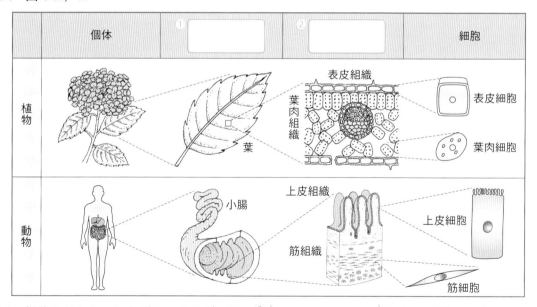

	個体	① [　　　]	② [　　　]	細胞
植物		葉	表皮組織／葉肉組織	表皮細胞／葉肉細胞
動物		小腸	上皮組織／筋組織	上皮細胞／筋細胞

□(2)　細胞のはたらきに必要なエネルギーは，³（　　　　　　　　）によって得ている。

要点
●生物には，単細胞生物と多細胞生物がいる。
●多細胞生物の体は細胞が集まって組織，組織が集まって器官をつくっている。

1章 生物をつくる細胞(2)

時間 15分 解答 p.10

1 図のA～Eの生物について，次の問いに答えなさい。 ▸▸ [1]

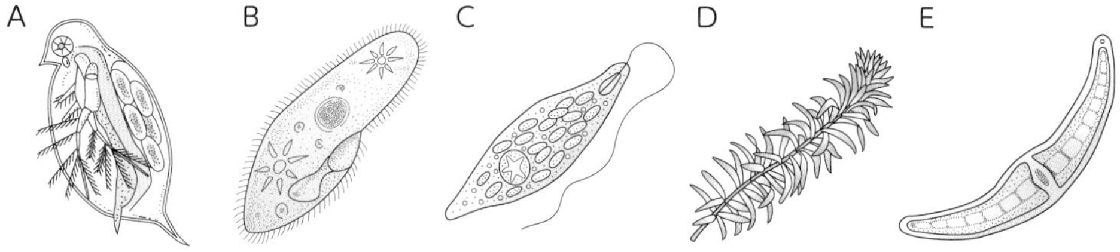

□(1) A，C，Eの生物を，それぞれ何というか。

A（　　　　　） C（　　　　　） E（　　　　　）

□(2) 体が1つの細胞（さいぼう）で構成されている生物を何というか。（　　　　　）

□(3) 細胞が集まって構成されている生物を何というか。（　　　　　）

□(4) A～Eのうち，(3)を全て選びなさい。（　　　　　）

2 図は，植物の葉のつくりとヒトの小腸のつくりを模式的に表したものである。 ▸▸ [2]

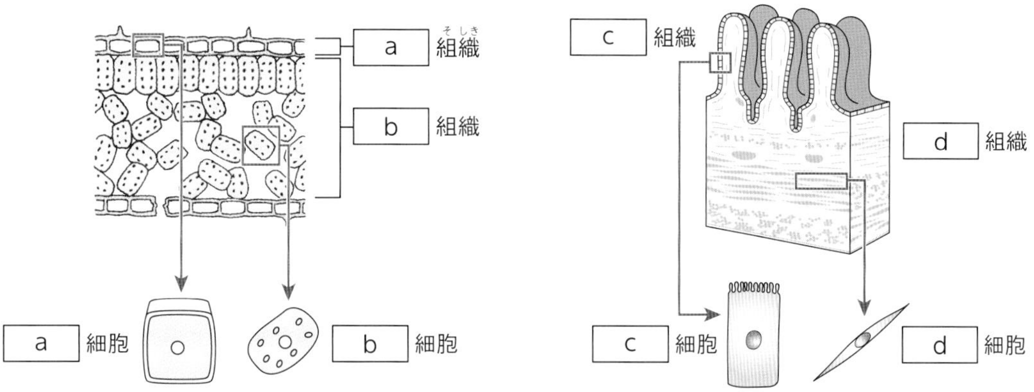

□(1) 次の文の①～③にあてはまる語句を，それぞれ書きなさい。

①（　　　　　） ②（　　　　　） ③（　　　　　）

多細胞生物（たさいぼうせいぶつ）の体は，形やはたらきが同じ[①]の集まりである[②]がいくつか集まってできた[③]によって成り立っている。

□(2) 図のa～dにあてはまる語句を，㋐～㋓から1つずつ選びなさい。

a（　　　） b（　　　） c（　　　） d（　　　）

㋐ 筋　㋑ 葉肉　㋒ 表皮　㋓ 上皮

□(3) 植物の葉やヒトの小腸は器官（きかん）である。植物とヒトの器官を，葉と小腸以外で1つずつ書きなさい。

植物（　　　　　） ヒト（　　　　　）

ヒント 2 (3) 器官は花や小腸のように，それぞれ特定のはたらきを受けもつ部分である。

単元2 生物の体のつくりとはたらき ― 教科書90～93ページ

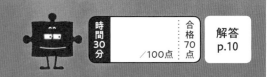

1章 生物をつくる細胞

時間30分　／100点　合格70点　解答 p.10

1 図は，酢酸カーミン液で染色したタマネギの表皮とヒトの頬の内側の粘膜，染色していないオオカナダモの葉のいずれかを顕微鏡で観察したものである。 28点

A　B　C

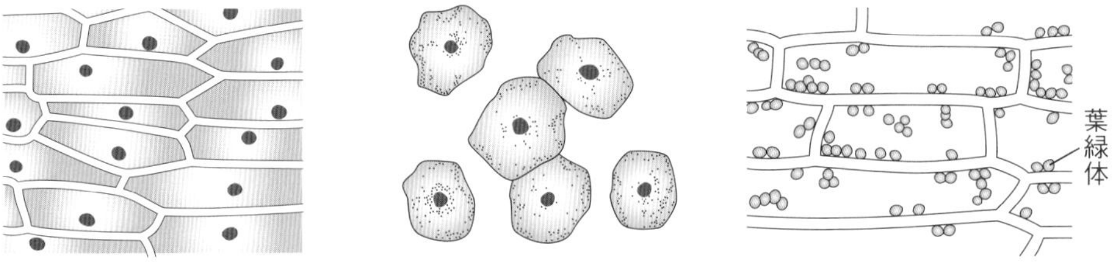

□(1) ヒトの頬の内側の粘膜，オオカナダモの葉を観察したものは，それぞれA～Cのどれか。

よく出る □(2) [記述] ヒトの頬の内側の粘膜が(1)であると考えた理由を，簡潔に書きなさい。[思]

□(3) 図のA，Bには丸い小さな粒が見られるが，Cには見られない。その理由を，㋐～㋓から選びなさい。[思]

㋐ 丸い小さな粒がないから。

㋑ 丸い小さな粒は，植物の緑色の部分にはないから。

㋒ 丸い小さな粒は，酢酸カーミン液で染色しないと見えないから。

㋓ 丸い小さな粒は，酢酸カーミン液によって細胞内でつくられるから。

□(4) 図のタマネギの表皮とオオカナダモの葉の細胞には見られないが，植物の細胞には見られることがあり，貯蔵物質や不要な物質が含まれるつくりを何というか。

2 図は，学校の池にすむ小さな生物を顕微鏡で観察したものである。 33点

A　B　C　D

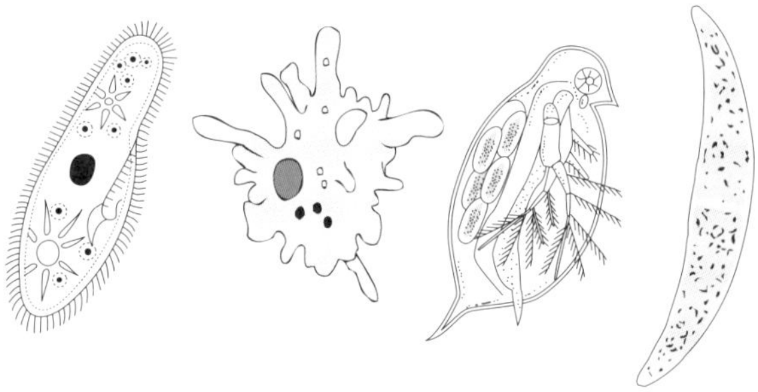

□(1) 図のような生物がたくさんいると考えられるものを，㋐～㋓から全て選びなさい。[技]

㋐ 水中にある緑色になった石

㋑ 水辺に落ちている枯れ葉

㋒ 水底に沈んでいる枯れ葉

㋓ 水底に生えている水草

□(2) 自ら動く生物を，A～Dから全て選びなさい。

□(3) 単細胞生物を，A～Dから全て選びなさい。

□(4) 図のAの生物の大きさを，㋐～㋓から選びなさい。

㋐ 0.003 mm　㋑ 0.03 mm　㋒ 0.3 mm　㋓ 3 mm

□(5) 次の文中の①，②にあてはまる語句を，それぞれ答えなさい。[思]

単細胞生物では，細胞の中の各部分が［ ① ］のはたらきを受けもち，全体としては1つの［ ② ］が全てのはたらきを受けもつ。

成績評価の観点　[技]…観察・実験の技能　[思]…科学的な思考・判断・表現

❸ 図は，ヒトの小腸の成り立ちを模式的に表したものである。　39点

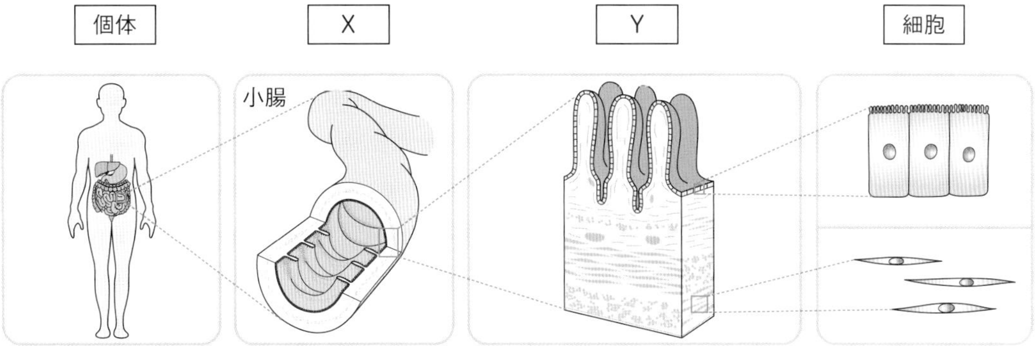

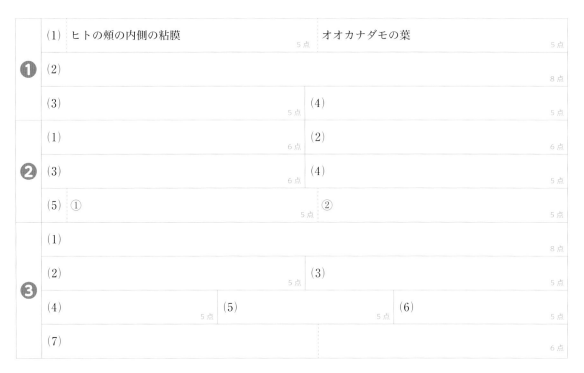

□(1) [記述] 図のＹをつくる細胞の特徴(とくちょう)を，簡潔に書きなさい。

□(2) (1)のような細胞が集まってつくられるＹを何というか。

□(3) いくつかのＹが集まってつくられるＸを何というか。

□(4) ヒトにおける(3)として，誤っているものを㋐～㋓から選びなさい。

㋐ 筋組織　　㋑ 心臓　　㋒ 胃　　㋓ 目

□(5) ヒトの体をつくる１つ１つの細胞が，生命活動に必要なエネルギーをとり出すために行なっていることを何というか。

□(6) 細胞が(5)を行うとき，養分を分解するためにとり入れている物質は何か。

□(7) 細胞が(5)を行なったことで生じる物質を，２つ書きなさい。

❶	(1) ヒトの頬の内側の粘膜 5点	オオカナダモの葉 5点		
	(2) 8点			
	(3) 5点	(4) 5点		
❷	(1) 6点	(2) 6点		
	(3) 6点	(4) 5点		
	(5) ① 5点	② 5点		
❸	(1) 8点			
	(2) 5点	(3) 5点		
	(4) 5点	(5) 5点	(6) 5点	
	(7) 6点			

定期テスト予報　形やはたらきが同じ細胞が集まって組織(そしき)をつくり，いくつかの組織が集まって器官(きかん)をつくり，いくつかの器官が集まって個体ができていることを書けるようにしましょう。

（　）と　　　にあてはまる語句を答えよう。

1 光合成が行われる場所

教科書p.94〜96　▶▶ 1

□(1)　植物が光のエネルギーを利用してデンプンをつくるはたらきを ^{1}(　　　　　　)という。

□(2)　図の②, ③

光合成が行われる場所の観察

光を当てた葉のスケッチ

光を当てなかった葉のスケッチ

葉緑体

ヨウ素デンプン反応が ^{2}(　　　　　　)。

ヨウ素デンプン反応があまり ^{3}(　　　　　　)。

□(3)　光を当てた葉の ^{4}(　　　　　　)でヨウ素デンプン反応がはっきり見られることから，光合成は ^{5}(　　　　　　)で行われていることがわかる。

2 光合成で使われる物質

教科書p.97〜100　▶▶ 2

□(1)　BTB液は，酸性では ^{1}(　　　　)色，中性では ^{2}(　　　　)色，アルカリ性では ^{3}(　　　　)色になる。

BTB液で調べる二酸化炭素の量

多い　←　二酸化炭素　→　少ない

□(2)　調べたい条件以外の条件を同じにして行う実験を ^{4}(　　　　　　)という。

光合成で使われる物質を調べる実験

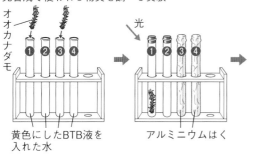

オオカナダモ

光

黄色にしたBTB液を入れた水

アルミニウムはく

BTB液で調べた結果

		植物	
		入れる	入れない
光	当てる	❶青色	❷黄色
	当てない	❸黄色	❹黄色

□(3)　上の実験で，❶の液の色が ^{5}(　　　　　　)色に変化したことから，植物が光合成を行うとき，^{6}(　　　　　　)が使われることがわかる。

□(4)　光合成が行われるとき，二酸化炭素が使われ，^{7}(　　　　　　)が発生する。二酸化炭素と根から吸い上げた ^{8}(　　　　　　)の一部が，デンプンなどの原料となる。

要点　●光合成では，水と二酸化炭素が使われ，デンプンと酸素ができる。

2章　植物の体のつくりとはたらき(1)

1 光合成がどこで行われるかを調べるために，次の観察を行った。　　▶▶ **1**

観察 じゅうぶんに光を当てたオオカナダモの葉を2枚とり，図のAのようにそのまま水をたらしてつくったプレパラートと，Bのように熱湯に数分ひたしてからヨウ素液をたらしてつくったプレパラートを用意して，それぞれ顕微鏡で観察した。

□(1) Aのプレパラートで，細胞の中に多数見られた緑色の粒を何というか。

（　　　　　　）

□(2) Bのプレパラートでは，(1)の粒の色が青紫色に変化していた。このとき起こった反応を何というか。

（　　　　　　）

□(3) Bのプレパラートでは，(1)の粒に(2)の反応が起こったことから，何ができたことがわかるか。　　　　　　（　　　　　　）

□(4) (3)をつくる植物のはたらきを何というか。

（　　　　　　）

□(5) 光を当てないとき，(4)は行われるか，行われないか。　　　（　　　　　　）

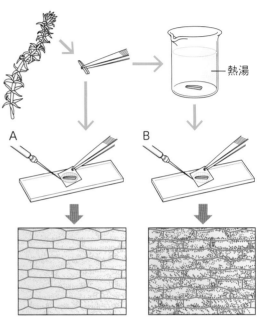

単元2 生物の体のつくりとはたらき──教科書94〜100ページ

2 光合成で使われる物質を調べるために，次の実験を行った。　　▶▶ **2**

実験 図のように，青色のBTB液を加えた水に息をじゅうぶんにふきこんでから試験管A，Bに入れた。試験管Aにはオオカナダモを入れ，試験管Bには何も入れず，それぞれの試験管にゴム栓をして30分間日光を当てた。

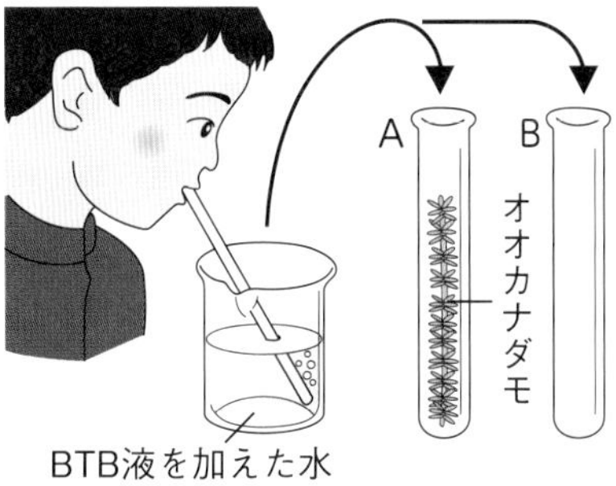

□(1) じゅうぶんに息をふきこんだことで，BTB液の色は何色になったか。　　　　　　　　　（　　　　　　）

□(2) 光を当てると，試験管Aに入れたオオカナダモの表面から気体が出てきた。この気体の物質名を書きなさい。

（　　　　　　）

□(3) 実験の結果，それぞれのBTB液の色はどうなったか。⑦〜⑨から選びなさい。　　　　（　　　　　　）

　⑦　A：青　B：青　　　⑦　A：青　B：黄　　　⑨　A：黄　B：黄

□(4) 植物が光合成を行うには，何という物質が必要なことがわかるか。　（　　　　　　　　）

BTB液を加えた水

ミスに注意 **2** (3) 光合成が行われると，水に溶(と)けた二酸化炭素は少しずつ減っていく。

2章　植物の体のつくりとはたらき(2)

時間 10分　解答 p.11

（　　）と□にあてはまる語句を答えよう。

1 呼吸（こきゅう）

教科書p.101 ▶▶1

□(1)　図の①，②

植物の呼吸を調べる実験

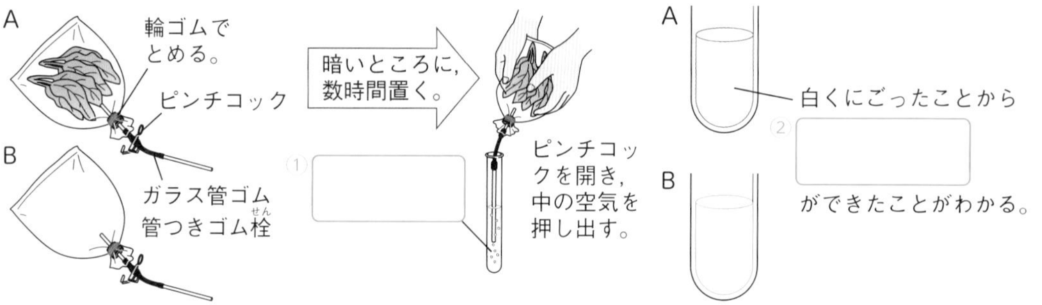
A
輪ゴムでとめる。
ピンチコック
B
ガラス管ゴム
管つきゴム栓
暗いところに，数時間置く。
①
ピンチコックを開き，中の空気を押し出す。
A
白くにごったことから
②
ができたことがわかる。
B

□(2)　暗いところに置いた植物が二酸化炭素を出していることから，③（　　　　）をしていることがわかる。

□(3)　右の図の④～⑥

□(4)　光が当たる昼は，光合成（こうごうせい）でとり入れる二酸化炭素の量は，呼吸によって生じる二酸化炭素の量より⑦（　　　　）。

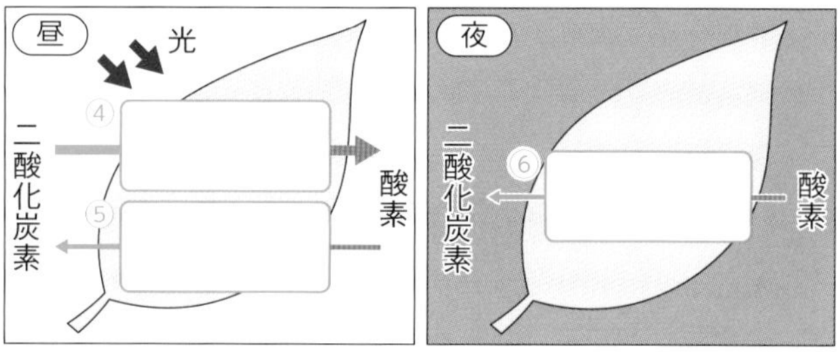
昼
光
④
⑤
二酸化炭素
酸素
夜
⑥
二酸化炭素
酸素

□(5)　実験で，袋の中の酸素や二酸化炭素の増減は，⑧（　　　　）でも調べられる。

2 蒸散（じょうさん）

教科書p.102～104 ▶▶2

□(1)　植物の体の中の水が，水蒸気として出ていく現象を①（　　　　）という。

□(2)　葉に②（　　　　）を塗（ぬ）ると，蒸散（じょうさん）を抑（おさ）えることができる。

蒸散と吸水を調べる実験

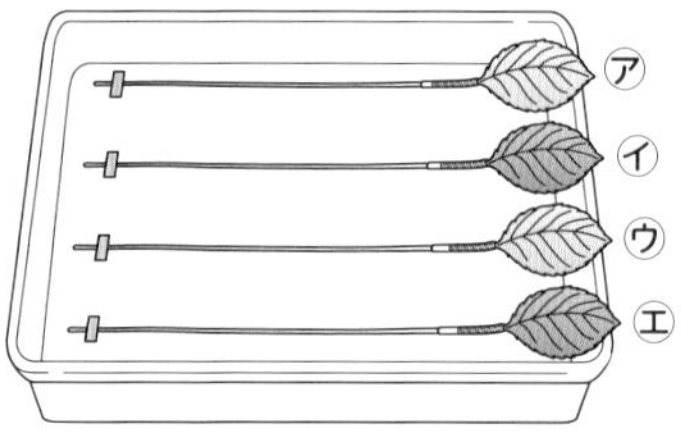
㋐
㋑
㋒
㋓

水の減少量

		葉の表側	
		塗る	塗らない
葉の裏側	塗る	㋐…1 mm	㋑…5 mm
	塗らない	㋒…68 mm	㋓…75 mm

□(3)　葉の裏より，表にワセリンを塗ったときの方が，吸水量が③（　　　　）。

□(4)　蒸散は葉の④（　　　　）側よりも⑤（　　　　）側で盛（さか）んに行われる。

要点
- ●植物は，光が当たるときも当たらないときも，呼吸をしている。
- ●植物の蒸散は，葉の表側よりも裏側で盛んに行われている。

2章　植物の体のつくりとはたらき(2)

時間 15分　解答 p.11

[1] 図1，図2は，昼と夜における植物のはたらきと，出入りする気体のようすを模式的に表したものである。 ▸▸ [1]

□(1) 昼のようすを表しているのは，図1，図2のどちらか。（　　　）

□(2) 植物のはたらきを表すA，Bは，それぞれ何か。

A（　　　）　B（　　　）

□(3) 植物に出入りする気体を表す⇨，➡はそれぞれ何か。

⇨（　　　）

➡（　　　）

□(4) [記述] ➡の気体を確かめる方法と結果を，簡潔に書きなさい。

（　　　）

図1

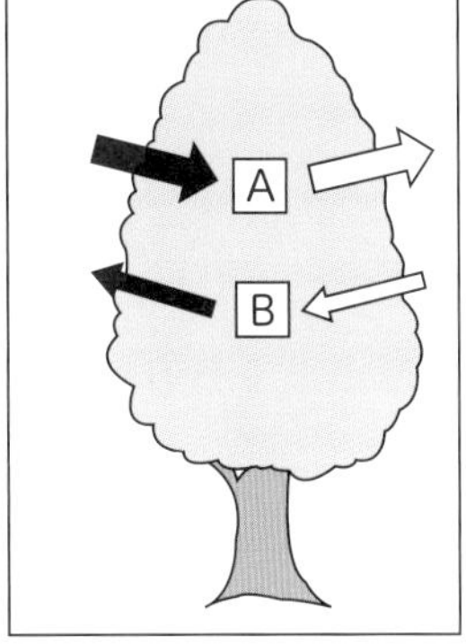

図2

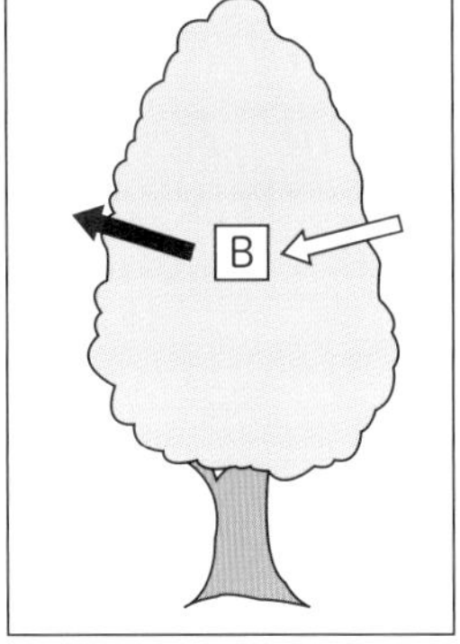

[2] ほぼ同じ大きさのアジサイの葉を4枚用意し，Aは葉の表側と裏側，Bは裏側，Cは表側にワセリンを塗り，Dはそのままにした。これらの葉を水を入れた細いチューブにつなぎ，図のようにバットに並べ，10分後の水の減り方を調べた。 ▸▸ [2]

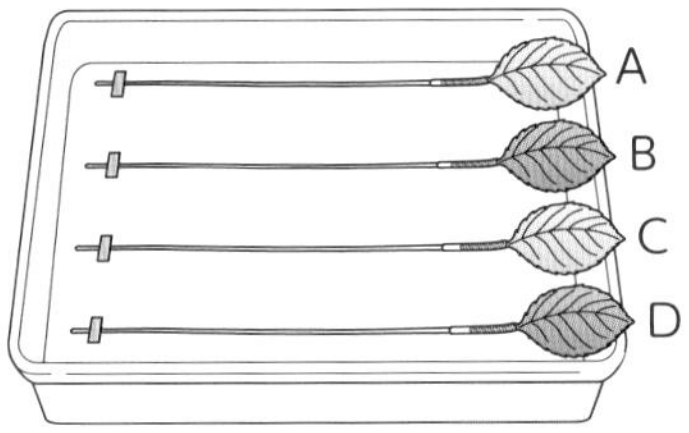

水の減少量

		葉の表側	
		塗る	塗らない
葉の裏側	塗る	A…3 mm	B…14 mm
	塗らない	C…45 mm	D…56 mm

□(1) 水が植物の体内から水蒸気として出ていく現象を何というか。（　　　）

□(2) 吸水量が多いのは，葉の表側と裏側のどちらにワセリンを塗ったときか。（　　　）

□(3) [計算] (1)のはたらきで，葉の表側から出ていった水の量は，細いチューブ何mm分か。㋐～㋓から選びなさい。（　　　）

㋐ 3 mm　㋑ 11 mm　㋒ 14 mm　㋓ 17 mm

□(4) [計算] (1)のはたらきで，葉の裏側から出ていった水の量は，細いチューブ何mm分か。（　　　）

□(5) (1)の量が多いといえるのは，葉のどの部分か。㋐～㋒から選びなさい。（　　　）

㋐ 表側　㋑ 裏側　㋒ 表側も裏側もほとんど変わらない。

[ヒント] [1] (2) 植物は，光が当たっているときも，当たっていないときも呼吸(こきゅう)はしている。
[2] (3)(4) Aでの値は，葉の柄(え)からの水が出ていったことによる水の減少だと考えられる。

2章　植物の体のつくりとはたらき(3)

（　）と☐にあてはまる語句を答えよう。

1 葉のつくり

教科書p.105〜107 ▶▶ ❶

☐(1)　図の①〜③

☐(2)　葉の表面にある，2つの細長い細胞に
　　　はさまれた穴を⁴（　　　　　）という。

☐(3)　道管は⁵（　　　　　）や無機養分を輸送
　　　する管で，師管は葉でつくられた
　　　⑥（　　　　　）を運ぶ管である。

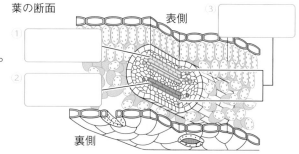

葉の断面

表側

裏側

2 茎・根のつくりとはたらき，葉・茎・根のつながり

教科書p.108〜112 ▶▶ ❷

☐(1)　図の①〜⑥

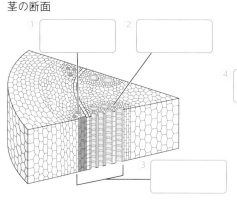

茎の断面

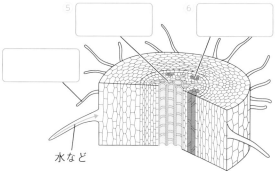

根の断面

水など

☐(2)　茎は，葉を⁷（　　　　　）が当たる高い位置に
　　　支えるはたらきがある。

☐(3)　茎の維管束は，葉と⁸（　　　　　）の間で養分や
　　　⁹（　　　　　）を通すはたらきをもつ。

☐(4)　根にも¹⁰（　　　　　）はあり，土からすい上げ
　　　た水を¹¹（　　　　　）の維管束へ供給する。

☐(5)　葉でつくられたデンプンなどの養分は，
　　　¹²（　　　　　）に溶けやすい物質に変わり，茎や
　　　根に運ばれて¹³（　　　　　）の呼吸や成長などの
　　　エネルギー源として使われる。すぐに使われない
　　　養分は，¹⁴（　　　　　）やいもに貯蔵される。

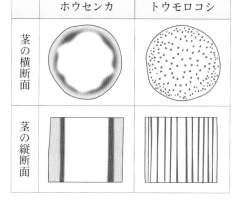

着色した水を吸わせた植物の断面

	ホウセンカ	トウモロコシ
茎の横断面		
茎の縦断面		

要点　●道管は水と無機養分，師管はデンプンが水に溶けやすい物質に変わったものが通る。

2章　植物の体のつくりとはたらき(3)

時間 15分　解答 p.12

1 図1はツバキの葉の断面，図2はツユクサの葉の表皮をスケッチしたものである。 ▸▸ 1

図1

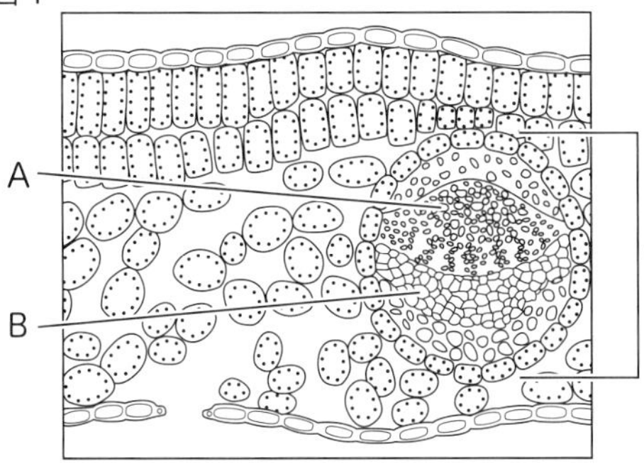

図2

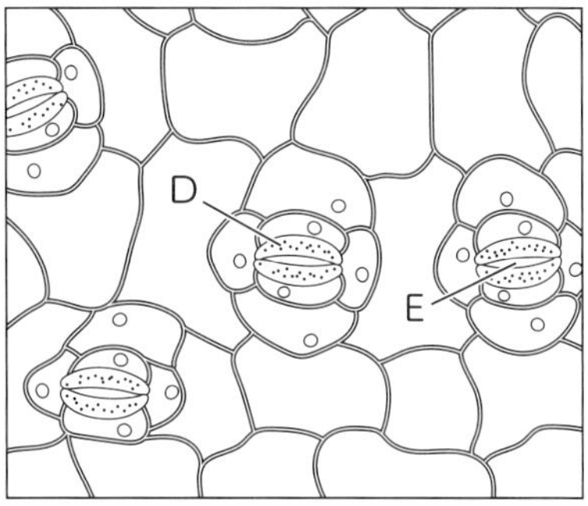

□(1) 図1のA，Bの管を，それぞれ何というか。　A(　　　)　B(　　　)

□(2) 図1で，A，Bの管が集まったCを何というか。(　　　)

□(3) 図2で，細長い形をしたDの細胞(さいぼう)を何というか。(　　　)

□(4) (3)の細胞2つにはさまれたEの穴を何というか。(　　　)

□(5) 図2のように，Eが多数見られるのは，葉の表側，裏側のどちらか。(　　　)

2 図のように，トウモロコシとホウセンカの茎(くき)を，赤色に着色した水にさし，しばらく置いた。 ▸▸ 2

□(1) 赤色に着色した水にしばらくさしたトウモロコシとホウセンカの茎の横断面を観察したとき，赤色に染(そ)まっていた部分を，次の㋐～㋓から1つずつ選びなさい。

トウモロコシ(　　　)

ホウセンカ(　　　)

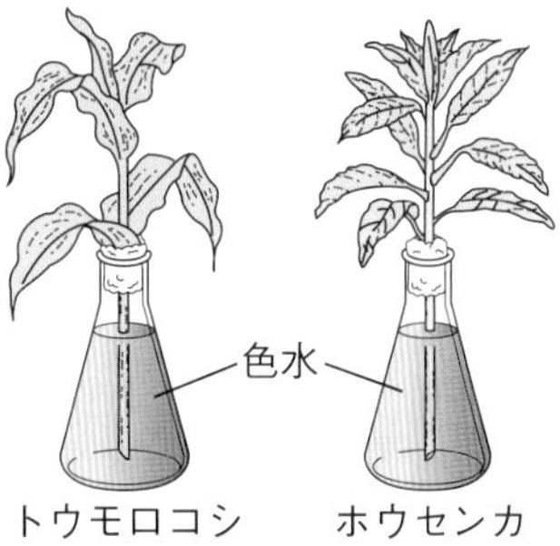

㋐ ㋑ ㋒ ㋓

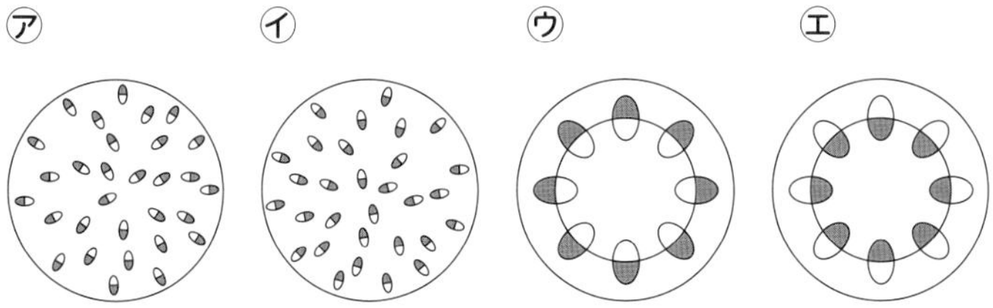

□(2) (1)で，赤く染まった部分を何というか。(　　　)

□(3) [記述] 師管(しかん)は何を運ぶはたらきをもつ管か。簡潔に書きなさい。

(　　　)

□(4) [記述] 茎や根に運ばれた(3)は，何として使われるか。簡潔に書きなさい。

(　　　)

[ヒント] 2 (1) 水の通り道が，着色した水によって赤く染まる。

2 (4) 植物は生きていくために光合成(こうごうせい)を行っていることから考える。

2章　植物の体のつくりとはたらき

時間30分　／100点　合格70点　解答 p.12

1 一昼夜暗い場所に置いたふ入りのアサガオの葉の一部を，図のようにアルミニウムはくで覆(おお)い，光をじゅうぶんに当てた。この葉をつみ取り，脱色(だっしょく)してから水につけた後，ヨウ素液につけたときのようすを観察した。

25点

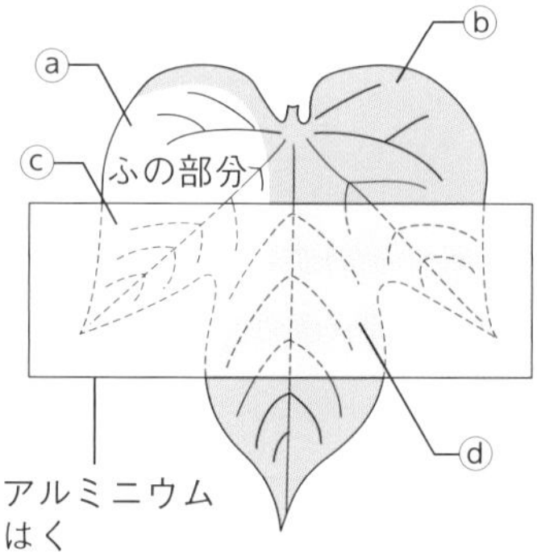

□(1) アサガオの葉を一昼夜暗い場所に置くのは，葉にある何をなくすためか。[技]

□(2) 脱色するとき，アサガオの葉を何につけるか。[技]

よく出る □(3) ヨウ素液につけたとき，ヨウ素デンプン反応が見られた部分を，葉のⓐ～ⓓから選びなさい。

□(4) 葉のⓐとⓑのヨウ素デンプン反応の結果を比べると，光合成(こうごうせい)には何が必要なことがわかるか。

□(5) 光合成に光が必要なことは，葉のどの部分とどの部分のヨウ素デンプン反応の結果を比べるとわかるか。ⓐ～ⓓから２つ選びなさい。[思]

2 試験管Ａ～Ｄに，息をふきこみ緑色にしたBTB液を加えた水を入れた。図のように，試験管ＡとＣにはオオカナダモを入れ，空気が入らないようにゴム栓(せん)をした。また，試験管ＣとＤはアルミニウムはくで試験管全体を覆った。その後，日光のよく当たる場所に２時間置くと，オオカナダモを入れた試験管Ａ，ＣのBTB液を加えた水の色が変わった。

37点

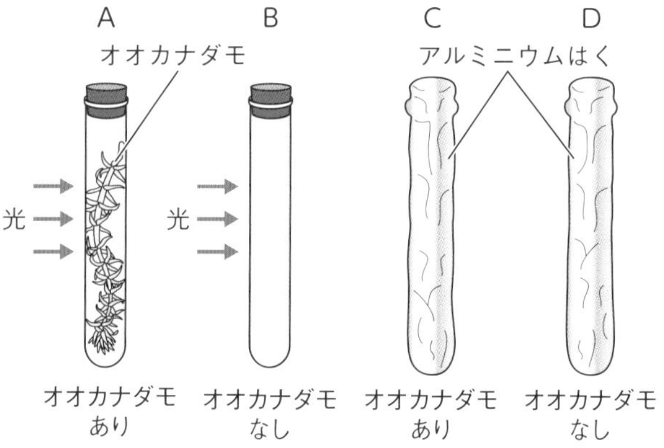

□(1) ２時間光を当てた後，試験管Ａと試験管Ｃに入っている液の色を，それぞれ書きなさい。

□(2) (1)で，液の色が変わった試験管Ａと試験管Ｃのオオカナダモが行っていたはたらきを，㋐～㋓からそれぞれ選びなさい。[思]

㋐ 光合成だけを行なっていた。

㋑ 呼吸(こきゅう)だけを行なっていた。

㋒ 光合成と呼吸を行なっていた。

㋓ 光合成も呼吸も行なっていなかった。

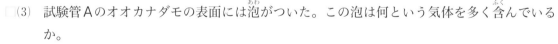

□(3) 試験管Ａのオオカナダモの表面には泡(あわ)がついた。この泡は何という気体を多く含(ふく)んでいるか。

□(4) [記述] オオカナダモを入れない試験管Ｂは試験管Ａの対照実験である。試験管Ｂは何を確かめるために用意したものか。「BTB液」「色」という語を使って簡潔に書きなさい。[技]

点UP □(5) BTB液の色が，光を当てることでは変化しないことは，どの２本の試験管を比べればわかるか。[思]

成績評価の観点　[技]…観察・実験の技能　[思]…科学的な思考・判断・表現

❸ 図は，植物の体内の物質の移動を，模式的に表したものである。

- □(1) 図で，植物のはたらきA～Cを，それぞれ何というか。
- □(2) (1)のはたらきでは，酸素，二酸化炭素，水蒸気が植物から出入りする。これらの気体が通る穴を何というか。
- □(3) 水に溶けて水といっしょに吸収されるDは何か。
- □(4) 師管(しかん)を通って移動するものは何か。
- □(5) 記述 根の先端(せんたん)近くに根毛があることは，植物にとってどのように都合がよいか。簡潔に書きなさい。思

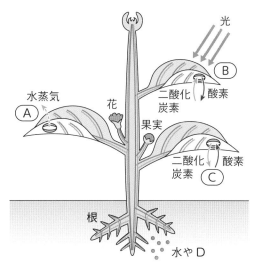

❶	(1)			(2)		
			5点			5点
	(3)			(4)		
			5点			5点
	(5)					
			5点			
❷	(1)	試験管A		試験管C		
			5点			5点
	(2)	試験管A		試験管C		
			5点			5点
	(3)					
			5点			
	(4)					
						6点
	(5)		と			
			6点			
❸	(1)	A	B		C	
		5点	5点			5点
	(2)			(3)		
			5点			5点
	(4)					
						6点
	(5)					
						7点

単元2

生物の体のつくりとはたらき──教科書94～112ページ

定期テスト
予報 植物の重要なはたらきである光合成について，使われるもの，できるものを理解しましょう。また，実験の目的と結果を結びつけられるようにしておきましょう。

（　　）と□□□にあてはまる語句を答えよう。

1 食物

教科書p.114〜115 ▶▶①

□(1)　食物に含まれる養分のうち，デンプンなどの [1]（　　　　　　　　）と [2]（　　　　　　　　）は，主に生きていくために必要なエネルギー源として使われる。また，[3]（　　　　　　　　）は，主に体をつくる材料に使われる。

□(2)　食塩や [4]（　　　　　　　　），鉄などの無機物，[5]（　　　　　　　　）は，体のはたらきを助け，体の調子を整える養分である。

□(3)　炭水化物のうち，デンプンは [6]（　　　　　　　　）がたくさんつながってできている。また，タンパク質は [7]（　　　　　　　　）がたくさんつながってできている。

おもな養分のモデル

デンプン

タンパク質

脂肪

2 消化と消化酵素のはたらき

教科書p.116・118〜119 ▶▶②

□(1)　養分を吸収されやすい物質に変化させる過程を [1]（　　　　　　　　）といい，養分を体にとり入れるはたらきをしている部分を [2]（　　　　　　　　）という。

□(2)　口から始まって肛門で終わるひとつながりの管を [3]（　　　　　　　　）といい，その途中では，それぞれ性質のちがう [4]（　　　　　　　　）を出している。

□(3)　消化液に含まれ，食物の養分を分解するはたらきをもつ物質を [5]（　　　　　　　　）という。

□(4)　消化液のはたらきによって，デンプンは [6]（　　　　　　　　）に，タンパク質は [7]（　　　　　　　　）に，脂肪は [8]（　　　　　　　　）とモノグリセリドに分解される。

□(5)　図の [9] 〜[11]

消化のしくみ

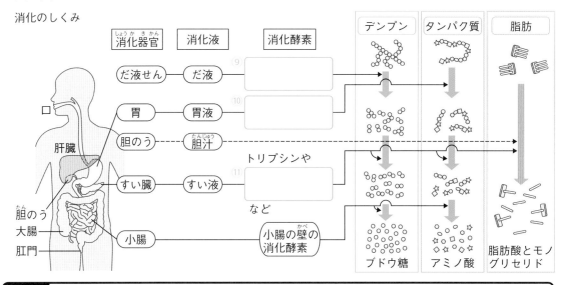

要点　●デンプン，タンパク質，脂肪などの養分は，消化酵素によって分解される。

3章　動物の体のつくりとはたらき(1)

時間 15分　解答 p.13

1 図のA～Cは，食物に含まれる，デンプン，タンパク質，脂肪を表したものである。 ▸▸ 1

□(1) デンプン，タンパク質を表しているのは，A～Cのどれか。
デンプン(　　　)
タンパク質(　　　)

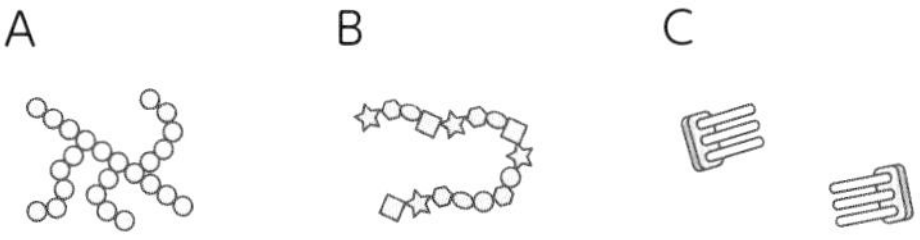

□(2) 体にとり入れたデンプンは，主にどのように使われるか。㋐～㋒から選びなさい。(　　　)
㋐ 体をつくる材料として使われる。
㋑ 生きていくために必要なエネルギー源として使われる。
㋒ 体の調子を整えるために使われる。

□(3) 脂肪を多く含む食物を，㋐～㋒から選びなさい。(　　　)
㋐ 米，イモ類　　㋑ 大豆，肉の赤身　　㋒ 油，肉の脂身

2 図は，ヒトの消化に関係する器官を模式的に表したものである。 ▸▸ 2

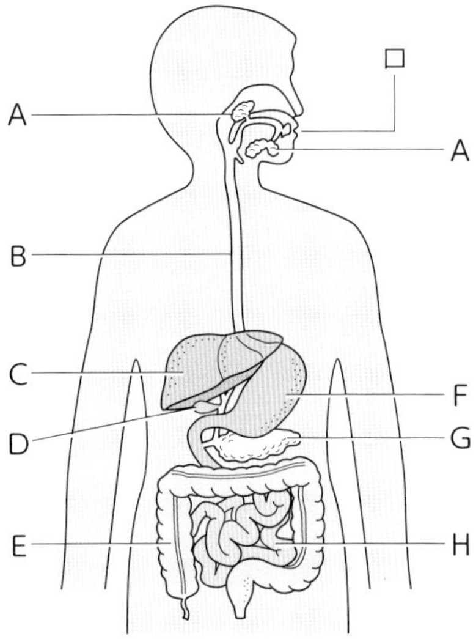

□(1) 口から始まって肛門で終わるひとつながりの管を何というか。(　　　)

□(2) だ液，胃液，すい液を出す器官を，図のA～Hからそれぞれ選びなさい。
だ液(　　　)
胃液(　　　)
すい液(　　　)

□(3) だ液や胃液に含まれる，養分を分解するはたらきをもつ物質を何というか。(　　　)

□(4) だ液，胃液に含まれる(3)の物質を，㋐～㋓からそれぞれ選びなさい。
だ液(　　　)
胃液(　　　)
㋐ リパーゼ　　㋑ トリプシン
㋒ ペプシン　　㋓ アミラーゼ

□(5) だ液，胃液は何を分解するか。㋐～㋓からそれぞれ選びなさい。
だ液(　　　)　胃液(　　　)
㋐ デンプン　　㋑ タンパク質　　㋒ 脂肪　　㋓ ビタミン

□(6) デンプン，タンパク質，脂肪は(3)の物質によって最終的に何に分解されるか。脂肪については2つ答えなさい。
デンプン(　　　)
タンパク質(　　　)
脂肪(　　　)，(　　　)

ヒント 1 (1) デンプンは，ブドウ糖という物質がたくさんつながってできている。
2 (2) だ液はだ液せん，胃液は胃，すい液はすい臓から出される。

単元2 生物の体のつくりとはたらき ─ 教科書114～116・118～119ページ

3章　動物の体のつくりとはたらき(2)

時間 10分　解答 p.13

（　　）と［　　］にあてはまる語句を答えよう。

1 だ液のはたらき

教科書p.116～118 ▸▸❶

□(1) ヨウ素液は，デンプンに反応すると①（　　　　）色になる。

□(2) ベネジクト液は，ブドウ糖や，ブドウ糖が2～10個程度つながったものに加えて②（　　　　）すると，反応して③（　　　　）色の沈殿（ちんでん）ができる。

□(3) 図の実験の結果から，デンプンは④（　　　　）のはたらきによって，⑤（　　　　）やブドウ糖が2～10個程度つながった物質に分解されることがわかる。

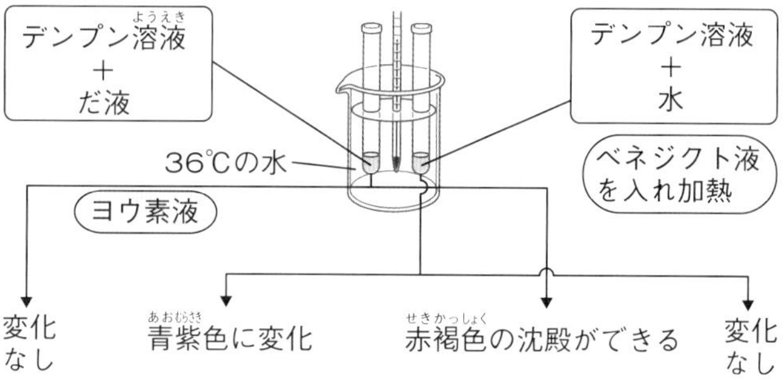
デンプン溶液（ようえき）
＋
だ液
デンプン溶液
＋
水
36℃の水
ベネジクト液を入れ加熱
ヨウ素液
変化なし
青紫（あおむらさき）色に変化
赤褐（せきかっしょく）色の沈殿ができる
変化なし

2 消化（しょうか）された食物のゆくえ

教科書p.121～122 ▸▸❷

□(1) 消化された養分が消化管の中から体内にとり入れられることを①（　　　　）という。

□(2) 小腸の壁（かべ）にはたくさんのひだがあり，ひだの表面は②（　　　　）という小さな突起（とっき）で覆（おお）われている。

□(3) ブドウ糖やアミノ酸は，柔毛（じゅうもう）の③（　　　　）からとり入れられて，血液とともに④（　　　　）に運ばれる。

□(4) 脂肪酸（しぼうさん）とモノグリセリドは，柔毛から吸収された後，再び⑤（　　　　）になり，⑥（　　　　）に入る。

□(5) 図の⑦～⑩

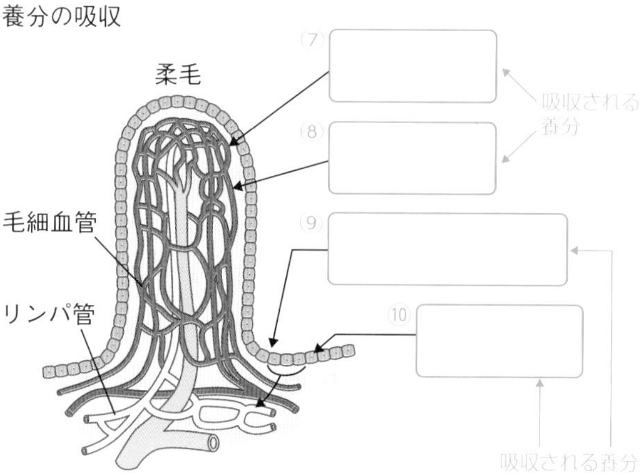
養分の吸収
柔毛
毛細血管
リンパ管
⑦
⑧
⑨
⑩
吸収される養分
吸収される養分

□(6) ブドウ糖や脂肪などは，全身の細胞（さいぼう）に運ばれ，肺でとり入れた⑪（　　　　）を使って，二酸化炭素と⑫（　　　　）に分解され，生きていくために必要な⑬（　　　　）を得るために使われる。

□(7) アミノ酸の一部は，⑭（　　　　）でタンパク質（しつ）に変えられる。

□(8) ブドウ糖の一部は，肝臓（かんぞう）と筋肉で⑮（　　　　）という物質になり，貯蔵される。

要点
- ●だ液にはデンプンを分解するはたらきがある。
- ●柔毛では，ブドウ糖とアミノ酸は毛細血管，脂肪はリンパ管に入る。

3章　動物の体のつくりとはたらき(2)

時間 15分　解答 p.14

1 デンプンに対するだ液のはたらきを調べるために，次の実験を行った。 ▶▶ 1

[実験] 1．図のように，試験管A，Bにそれぞれデンプン溶液(ようえき)を入れ，Aにはだ液を，Bには水を少量ずつ加え，ヒトの体温くらいの温度の水に10分間入れておいた。

2．A，Bから半分だけ溶液をとり出し，ヨウ素液を加えて色の変化を見ると，一方だけが青紫色(あおむらさき)になった。

3．A，Bの残りの溶液にベネジクト液を加えて加熱し，色の変化を見ると，一方だけ赤褐色(せきかっしょく)の沈殿(ちんでん)ができた。

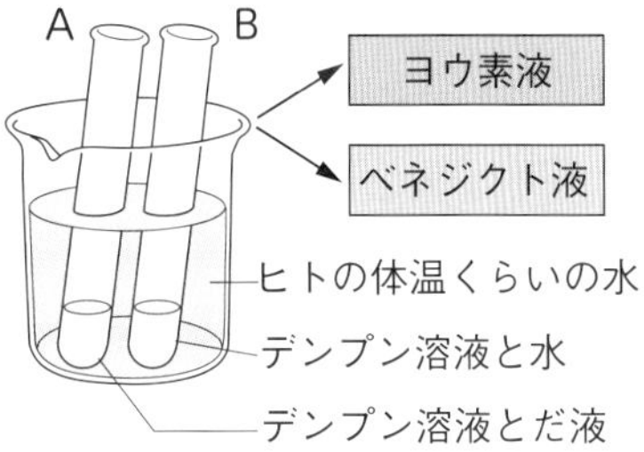

□(1) 色が青紫色に変化したのは，AとBのどちらか。（　　　）

□(2) 赤褐色の沈殿ができたのは，AとBのどちらか。（　　　）

□(3) この実験から考えられることを，㋐〜㋒から選びなさい。（　　　）

㋐ 水があると，デンプンが分解される。

㋑ だ液があると，デンプンが分解される。

㋒ だ液があると，デンプンがつくられる。

2 図は，消化(しょうか)された養分を吸収するつくりを模式的に表したものである。 ▶▶ 2

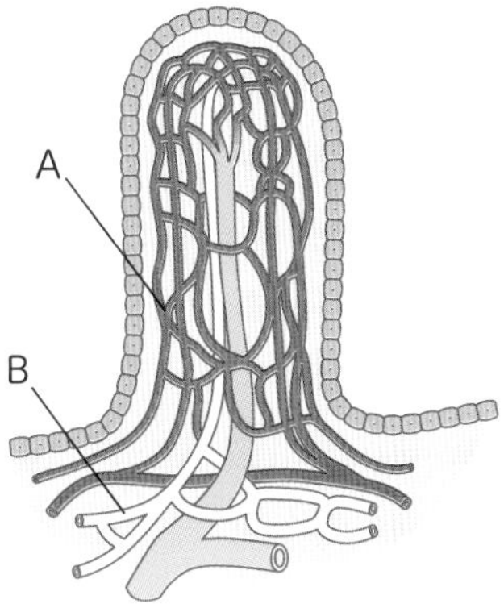

□(1) 図のつくりを何というか。（　　　）

□(2) (1)がある器官(きかん)を，㋐〜㋓から選びなさい。（　　　）

㋐ 小腸　　㋑ 胃　　㋒ 肝臓(かんぞう)　　㋓ 大腸

□(3) 吸収された養分が入る図のA，Bは，それぞれ何か。

A（　　　）　B（　　　）

□(4) 次の①〜④は，それぞれ図のA，Bのどちらへ吸収されるか。

① ブドウ糖（　　　）　② 脂肪酸(しぼうさん)（　　　）

③ アミノ酸（　　　）

④ モノグリセリド（　　　）

□(5) 図のAに吸収された養分は，何という器官へ運ばれるか。（　　　）

□(6) ブドウ糖と脂肪は，全身の細胞(さいぼう)に運ばれた後，酸素を使って分解されて生きていくのに必要なエネルギーを得るために利用される。

① 全身の細胞に運ばれた後，ブドウ糖と脂肪は，何と何に分解されるか。

（　　　），（　　　）

② 酸素と養分を使って，エネルギーを取り出すことを何というか。（　　　）

□(7) ブドウ糖の一部は，肝臓と筋肉で何という物質に変えられるか。（　　　）

ヒント 1 (2)(3) ベネジクト液は，ブドウ糖やブドウ糖が2〜10個程度集まったものに反応する。

3章　動物の体のつくりとはたらき①

時間30分　／100点　合格70点　解答 p.14

1 図は，ヒトの消化に関係する器官を模式的に表したものである。 40点

□(1) B，D，Eの器官の名称を答えなさい。

□(2) 口から始まって肛門で終わるひとつながりの管を何というか。

□(3) (2)に含まれるものを，A～Gから選び，食物の通る順番に並べなさい。

よく出る □(4) Bでつくられ，Cに蓄えられる消化液を何というか。

□(5) (4)は，何の消化を助けるはたらきをするか。㋐～㋒から選びなさい。

㋐ 炭水化物　　㋑ タンパク質　　㋒ 脂肪

□(6) Fから出される消化液が分解する物質を，㋐～㋒から全て選びなさい。

㋐ デンプン　　㋑ タンパク質　　㋒ 脂肪

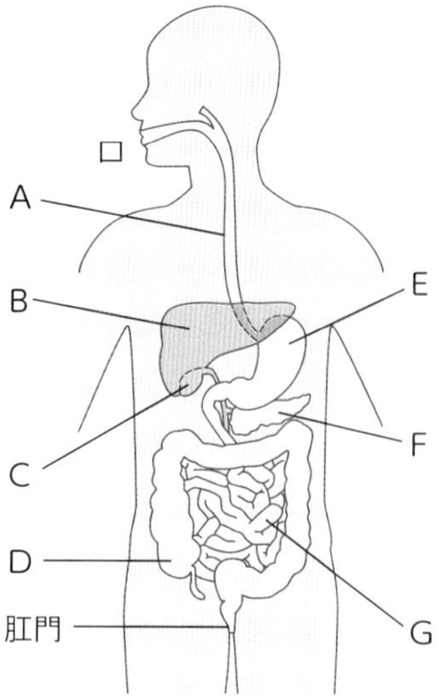

□(7) タンパク質が最初に分解される器官は，A～Gのどれか。

□(8) 脂肪は最終的に何に分解されるか。㋐～㋓から全て選びなさい。

㋐ アミノ酸　　㋑ 脂肪酸　　㋒ モノグリセリド　　㋓ ブドウ糖

2 デンプンに対するだ液のはたらきを調べるため，試験管A，Cにはデンプン溶液5 cm³とだ液1 cm³を混ぜ合わせた液を入れ，試験管B，Dにはデンプン溶液5 cm³と水1 cm³を入れ，36℃の水に入れた。10分後，試験管A，Bにはヨウ素液を数滴加え，試験管C，Dにはベネジクト液を少量加えて加熱し，色の変化を調べた。 30点

試験管	試験管に入れた液	10分後に調べた方法
A	デンプン溶液＋だ液	ヨウ素液を加える
B	デンプン溶液＋水	
C	デンプン溶液＋だ液	ベネジクト液を加え，加熱する
D	デンプン溶液＋水	

□(1) [記述] 下線部の操作を行った理由を，簡潔に書きなさい。[技]

点UP □(2) [記述] この実験で，BとDの試験管を用意した理由を，簡潔に書きなさい。[技]

□(3) BとDでは，反応が見られるのはどちらか。

□(4) AとCの結果の正しい組み合わせを，㋐～㋓から選びなさい。

㋐ Aは液が変化せず，Cは赤褐色の沈殿ができた。

㋑ Aは液が変色せず，Cも液が変色しなかった。

㋒ Aは液が青紫色になり，Cは赤褐色の沈殿ができた。

㋓ Aは液が青紫色になり，Cは液が変色しなかった。

点UP □(5) [記述] この実験からわかるだ液のはたらきを，簡潔に書きなさい。[思]

成績評価の観点　[技]…観察・実験の技能　[思]…科学的な思考・判断・表現

❸ 小腸の壁にはたくさんのひだがあり，ひだの表面は図のような小さな突起で覆われている。消化された養分は，ここから体内にとり入れられる。　30点

□(1)　消化された養分を体内にとり入れることを何というか。

□(2)　図のような小さな突起を何というか。

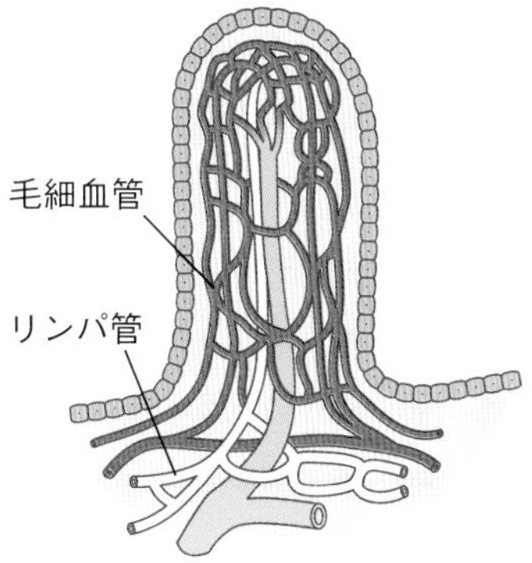

□(3)　次の⑦～⊥の養分のうち，図の毛細血管からとり入れられるものを全て選びなさい。

⑦　アミノ酸　　　　　⑦　脂肪酸
⑦　モノグリセリド　　⊥　ブドウ糖

□(4)　吸収された後の養分について，次の文章の@～©にあてはまる語句を答えなさい。

ブドウ糖，脂肪などは，全身の細胞に運ばれ，肺でとり入れた　@　を使って，　⑤　と水に分解され，生きていくために必要なエネルギーを得るために使われる。アミノ酸は，　©　でタンパク質に変えられたり，体の各部に運ばれて，体をつくる材料に使われたりする。

毛細血管

リンパ管

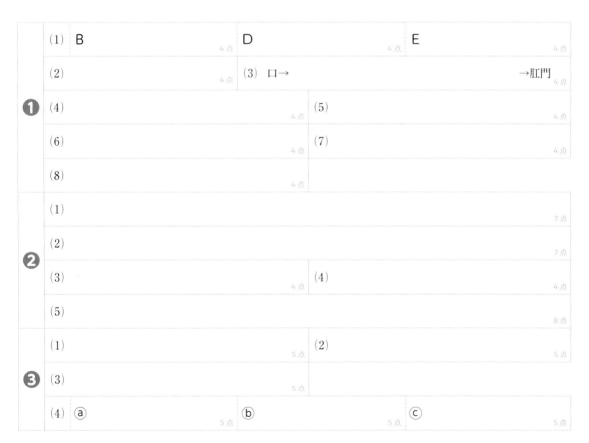

単元2

生物の体のつくりとはたらき——教科書114～122ページ

❶	(1) B _4点_		D _4点_	E _4点_	
	(2) _4点_		(3) 口→ →肛門 _4点_		
	(4) _4点_		(5) _4点_		
	(6) _4点_		(7) _4点_		
	(8) _4点_				
❷	(1) _7点_				
	(2) _7点_				
	(3) _4点_		(4) _4点_		
	(5) _8点_				
❸	(1) _5点_		(2) _5点_		
	(3) _5点_				
	(4) @ _5点_	⑤ _5点_		© _5点_	

┌─────────┐
│ 定期テスト **予報** │　だ液のはたらきを調べる実験を扱った問題が出るでしょう。ヨウ素液，ベネジクト液による反応から，何がわかるのかをしっかり理解しておきましょう。

3章　動物の体のつくりとはたらき(3)

時間 10分　解答 p.15

（　　）と［　　］にあてはまる語句を答えよう。

1 呼吸

教科書p.124〜125　▶▶1

□(1) 肺には[1]（　　　　）がなく自ら運動できない。呼吸の運動は，肺の下の[2]（　　　　）という筋肉と，外側の肋骨を動かす胸の筋肉のはたらきによって行われる。

□(2) 図の3〜5

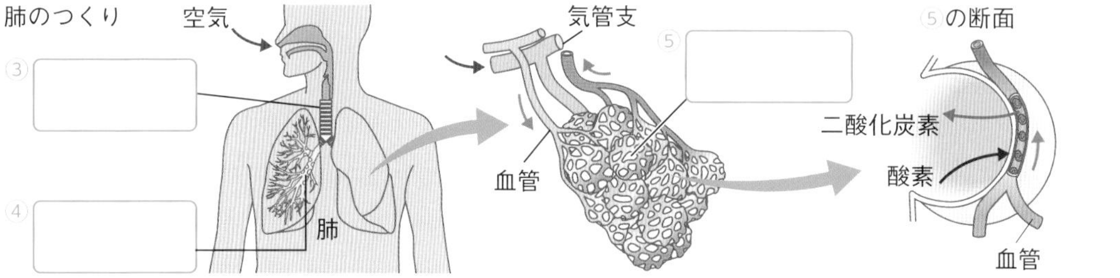
肺のつくり
空気
3
4
肺
気管支
5
血管
5の断面
二酸化炭素
酸素
血管

□(3) 肺胞があることで空気とふれる[6]（　　　　）が大きくなり，効率よく酸素と二酸化炭素の交換が行える。

2 血管と血液

教科書p.126〜129　▶▶2 3

□(1) 心臓から血液を送り出す血管を[1]（　　　　），心臓に血液が戻ってくる血管を[2]（　　　　）という。動脈の壁は厚く，筋肉が多く弾力がある。静脈の壁は動脈よりうすく，ところどころに逆流を防ぐ[3]（　　　　）がある。

□(2) 動脈と静脈は，[4]（　　　　）という血管でつながっている。毛細血管の壁からしみ出して，細胞をひたしている液を[5]（　　　　）という。

□(3) 図の6，7

□(4) 血液は，[8]（　　　　），[9]（　　　　），血小板などの固形の成分と，[10]（　　　　）という液体の成分からできている。

□(5) 白血球には，体の中に入った[11]（　　　　）などをとらえるはたらきがある。血小板は，出血したときに血液を[12]（　　　　）はたらきがある。

□(6) 肺でとり入れた酸素は，赤血球に含まれている[13]（　　　　）と結合して運ばれる。

□(7) 組織液の一部は[14]（　　　　）に入る。リンパ管に入った組織液を[15]（　　　　）という。

毛細血管

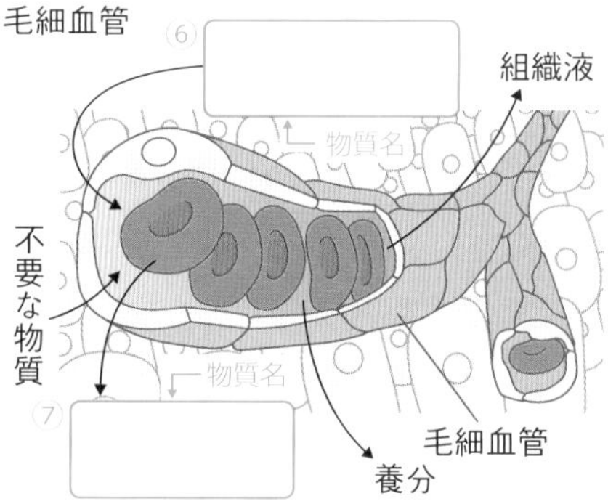
6
組織液
物質名
不要な物質
物質名
7
毛細血管
養分

人の血液の成分

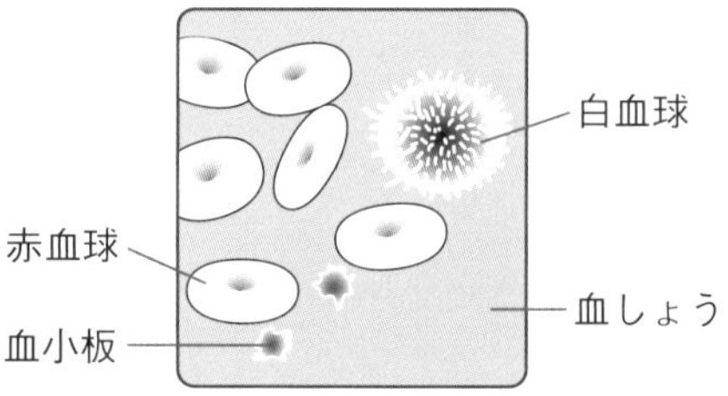
白血球
赤血球
血しょう
血小板

要点　●酸素は，赤血球に含まれるヘモグロビンと結びついて全身に運ばれる。

3章　動物の体のつくりとはたらき(3)

1 図1は肺のつくりを，図2は図1のCの断面を模式的に表したものである。　▶▶ 1

図1　　　　　拡大図　　　　　図2

- (1) 図1のA～Cをそれぞれ何という か。
  - A（　　　　　）
  - B（　　　　　）
  - C（　　　　　）
- (2) 図2のⓐ，ⓑは，Cでやりとり される気体を表している。それ ぞれの物質名を書きなさい。
  - ⓐ（　　　　　　　）　ⓑ（　　　　　　　）
- (3) 記述 肺にCがたくさんあることは，どのような点でつごうがよいか。「表面積」，「効率」とい う語句を使って，簡潔に書きなさい。
  - （　　　　　　　　　　　　　　　　　　　　　）

2 図は，ヒトの血管を表したものである。　▶▶ 2

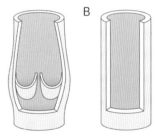

A　　　　B

- (1) A，Bの血管をそれぞれ何というか。
  - A（　　　　）　B（　　　　）
- (2) 心臓から送り出された血液の流れる血管を表しているのは A，Bのどちらか。　（　　　　）
- (3) AとBは，体中に張り巡らされた細い血管でつながってい る。この細い血管を何というか。　（　　　　）

3 図は，ヒトの血液の成分を模式的に表したもので，Aは液体の成分である。　▶▶ 2

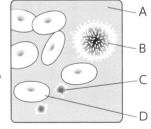

- (1) 図のA～Dを，それぞれ何というか。
  - A（　　　　）　B（　　　　）
  - C（　　　　）　D（　　　　）
- (2) Aが血管からしみ出して，細胞をひたしている液を何というか。
  - （　　　　）
- (3) 次の①，②にあてはまるものを，A～Dから選びなさい。
  - ① 体の中に入った細菌などをとらえる。　（　　　　）
  - ② 全身に酸素を運ぶ。　（　　　　）

ミスに注意 1 (2) 呼吸(こきゅう)によって体にとり入れる気体と外へはき出す気体を考える。

ヒント 3 (1) Dはヘモグロビンを含(ふく)む成分である。

3章　動物の体のつくりとはたらき(4)

時間 10分　解答 p.15

(　　)と［　　］にあてはまる語句を答えよう。

1 心臓と血液の循環（じゅんかん）

教科書p.130〜131 ▶▶1

□(1) 心臓の周期的な運動を(1)(　　　　)という。

□(2) 心臓は左右2つのポンプからできていて，血液が流れこむ部分を(2)(　　　　)といい，血液を送り出す部分を(3)(　　　　)という。

□(3) 図の4〜7

□(4) 血液は2つの経路を通って全身を循環しており，心臓から肺動脈，肺，肺静脈を通って心臓に戻（もど）る経路を(8)(　　　　)，心臓から肺以外の全身を回って心臓に戻る経路を(9)(　　　　)という。

□(5) 酸素を多く含（ふく）んだ血液を(10)(　　　　)といい，二酸化炭素を多く含んだ血液を(11)(　　　　)という。

ヒトの心臓(正面から見た図)

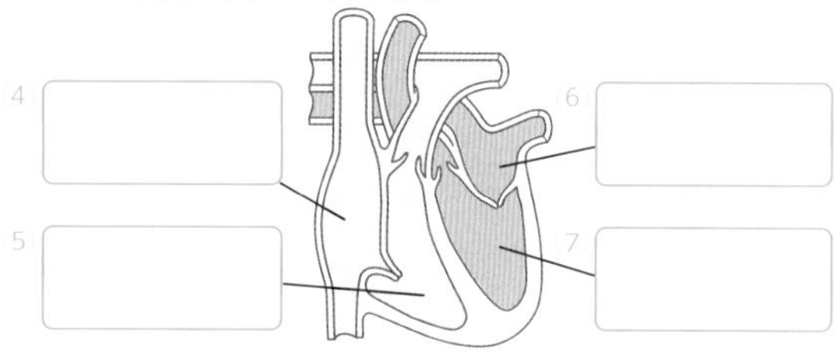
4
5
6
7

血液の循環

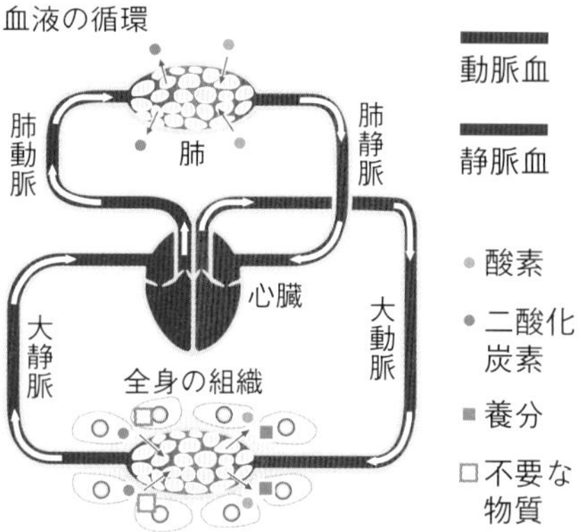
動脈血
静脈血
酸素
二酸化炭素
養分
不要な物質
肺
肺動脈
肺静脈
心臓
大静脈
大動脈
全身の組織

2 排出（はいしゅつ）

教科書p.132 ▶▶2

□(1) 細胞（さいぼう）の活動では，さまざまな不要な物質ができる。これらをとり除（のぞ）き，体の外へ出すはたらきのことを(1)(　　　　)という。

□(2) 呼吸によって生じた二酸化炭素は(2)(　　　　)のはたらきで体外へ排出される。

□(3) 腎臓（じんぞう）は，血液を(3)(　　　　)して血液中の不要な物質をとり除いている。

□(4) 腎臓でとり除かれたさまざまな不要な物質や水分は，(4)(　　　　)としていったんぼうこうにためられた後，体外に排出される。

□(5) 図の5，6

□(6) 肝臓（かんぞう）は，タンパク質（しつ）が分解するときにできる有害な(7)(　　　　)を(8)(　　　　)という無害な物質につくり変えている。尿素（にょうそ）は，血液によって(9)(　　　　)に運ばれ，不要な物質として尿中に排出される。

腎臓のつくり

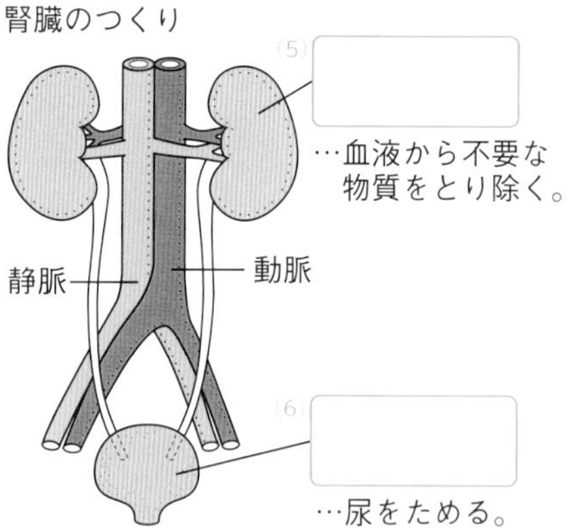
5
…血液から不要な物質をとり除く。
静脈
動脈
6
…尿をためる。

要点　●有害なアンモニアは肝臓で尿素につくり変えられ，腎臓で排出される。

3章　動物の体のつくりとはたらき(4)

時間 15分　解答 p.15

1 図は，ヒトの体を血液が循環するようすを模式的に表したものである。 ▶▶ 1

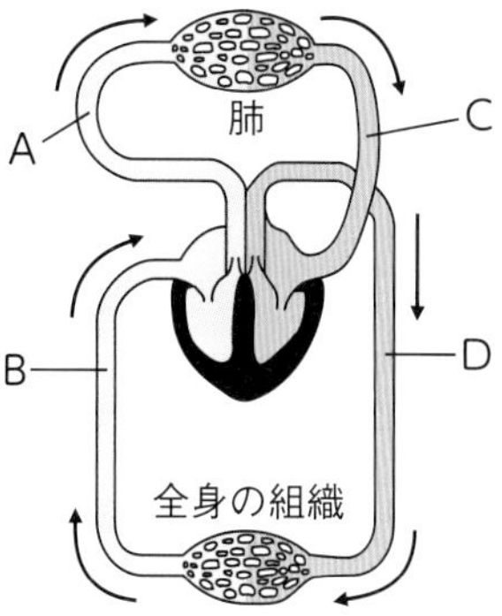

□(1) 心臓の周期的な運動を何というか。（　　　）

□(2) 図のA～Dの血管の名称を，㋐～㋓からそれぞれ選びなさい。

A（　　）　B（　　）　C（　　）　D（　　）

㋐ 肺動脈　㋑ 肺静脈

㋒ 大動脈　㋓ 大静脈

□(3) 血液の，心臓からA，肺，Cを通り，心臓に戻る経路を何というか。（　　　）

□(4) 血液の，心臓からD，全身の組織，Bを通り，心臓に戻る経路を何というか。（　　　）

□(5) 酸素を多く含む血液を何というか。（　　　）

□(6) 二酸化炭素を多く含む血液を何というか。（　　　）

□(7) (6)の血液が流れている血管を，図のA～Dから全て選びなさい。（　　　）

□(8) 消化管から吸収された養分は，血液によってある器官に運ばれ，一部が貯蔵される。その器官はどこか。㋐～㋓から選びなさい。（　　　）

㋐ 心臓　㋑ 肝臓　㋒ 肺　㋓ 胆のう

2 体内では，細胞のはたらきによって，二酸化炭素をはじめとするさまざまな不要な物質ができるので，これを排出するしくみがある。 ▶▶ 2

□(1) 二酸化炭素を排出する器官を，㋐～㋓から選びなさい。（　　　）

㋐ 心臓　㋑ 腎臓　㋒ 肝臓　㋓ 肺

□(2) タンパク質が分解されるときにできる，有害な物質を何というか。（　　　）

□(3) (2)を無害な物質に変える器官を，㋐～㋓から選びなさい。（　　　）

㋐ 肝臓　㋑ 小腸　㋒ 心臓　㋓ 腎臓

□(4) (3)では，(2)は何に変えられるか。㋐～㋓から選びなさい。（　　　）

㋐ 尿　㋑ 尿素　㋒ 窒素　㋓ 二酸化炭素

□(5) (4)を血液からとり除き，尿中に排出する器官を，㋐～㋓から選びなさい。（　　　）

㋐ 肺　㋑ 肝臓　㋒ 腎臓　㋓ 心臓

□(6) 尿を体外に排出する前に，いったんためる部分を，㋐～㋓から選びなさい。（　　　）

㋐ 肛門　㋑ ぼうこう　㋒ 胆のう　㋓ 大腸

ミスに注意 1 (2) 心臓から血液を送り出す血管が動脈，心臓に血液が戻ってくる血管が静脈である。

ヒント 2 (2) 刺激臭(しげきしゅう)があり，水に非常に溶(と)けやすい気体である。

（　）と□□□にあてはまる語句を答えよう。

1 運動器官

教科書p.134〜135 ▶▶❶

□(1) ヒトなどの動物の体の中には，多くの骨が結合して組み立てられた[1]（　　　　　　）がある。

□(2) 骨のまわりには[2]（　　　　　）があり，その両端には[3]（　　　　　）という丈夫なつくりがある。

□(3) 手やあしなどの[4]（　　　　　）を動かすときは，筋肉のはたらきにより[5]（　　　　　）の部分で骨格が曲げられる。

ヒトの腕の曲げのばし

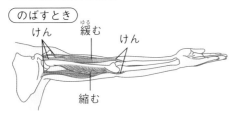

のばすとき　けん　緩む　けん　縮む

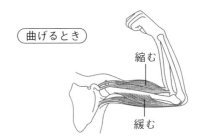

曲げるとき　縮む　緩む

2 感覚器官

教科書p.137〜138 ▶▶❷

□(1) まわりのさまざまな状態を刺激として受けとることのできる体の部分を[1]（　　　　　）という。

□(2) ヒトの感覚器官には，目，[2]（　　　　），鼻，[3]（　　　　），皮ふなどがあり，それぞれの感覚器官によって，視覚，聴覚，[4]（　　　　），味覚，[5]（　　　　）などの感覚が生じている。

□(3) それぞれの感覚器官には，決まった種類の[6]（　　　　）を受けとる[7]（　　　　）という特別な細胞がある。

受けとる刺激と感覚器官

感覚器官	受けとる刺激
目	光
耳	音（空気などの振動）
鼻	におい（空気中の化学物質）
舌	味（口の中に溶け出た化学物質）
皮ふ	接触などの機械的刺激

□(4) 図の⑧〜⑫

目の断面図

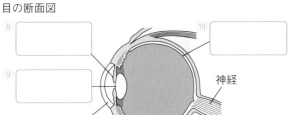

⑧　⑩　⑨　神経　角膜

耳の断面図

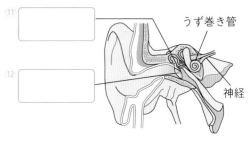

⑪　うず巻き管　⑫　神経

要点　●目は網膜で光の刺激を，耳はうず巻き管で音の刺激を受けとる。

3章　動物の体のつくりとはたらき(5)

❶ **図は，ヒトの腕の骨格と筋肉を表したものである。** ▶▶ **1**

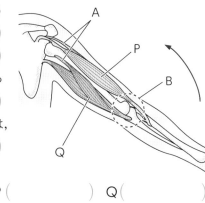

□(1) 手やあしなど，運動を行う体を動かす部分を何というか。　（　　　　　）

□(2) 筋肉の両端にあるAを何というか。（　　　　　）

□(3) 筋肉のはたらきによって，曲がるようなつくりになっているBを何というか。　（　　　　　）

□(4) 図のように，腕がのびているとき，縮んでいる筋肉は，P，Qのどちらか。　（　　　　　）

□(5) 腕を図の矢印の向きに曲げるとき，P，Qの筋肉は，それぞれ縮むか緩むか。　P（　　　　　）Q（　　　　　）

❷ **図1はヒトの目，図2はヒトの耳を，それぞれ模式的に表したものである。** ▶▶ **2**

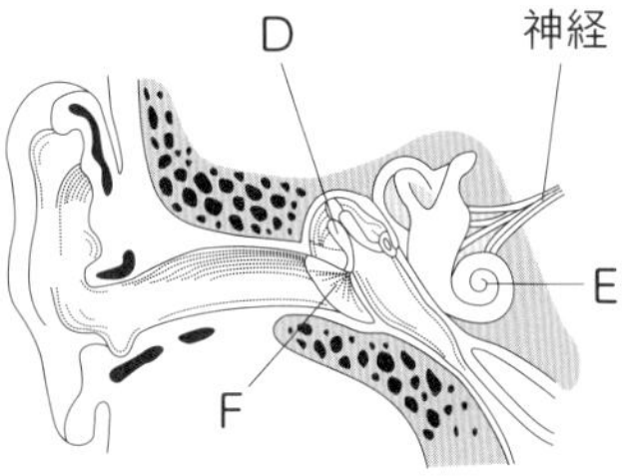

□(1) 目や耳のように，まわりのさまざまな状態を刺激として受けとることができる体の部分を何というか。
（　　　　　）

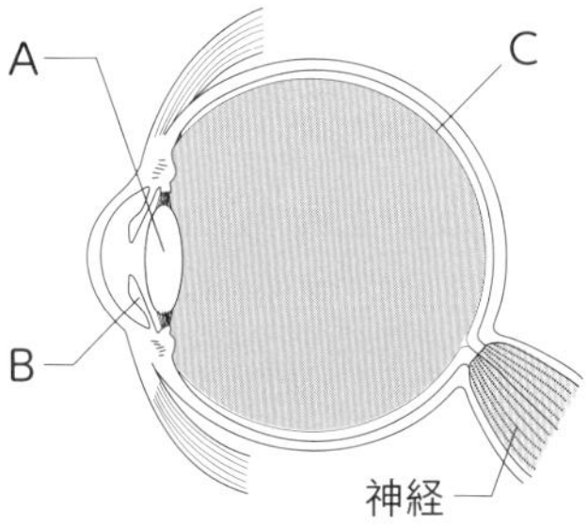

□(2) 図1で，光の刺激を受けとる細胞がある部分はA〜Cのどれか。　（　　　　　）

□(3) (2)の名称を答えなさい。　（　　　　　）

□(4) 図1で，ひとみの大きさを変える部分はA〜Cのどれか。　（　　　　　）

□(5) (4)の名称を答えなさい。　（　　　　　）

□(6) 図2で，音を受けとり振動する部分はD〜Fのどれか。　（　　　　　）

□(7) (6)の名称を答えなさい。　（　　　　　）

□(8) 図2で，音の刺激を受けとる細胞がある部分はD〜Fのどれか。　（　　　　　）

□(9) (8)の名称を答えなさい。　（　　　　　）

□(10) 次の①，②は，どのような刺激を受けとる器官か。あとの㋐〜㋒からそれぞれ選びなさい。

　　① 皮ふ　（　　　　　）　　② 鼻　（　　　　　）

　　㋐ 口の中に溶け出した化学物質

　　㋑ 接触などの機械的刺激

　　㋒ 空気中の化学物質

図1

図2

D
神経
E
F

ヒント　**❶** (5) P，Qの一方の筋肉が緩むと，もう一方の筋肉が縮む。

3章　動物の体のつくりとはたらき(6)

時間 10分　解答 p.16

（　）と□にあてはまる語句を答えよう。

1 神経系

教科書p.141〜144 ▸▸1

□(1) 体の中には，脳や脊髄からできている①（　　　）と，そこから出て細かく枝分かれし，体の隅々まで行き渡っている②（　　　）がある。中枢神経と末梢神経からなる全身の神経を③（　　　）という。

□(2) 末梢神経のうち，感覚器官からの信号を脳や脊髄に伝える神経を④（　　　）といい，脳や脊髄からの信号を筋肉へ伝える神経を⑤（　　　）という。

□(3) 図の⑥，⑦

□(4) 刺激に対して意識と関係なく起こる反応を⑧（　　　）という。感覚細胞からの信号が，脊髄から脳へ伝えられると同時に，筋肉につながる⑨（　　　）にも直接伝わることで，意識とは無関係に体が動く。

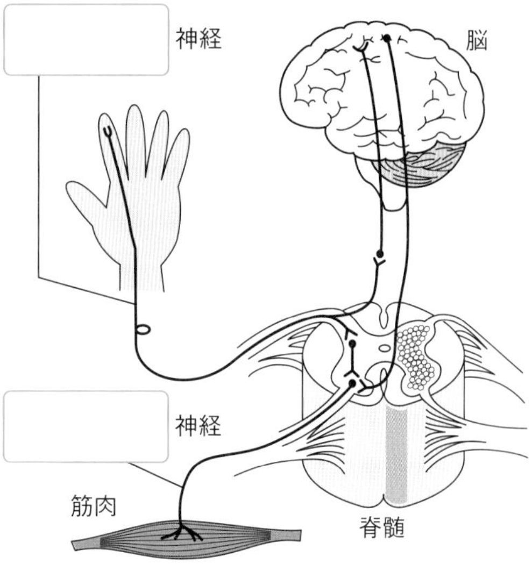
⑥
神経
脳
⑦
神経
筋肉
脊髄

2 生物の体のつくりとはたらき

教科書p.145〜147 ▸▸2

□(1) 魚の体にもヒトと同じように，目，口，鼻，胃や腸，心臓など，生きていくために必要な①（　　　）がある。

□(2) 図の②〜④

魚の体のしくみ

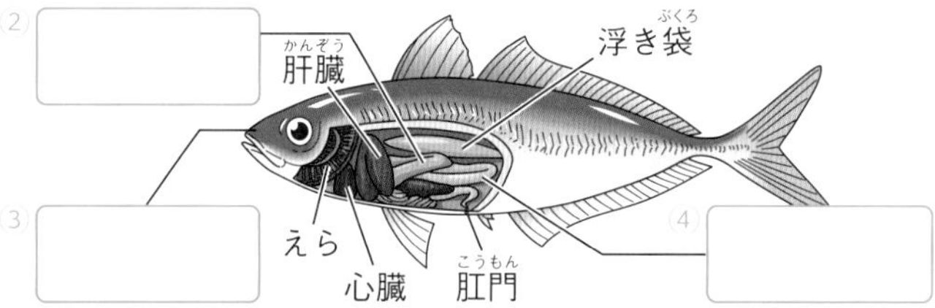
②
肝臓
浮き袋
③
えら
心臓
肛門
④

□(3) ヒトは肺を使って呼吸するが，魚は⑤（　　　）を使って水中で呼吸する。また，ヒトはあしで陸上を歩くが，魚は⑥（　　　）で水中を泳ぐ。

□(4) 動物の体で行われている，消化・吸収，呼吸，血液の循環および排出など，⑦（　　　）を維持するためのさまざまなはたらきは，互いに密接に⑧（　　　）して成り立っている。

要点　●神経系には中枢神経と末梢神経があり，末梢神経には感覚神経と運動神経がある。

3章　動物の体のつくりとはたらき(6)

時間 15分　解答 p.16

1 図は，ヒトの神経系を模式的に表したものである。 ▶▶[1]

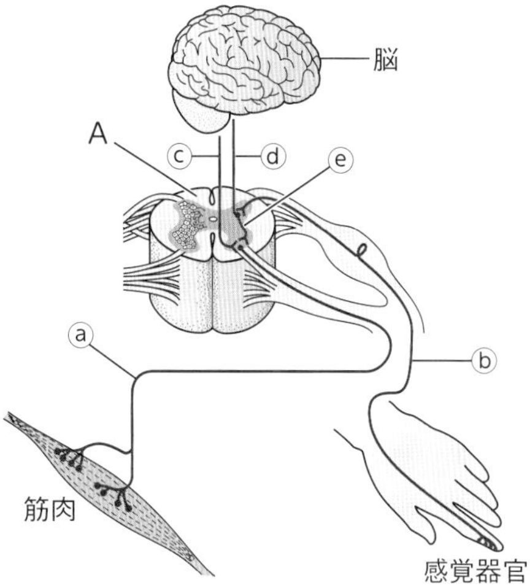
脳
A
c
d
e
a
b
筋肉
感覚器官

□(1) Aを何というか。（　　　）

□(2) 脳とAをあわせた神経を何というか。（　　　）

□(3) (2)から出て細かく枝分かれし，全身に行き渡っている神経を何というか。（　　　）

□(4) (3)の神経のうち，ⓐの神経を何というか。（　　　）

□(5) (3)の神経のうち，ⓑの神経を何というか。（　　　）

□(6) 次の①，②のとき，指の皮ふにものがふれてから筋肉が動くまでの，信号が伝わる道筋を，あとの㋐，㋑からそれぞれ選びなさい。

① 暗い部屋で壁にある電灯のスイッチを手探りしていたとき，指がスイッチにふれたのでスイッチを入れて電灯をつけた。（　　　）

② 指で湯が沸いているやかんを触ってしまったとき，熱いと感じる前に指をやかんから離した。（　　　）

㋐ ⓑ→ⓓ→ⓒ→ⓐ　　㋑ ⓑ→ⓔ→ⓐ

□(7) (6)②のように，刺激に対して意識と関係なく起こる反応を何というか。（　　　）

□(8) (7)の反応にあてはまるものを，㋐～㋔から全て選びなさい。（　　　）

㋐ 道を歩いていたら，後ろから自分の名前をよばれてふり向いた。

㋑ 明るいところから，暗い部屋に入ると，ひとみが大きくなった。

㋒ 映画を見ていたら，涙が流れてきた。

㋓ ボールが自分の方に飛んできたので，手で受け止めた。

㋔ 食べ物を口に入れると，いつの間にかだ液が出ていた。

2 生物の体のつくりとはたらきについて，次の問いに答えなさい。 ▶▶[2]

□(1) 次の㋐～㋔のヒトの体のつくりのうち，魚にはないつくりを選びなさい。

㋐ 鼻　㋑ 肝臓　㋒ 心臓

㋓ 肺　㋔ 肛門（　　　）

□(2) 手やあしのない魚は，体の何というつくりを使って水中を泳ぐか。（　　　）

[ミスに注意] 1 (8) 刺激の内容を判断したり，どのように反応するかを決めたりするときは，脳がはたらいている。

3章 動物の体のつくりとはたらき②

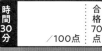

時間30分 /100点 合格70点 解答p.17

1 図は，メダカをチャックつきのポリエチレンの袋に入れて，尾びれの一部を顕微鏡で観察したときのようすである。

32点

B
A
骨

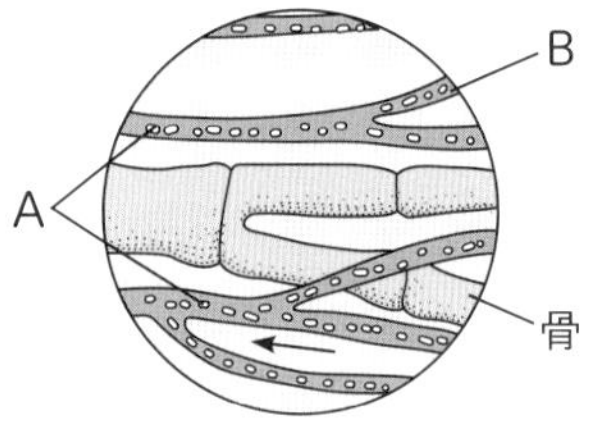

□(1) [記述] メダカを生きたまま観察するには，どうすればよいか。簡潔に書きなさい。[技]

□(2) Aはうすい赤色をした粒で，Bの中を矢印の向きに一定の速さで流れていた。A，Bをそれぞれ何というか。

□(3) [記述] Aのはたらきを簡潔に書きなさい。

よく出る □(4) (3)のはたらきができるのは，Aに何という物質が含まれているからか。

□(5) 矢印の方向に血液が流れている血管は，動脈と静脈のどちらか。

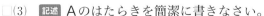

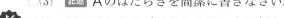

2 図は，ヒトの心臓を模式的に表したもので，矢印は血液の流れの向きを表している。次の問いに答えなさい。

52点

体の各部分へ
肺へ
肺へ
A
C
D
弁
B

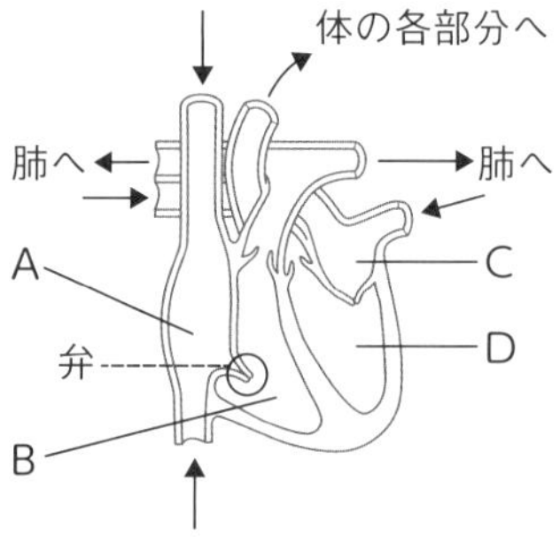

□(1) A，Dの2つの部分を，それぞれ何というか。

□(2) 血液を全身や肺に送り出すとき，縮むのはどの部分か。A～Dから全て選びなさい。

□(3) 心臓の各部分は繰り返し縮んだり広がったりしていて，全体が周期的に運動している。この運動を何というか。

点UP □(4) [記述] B，Dの出入り口には弁がある。弁のはたらきを簡潔に書きなさい。[思]

□(5) 次の①～④の血管を，それぞれ何というか。

① 体の各部分を回ってきてAに流れこむ血液が流れている血管

② Bから肺へ向かっていく血液が流れている血管

③ 肺を通ってCに流れこむ血液が流れている血管

④ Dから体の各部分へ向かっていく血液が流れている血管

□(6) 動脈血が流れている部分を赤色で表すとどうなるか。最も正しいものを，㋐～㋓から選びなさい。

㋐ ㋑ ㋒ ㋓

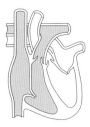

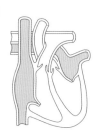

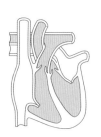

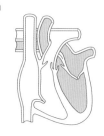

成績評価の観点 [技]…観察・実験の技能 [思]…科学的な思考・判断・表現

❸ 図のように，10人が輪になって手をつなぎ，ストップウォッチを持ったＡが右手でストップウォッチをスタートすると同時に左手でＢの右手を握った。Ｂ～Ｊは右手を握られたら，左手で次の人の右手を握っていき，ＡがＪに右手を握られたところでストップウォッチを止めると，2.70秒であった。

16点

☐(1) 右手を握られたときの感覚は，⑦～⑨のどの感覚に含まれるか。

   ⑦ 視覚　　　⑦ 聴覚^{（ちょうかく）}　　　⑦ 嗅覚^{（きゅうかく）}

   ⑦ 味覚　　　⑦ 触覚^{（しょっかく）}

☐(2) **計算** 刺激^{（しげき）}を受けとってから，反応するまでの時間は，1人当たりおよそ何秒か。

☐(3) この実験での反応のように，刺激に対して脳から信号が出て運動器官^{（うんどうきかん）}を動かす反応を，⑦～⑦から全て選びなさい。

   ⑦ 名前をよばれて，返事をする。

   ⑦ 気温の変化に関係なく，体温がほぼ一定に保たれている。

   ⑦ 気温が上がって暑くなったときに，上着を脱ぐ。

   ⑦ バレーボールで，相手のサーブを夢中でレシーブする。

   ⑦ あめを口に入れたときに，だ液が出てくる。

ストップウォッチ

❶	(1)			7点
	(2)	A　　　　　　　　　5点	B	5点
	(3)			5点
	(4)	5点	(5)	5点
❷	(1)	A　　　　　　　　　5点	D	5点
	(2)	5点	(3)	5点
	(4)			7点
	(5)	①　　　　　　　　　5点	②	5点
		③　　　　　　　　　5点	④	5点
	(6)	5点		
❸	(1)	5点	(2)	6点
	(3)	5点		

定期テスト予報 神経系^{（しんけいけい）}のそれぞれの神経の名称^{（めいしょう）}やはたらき，反射^{（はんしゃ）}のときの信号の経路などが問われるでしょう。神経系が中枢神経^{（ちゅうすうしんけい）}と末梢神経^{（まっしょうしんけい）}から構成されることを覚えましょう。

（　）と［　］にあてはまる語句や記号を答えよう。

1 電流の大きさ

教科書p.160〜162,164〜166　▶▶**1**

□(1) 電気器具の中には電気が流れている。この電気の流れを [1]（　　　　　）といい，電流が流れるひとまわりのつながった道筋を [2]（　　　　　）という。

□(2) 回路を流れる電流の向きは，電源の [3]（　　　　　）極を出て [4]（　　　　　）極に入る向きと決められている。

□(3) 電流の単位は [5]（　　　　　）で，記号はAを使う。電流の大きさは記号 I で表す。

□(4) 図の [6]〜[8]

電気器具	電気用図記号	電気器具	電気用図記号	電気器具	電気用図記号
電源	―┤├―	[6]（　　　）	⊗	[8]（　　　）	Ⓐ
抵抗	―▭―	[7]（　　　）	―╱	電圧計	Ⓥ

□(5) 乾電池の＋極から出た電流は，同じ [9]（　　　　　）のまま乾電池の−極へ戻ってくる。

2 直列回路や並列回路を流れる電流

教科書p.167〜171　▶▶**2**

□(1) 電源の＋極を出てから−極に入るまでの電流が流れる道筋が，1本になっている回路を [1]（　　　　　），途中で枝分かれしている回路を [2]（　　　　　）という。

□(2) 図の [3]〜[6]

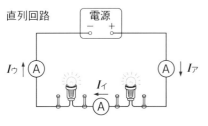　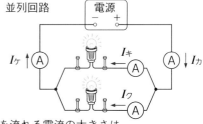

直列回路　　　回路を流れる電流の大きさは，

$I_ア$ = $I_イ$ [3]［　　　］ $I_ウ$

並列回路　　　回路を流れる電流の大きさは，

$I_カ$ [4]［　　　］ $I_キ$ [5]［　　　］ $I_ク$ [6]［　　　］ $I_ケ$

□(3) 直列回路では，電流の大きさはどこも [7]（　　　　　）。

□(4) 並列回路では，枝分かれしている部分の電流の大きさの [8]（　　　　　）が，枝分かれしていない部分の電流の大きさと [9]（　　　　　）。

要点
●直列回路の電流の大きさはどこも等しい。並列回路の電流の大きさは，枝分かれしている部分の和が，枝分かれしていない部分と等しい。

1章　電流と回路(1)

時間 15分　解答 p.17

1 図のように，乾電池(かんでんち)，スイッチ，豆電球を導線でつないでスイッチを入れると，電流(でんりゅう)が流れて豆電球が光った。

▶▶ 1

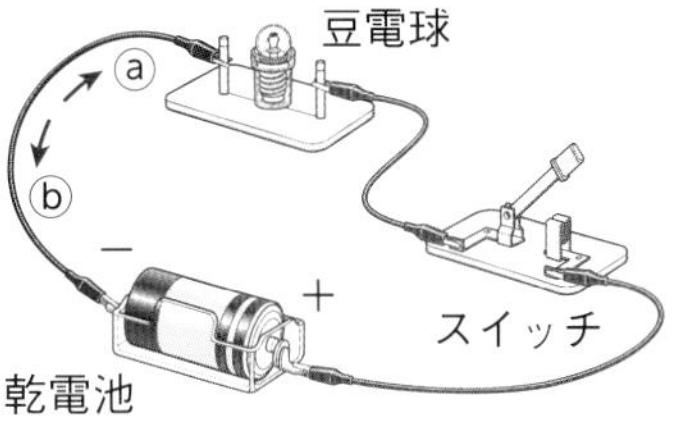

□(1) 図のように，電流が流れるひとまわりのつながった道筋を何というか。（　　　　）

□(2) 電流が流れる向きは，ⓐ，ⓑのどちらか。（　　　　）

□(3) 電流の単位Aは，何と読むか。（　　　　）

□(4) 図の電流が流れる道筋を，電気用図記号を使って表すとどうなるか。㋐～㋒から選びなさい。（　　　　）

㋐

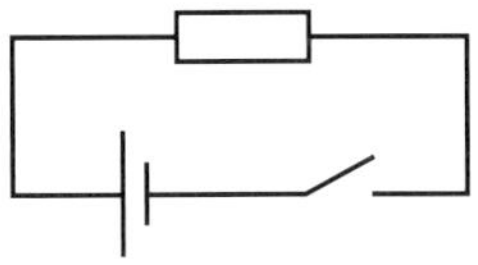

㋑

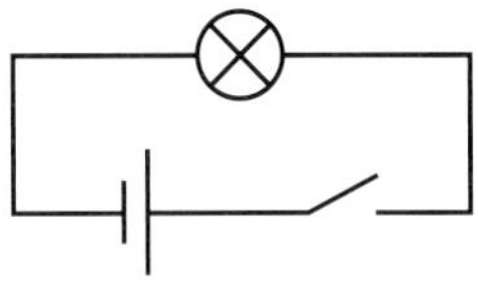

㋒

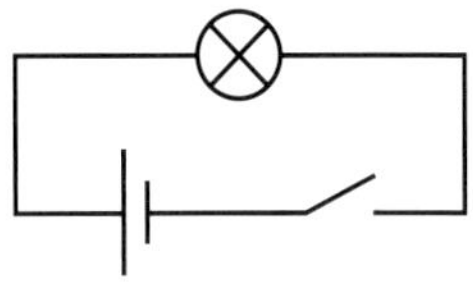

2 図のように，乾電池，スイッチ，豆電球を導線でつないで，A，Bの2つの回路(かいろ)をつくった。

▶▶ 2

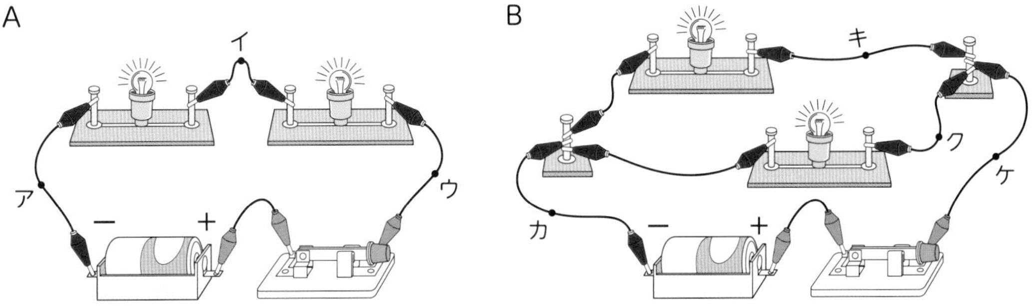

□(1) A，Bのような回路を，それぞれ何というか。

A（　　　　）　B（　　　　）

□(2) Aの回路の**ア**を流れる電流の大きさが210 mAのとき，**イ**，**ウ**を流れる電流の大きさは，それぞれ何mAか。

イ（　　　　）　**ウ**（　　　　）

□(3) Bの回路の**カ**を流れる電流の大きさが570 mAで，**キ**を流れる電流の大きさが280 mAのとき，**ク**，**ケ**を流れる電流の大きさは，それぞれ何mAか。

ク（　　　　）　**ケ**（　　　　）

□(4) 一方の豆電球を外すと，もう一方の豆電球の明かりも消えてしまう回路は，AとBのどちらか。（　　　　）

ミスに注意　1 (4) 電源の記号は，長い方が＋(プラス)極を表す。

ヒント　2 (3) カを流れる電流の大きさは，キとクを流れる電流の大きさの和と等しくなる。

（　）と□にあてはまる語句や記号，数を答えよう。

1 回路の電圧

教科書p.172，174〜177　▶▶**❶**

☐(1) 電源が電流を流すはたらきの大きさを ^{1}（　　　　　　　）という。単位は ^{2}（　　　　　　　）で，記号はVを使う。電圧の大きさは記号Vで表す。

☐(2) 図の $_3$〜$_6$

直列回路

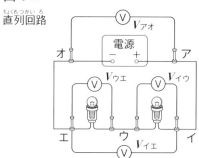

$V_{アオ}$

オ　電源　ア

$V_{ウエ}$　$V_{イウ}$

エ　ウ　$V_{イエ}$　イ

並列回路

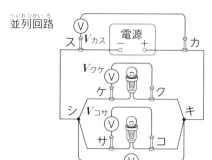

ス　$V_{カス}$　電源　カ

$V_{クケ}$

ケ　ク

シ　$V_{コサ}$　キ

サ　コ

$V_{キシ}$

回路に加わる電圧の大きさは

$V_{アオ} = V_{イウ}$ ^{3}☐ $V_{ウエ}$ ^{4}☐ $V_{イエ}$

回路に加わる電圧の大きさは

$V_{カス} = V_{キシ}$ ^{5}☐ $V_{クケ}$ ^{6}☐ $V_{コサ}$

☐(3) 直列回路では，それぞれの豆電球に加わる電圧の大きさの ^{7}（　　　　　　）が，^{8}（　　　　　　）または回路全体の電圧の大きさに等しい。

☐(4) 並列回路では，それぞれの豆電球に加わる電圧の大きさは全て ^{9}（　　　　　　）で，電源または ^{10}（　　　　　　）の電圧の大きさに等しい。

2 電流計と電圧計の使い方

教科書p.163・173　▶▶**❷❸**

☐(1) 電流計は，はかるところに ^{1}（　　　　　　）につなぐ。－端子は，最初に ^{2}（　　　　　　）の端子につなぎ，針の振れ方によって，^{3}（　　　　　），^{4}（　　　　　）の－端子へ順につなぎかえる。

☐(2) 電圧計は，はかる部分に ^{5}（　　　　　　）につなぐ。－端子は，最初に ^{6}（　　　　　）の端子につなぎ，針の振れ方によって，$^{(7)}$（　　　　　），^{8}（　　　　　）の－端子へ順につなぎかえる。

☐(3) 電流計でも電圧計でも，目盛りを読むときは，選んだ－端子に合わせて，最小目盛りの ^{9}（　　　　　　）まで読む。

－端子

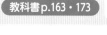

＋端子

電流計

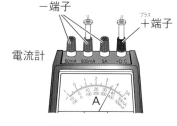

－端子

＋端子

電圧計

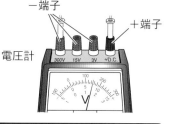

要点　●電流計は回路に直列に，電圧計は回路に並列につなぐ。

1章　電流と回路(2)

時間 15分　解答 p.18

1 2本の電熱線a，bと電源装置を図1，図2のようにつないで回路をつくった。 ▸▸ [1]

□(1) 図1の回路で，電源の電圧を6.0 Vにして電流を流したところ，電熱線aの両端には2.0 Vの電圧が加わった。

① 電熱線bの両端に加わる電圧の大きさは何Vか。 (　　　)

② ア・イ間に加わる電圧の大きさは何Vか。 (　　　)

図1

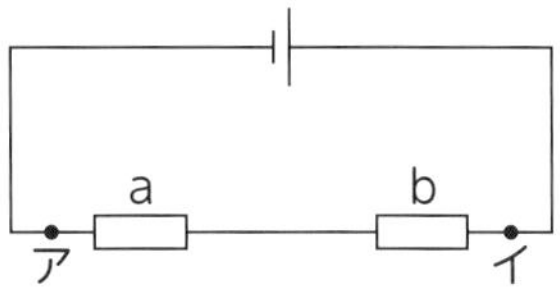

図2

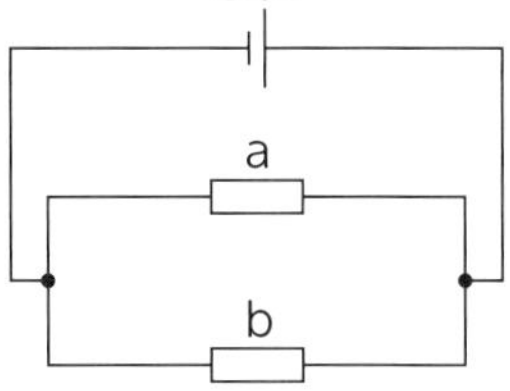

□(2) 図2の回路で，電源の電圧を8.0 Vにして電流を流した。電熱線a，bの両端に加わる電圧はそれぞれ何Vか。

電熱線a (　　　)　電熱線b (　　　)

2 電流計の500 mAの－端子を用いて，豆電球に流れる電流を測定したところ，図のようになった。 ▸▸ [2]

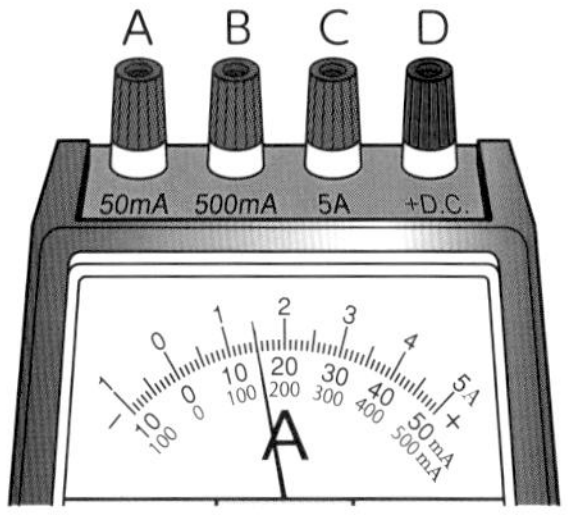

□(1) はかろうとする電流の強さが予想できないとき，電源の＋極側の導線と－極側の導線をどの端子につなげばよいか。図のA～Dからそれぞれ選びなさい。

＋極側の導線 (　　　)　－極側の導線 (　　　)

□(2) 電流計のつなぎ方として正しいものを，㋐，㋑から選びなさい。 (　　　)

㋐ 電流をはかる部分に直列につなぐ。　㋑ 電流をはかる部分に並列につなぐ。

□(3) 図の電流計が示している電流の大きさを，㋐～㋓から選びなさい。 (　　　)

㋐ 1.5 mA　㋑ 15.0 mA　㋒ 150 mA　㋓ 1.5 A

3 電圧計の300 Vの－端子を用いて，豆電球に加わる電圧を測定したところ，図のようになった。 ▸▸ [2]

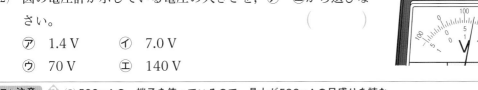

□(1) 電圧計は，電圧をはかりたい部分にどのようにつなぐか。

(　　　)

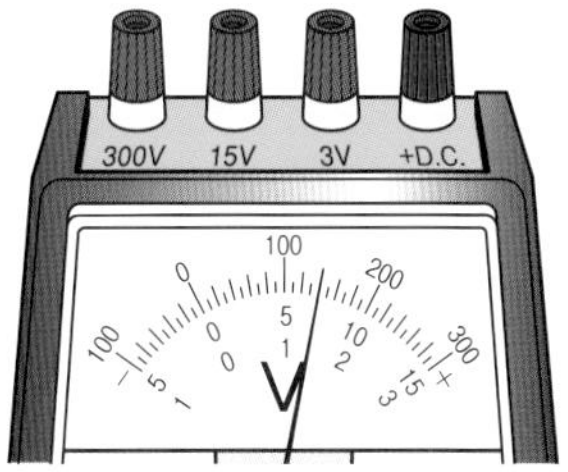

□(2) 図の電圧計が示している電圧の大きさを，㋐～㋓から選びなさい。 (　　　)

㋐ 1.4 V　㋑ 7.0 V
㋒ 70 V　㋓ 140 V

[ミスに注意] 2 (3) 500mAの－端子を使っているので，最大が500mAの目盛りを読む。

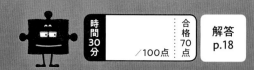

1章　電流と回路①

時間30分　／100点　合格70点　解答 p.18

❶ 豆電球3個と乾電池，スイッチを使って，図のような回路をつくった。　34点

□(1) 豆電球Aに対する，豆電球B，Cのつなぎ方をそれぞれ何というか。

[点UP] □(2) [作図] 図の回路を表す回路図を，電気用図記号を使ってかきなさい。[思]

□(3) 電流が流れる向きは，ⓐとⓑのどちらか。

□(4) スイッチを入れた後，豆電球Bをはずした。このときのようすとして正しいものを，㋐～㋓から選びなさい。

㋐　AとCは点灯したままで，Bは消える。

㋑　Aだけが点灯したままで，BとCは消える。

㋒　Cだけが点灯したままで，AとBは消える。

㋓　A，B，Cの電球が消える。

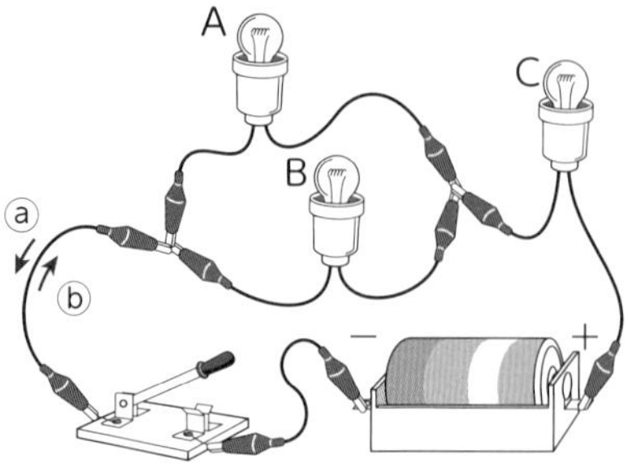

❷ 同じ電熱線a，bを使って，図1のような回路をつくった。　36点

[点UP] □(1) 図中のⓅ，Ⓠ，Ⓡは電流計か電圧計である。これらについての正しい説明を，㋐～㋓から選びなさい。

㋐　Ⓟ，Ⓠ，Ⓡは全て，電流計である。

㋑　Ⓟは電流計であり，ⓆとⓇは電圧計である。

㋒　Ⓟは電圧計であり，ⓆとⓇは電流計である。

㋓　Ⓟ，Ⓠ，Ⓡは全て，電圧計である。

図1

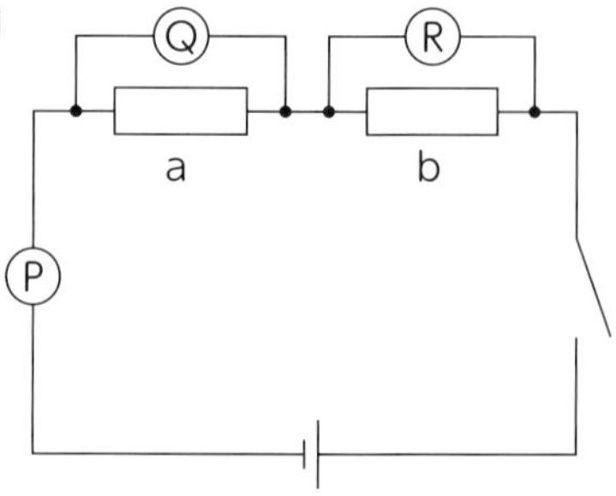

[よく出る] □(2) 電流計を，50 mA端子を使って回路につないだとき，針は図2のように振れた。このとき，電流計が示している電流の大きさを読みとりなさい。[技]

図2

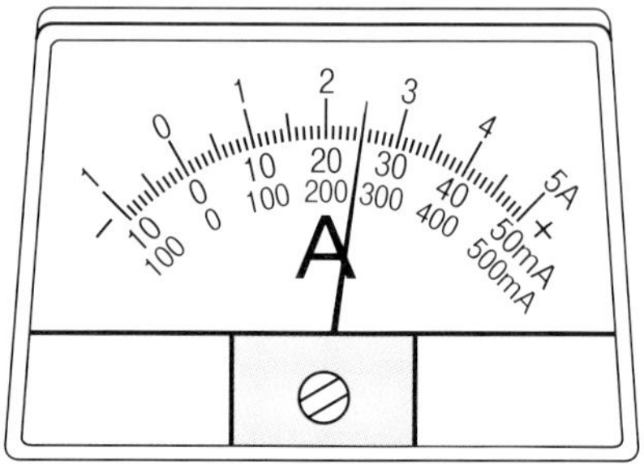

□(3) 回路全体を流れる電流の大きさをI，電熱線a，bを流れる電流の大きさをI_a，I_bとすると，これらの関係はどのような式で表されるか。

□(4) 電熱線a，bを流れる電流の大きさがそれぞれ200 mAであるとき，回路全体を流れる電流の大きさは何mAか。

□(5) 電源の電圧をV，電熱線a，bの両端に加わる電圧の大きさをV_a，V_bとすると，これらの関係はどのような式で表されるか。

□(6) 電熱線a，bの両端に加わる電圧の大きさがそれぞれ1.30 Vであるとき，電源の電圧の大きさは何Vか。

成績評価の観点　[技]…観察・実験の技能　[思]…科学的な思考・判断・表現

❸ 同じ電熱線a，bを使って，図1のような回路をつくった。 30点

□(1) 電圧計を，3V端子を使って回路につないだとき，針は図2のように振れた。このとき，電圧計が示している電圧の大きさを読みとりなさい。[技]

□(2) 回路全体を流れる電流の大きさをI，電熱線a，bを流れる電流の大きさをI_a，I_bとすると，これらの関係はどのような式で表されるか。

□(3) 電熱線a，bを流れる電流の大きさがそれぞれ0.32Aであるとき，回路全体を流れる電流の大きさは何Aか。

□(4) 電源の電圧をV，電熱線a，bの両端に加わる電圧の大きさをV_a，V_bとすると，これらの関係はどのような式で表されるか。

□(5) 電熱線a，bの両端に加わる電圧の大きさがそれぞれ1.45Vであるとき，電源の電圧の大きさは何Vか。

図1
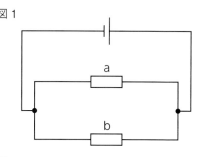

図2
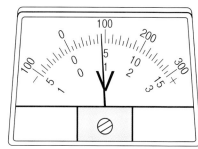

❶ (1) B　6点　　C　6点
(2)　10点
(3)　6点　　(4)　6点

❷ (1)　6点　　(2)　6点
(3)　6点　　(4)　6点
(5)　6点　　(6)

❸ (1)　6点　　(2)　6点
(3)　6点　　(4)　6点
(5)　6点

定期テスト予報　直列回路と並列回路について，電流や電圧の大きさを問う問題が出るでしょう。また，電流計や電圧計の使い方，読みとり方もしっかりおさえておきましょう。

（　）と[　]にあてはまる語句や記号を答えよう。

1 電流と電圧の関係

教科書p.178〜183 ▶▶ ❶

□(1) 電熱線に流れる電流と電圧の関係を表すグラフは，原点を通る [1] (　　　　) になる。

□(2) 回路を流れる電流の大きさは，電圧の大きさに [2] (　　　　) する。この関係を [3] (　　　　) という。

□(3) 電流の流れにくさを [4] (　　　　)，あるいは [5] (　　　　) という。単位は [6] (　　　　) で，記号はΩを使う。

□(4) 電圧 V〔V〕，電流 I〔A〕，抵抗 R〔Ω〕の関係は，次の式で表される。

$$R = \frac{{}^{7}(\qquad)}{{}_{8}(\qquad)} \quad I = \frac{{}^{9}(\qquad)}{{}_{10}(\qquad)} \quad V = {}^{11}(\qquad) \times {}^{12}(\qquad)$$

□(5) 抵抗の大きさは，物質の [13] (　　　　) によってちがう。

□(6) 金属のように電流が流れやすい物体を [14] (　　　　) といい，ゴムのように電流が極めて流れにくい物質を [15] (　　　　) または [16] (　　　　) という。

加えた電圧と流れる電流の関係

電流 I〔A〕／電圧 V〔V〕

電熱線a

電熱線b

2 抵抗のつなぎ方と抵抗の大きさ

教科書p.184〜185 ▶▶ ❷❸

□(1) 2個の抵抗を直列につないだ回路では，全体の抵抗の大きさは，それぞれの抵抗の大きさの [1] (　　　　) になる。

□(2) 2個の抵抗を並列につないだ回路では，全体の抵抗の大きさは，それぞれの抵抗の大きさより [2] (　　　　) なる。

□(3) 図の ③〜⑥

抵抗が2個の直列つなぎ

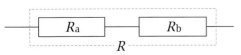

R

抵抗が2個の並列つなぎ

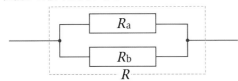

R

R は全体の抵抗

$$R = R_a \boxed{} R_b$$

$$\frac{1}{R} = \frac{}{\boxed{}} + \frac{\boxed{}}{R_b}$$

要点 ●回路を流れる電流の大きさが電圧の大きさに比例することをオームの法則という。

1 図1のような回路をつくり，電熱線a，bのそれぞれに加わる電圧の大きさと，流れる電流の大きさの関係を調べた。図2はその結果をグラフに表したものである。　▶▶**1**

□(1) 電熱線を流れる電流と，電熱線に加えた電圧の大きさにはどのような関係があるか。

（　　　　　　　　　）

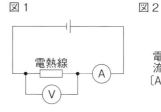

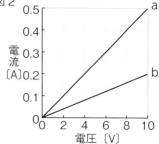

□(2) (1)の関係を何の法則というか。

（　　　　　　　　　）

□(3) 計算 電熱線a，bの抵抗は，それぞれ何Ωか。

電熱線a（　　　　　　）　電熱線b（　　　　　　）

□(4) 計算 電熱線a，bに5.0Vの電圧を加えたとき，それぞれの電熱線に流れる電流は何Aか。

電熱線a（　　　　　　）　電熱線b（　　　　　　）

□(5) 計算 電熱線a，bに0.15Aの電流が流れているとき，それぞれの電熱線には何Vの電圧が加わっているか。　電熱線a（　　　　　　）　電熱線b（　　　　　　）

2 計算 図のように，抵抗が6Ωと3Ωの電熱線を直列につないだ回路がある。回路全体には0.2Aの電流が流れている。　▶▶**2**

□(1) 6Ωの電熱線に加わる電圧は何Vか。

（　　　　　　　　　）

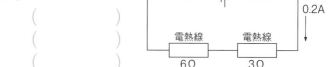

□(2) この回路全体の電圧は何Vか。　（　　　　　　　　　）
□(3) この回路全体の抵抗は何Ωか。　（　　　　　　　　　）

3 計算 図のように，抵抗が6Ωの電熱線2つを並列につないだ回路がある。電源の電圧は6Vとした。　▶▶**2**

□(1) 1つの電熱線に流れる電流は何Aか。

（　　　　　　　　　）

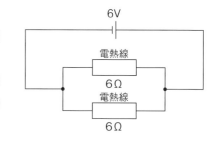

□(2) この回路全体に流れる電流は何Aか。

（　　　　　　　　　）

□(3) この回路全体の抵抗は何Ωか。　（　　　　　　　　　）

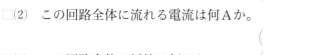

ヒント　**1** (1) グラフはどちらも原点を通る直線になっている。

ミスに注意　**2** (3) 抵抗を直列につないだ回路では，全体の抵抗は，それぞれの抵抗の和になる。

1章　電流と回路(4)

時間 10分　解答 p.19

(　　)と□にあてはまる語句や数を答えよう。

1 電力と熱量の関係

教科書p.186〜189 ▸▸1

□(1) 電気のもつエネルギーを[1](　　　　)という。

□(2) 1秒当たりに消費する電気エネルギーの大きさを[2](　　　　)という。電力の単位は[3](　　　　)で，記号はWを使う。

□(3) 電力は，次の式で求めることができる。
電力〔W〕＝[4](　　　　)〔V〕×[5](　　　　)〔A〕

□(4) 電流を流したときに発生する熱のように，物質に出入りする熱の量を[6](　　　　)という。

□(5) 図の[7]

□(6) 電流によって発生する熱量は，[8](　　　　)の大きさと，電流を流した[9](　　　　)に比例する。

□(7) 熱量の単位は[10](　　　　)で，記号はJを使う。

電力と熱量の関係を調べる実験

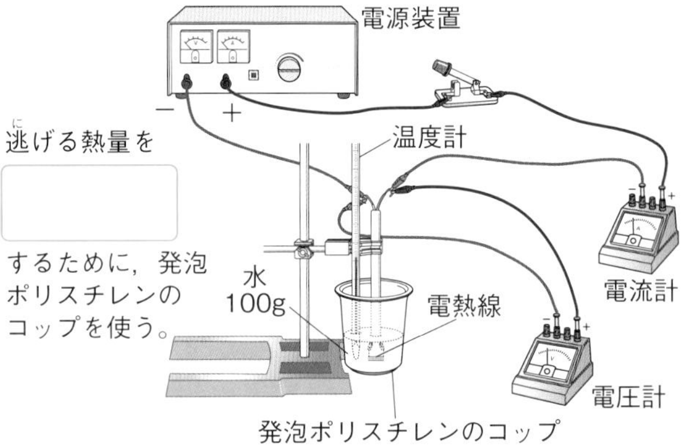
電源装置
－
＋
逃げる熱量を
7
するために，発泡ポリスチレンのコップを使う。
温度計
水
100g
電熱線
電流計
電圧計
発泡ポリスチレンのコップ

□(8) 電流によって発生する熱量は，次の式で求めることができる。
熱量〔J〕＝[11](　　　　)〔W〕×[12](　　　　)〔s〕

2 電力量

教科書p.189〜190 ▸▸2

□(1) 電気を使ったときに消費した電気エネルギーの量を[1](　　　　)という。電力量の単位は熱量と同じ[2](　　　　)である。

□(2) 電力量は，次の式で求めることができる。
電力量〔J〕＝[3](　　　　)〔W〕×[4](　　　　)〔s〕

□(3) 図の[5]，[6]

□(4) 日常生活では，電力量の単位に[7](　　　　)を使うことが多い。記号はkWhを用いる。

□(5) 1gの水の温度を1℃上昇させるには約[8](　　　　)Jの熱量が必要である。

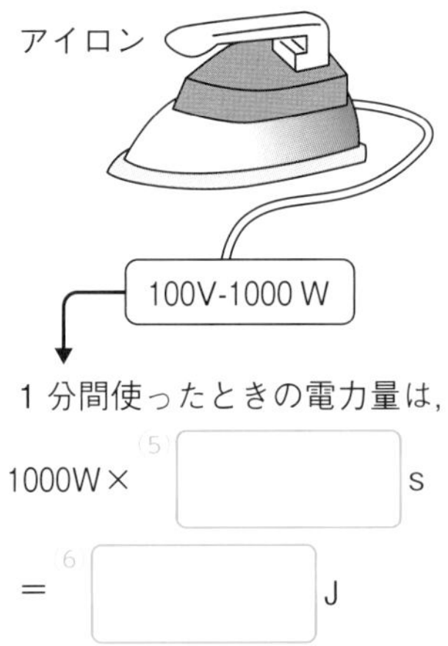
アイロン
100V-1000W
1分間使ったときの電力量は，
1000W× 5 s
＝ 6 J

要点
●電流によって発生する熱量は，電力の大きさと電流を流した時間に比例する。
●電力と時間の積を電力量という。

計算 図１の装置で，電熱線に1.5Vの電圧を加えると4.0Aの電流が流れた。表はこのときの上昇温度をまとめたもので，図２はその結果を表したグラフである。　▶▶ **1**

図1

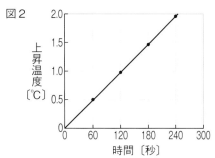

時間〔秒〕	0	60	120	180	240
水の温度〔℃〕	22.0	22.5	22.9	23.4	23.9
上昇温度〔℃〕	0	0.5	0.9	1.4	1.9

図2

- □(1)　この電熱線が消費する電力は何Wか。　（　　　　）
- □(2)　この電熱線で１秒間に発生した熱量は何Jか。　（　　　　）
- □(3)　この電熱線に60秒間電流を流したとき，発生する熱量は何Jか。　（　　　　）
- □(4)　この実験を600秒続けたとすると，水の上昇温度は約何度になると考えられるか。㋐～㋓から選びなさい。　（　　　　）

  ㋐　0.5℃　　㋑　2.5℃　　㋒　5.0℃　　㋓　10.0℃

- □(5)　電熱線を別のものに変えて電力を２倍にし，同じ実験を180秒行うと水の上昇温度は約何度になると考えられるか。㋐～㋓から選びなさい。　（　　　　）

  ㋐　0.7℃　　㋑　1.4℃　　㋒　2.8℃　　㋓　5.6℃

計算 100Vの電圧を加えると300Wの電力を消費するトースターと，800Wの電力を消費する電気ストーブを，100Vのコンセントにつないで使用した。　▶▶ **2**

- □(1)　トースターを60秒使ったときの電力量は何Wsか。　（　　　　）
- □(2)　(1)の電力量は何Jか。　（　　　　）
- □(3)　電気ストーブを2時間使ったときの電力量は何kWhか。　（　　　　）
- □(4)　(3)の電力量は何Whか。　（　　　　）
- □(5)　(3)の電力量は何Jか。　（　　　　）

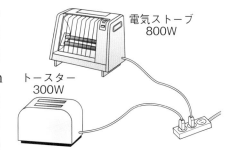

電気ストーブ
800W

トースター
300W

ミスに注意 **1** (4) 電力が一定の場合，電熱線から発生する熱量は，電流を流した時間に比例する。

ヒント **2** (1) ワット秒〔Ws〕＝ワット〔W〕×秒〔s〕

1章　電流と回路②

時間30分　／100点　合格70点　解答 p.20

① 2種類の電熱線ａ，ｂをそれぞれ電源装置に接続して，加える電圧を変えながら，電熱線を流れる電流の大きさを調べたところ，図1のグラフのような結果が得られた。また，電熱線ａ，ｂ，電源装置，スイッチを使って，図2と図3の回路をつくった。38点

よく出る □(1) 電流が流れやすいのは，電熱線ａとｂのどちらか。

□(2) 計算 電熱線ａ，電熱線ｂの抵抗はそれぞれ何Ωか。

□(3) 計算 図2のスイッチを入れると，点Pを流れる電流は0.40Aであった。

① 点Qを流れる電流は何Aか。

② 回路全体の抵抗は何Ωか。小数第2位を四捨五入して，小数第1位まで求めなさい。

点UP □(4) 計算 図3でスイッチを入れると，電熱線ａを流れる電流は0.15Aであった。

① 回路全体の抵抗は何Ωか。

② 電源の電圧は何Vか。

図1
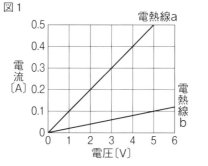

図2
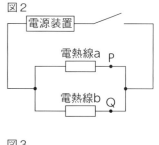

図3
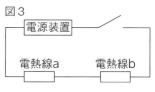

② **次の手順で実験を行った。あとの問いに答えなさい。** 38点

実験 1. 図1のような6.0Vの電圧で18Wの電力を消費する電熱線ａと，6.0Wの電力を消費する電熱線ｂを用意した。

2. 発泡ポリスチレンのコップA，Bに水150gを入れ，電熱線ａをコップAの水，電熱線ｂをコップBの水に入れて，図2のような装置をそれぞれつくった。

3. 図3の回路図にしたがい，スイッチ，電圧計，電熱線ａ，ｂを電源装置につないだ。

4. コップA，Bの水温がともに29.0℃で一定になったところで，電圧を6.0Vにしてスイッチを入れた。

5. かき混ぜながら水の温度変化を調べると，表のようになった。

図1
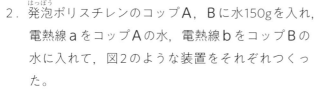

図2
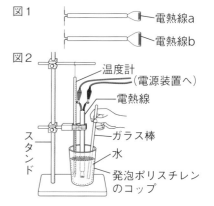

時間〔秒〕	0	60	120	180	240
コップAの水温〔℃〕	29.0	30.7	32.3	34.0	35.6
コップBの水温〔℃〕	29.0	29.6	30.3	30.9	31.5

図3
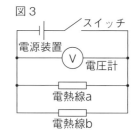

成績評価の観点　技…観察・実験の技能　思…科学的な思考・判断・表現

□(1) [記述] この実験で使うコップに，発泡ポリスチレンのものを用いたのはなぜか。理由を簡潔に書きなさい。[技]

□(2) [作図] 表をもとに，コップA，Bのそれぞれの水の温度について，「時間」と「29.0℃からの上昇温度（じょうしょう）」との関係を表すグラフを，目盛りとなる数値を適切に入れてかきなさい。

□(3) [計算] 電熱線aが1分間に消費した電力量（でんりょくりょう）は何Jか。

□(4) [計算] 電熱線bから3分間に発生する熱量（ねつりょう）は何Jか。

❸ 図は，破線で示された2つの部屋に，照明器具A，BとコンセントC，Dがつながれているようすを表した回路図である。照明器具が消費する電力は，電圧が100Vのとき，Aが40W，Bが60Wである。

24点

□(1) 図の点Pで回路が切れたとき，使用できなくなるのはどれか。A～Dから全て選びなさい。

□(2) [計算] この回路では，全体で5Aの電流まで流すことができる。照明器具A，Bをともに点灯し，コンセントCで250Wの電気器具を使用したとき，コンセントDで使用できる電気器具の最大の電力は何Wか。

□(3) [計算] 照明器具A，Bを6時間点灯したときの電力量は何kWhか。

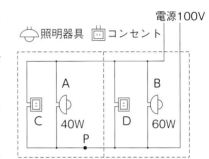

電源100V

照明器具 コンセント

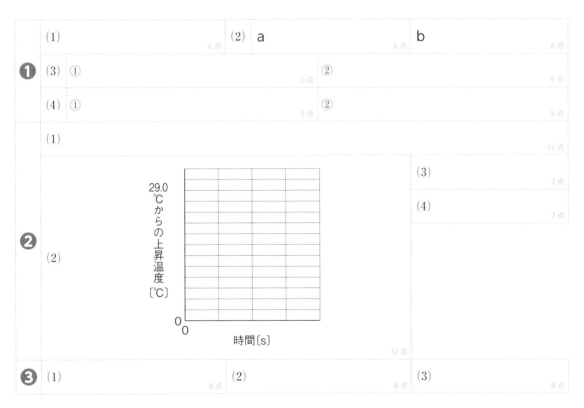

	(1)		(2) a		b	
		6点		6点		6点
❶	(3) ①			②		
			5点			5点
	(4) ①			②		
			5点			5点

	(1)			(3)	
❷		12点			7点
	(2)			(4)	
		12点			7点

グラフ: 縦軸「29.0℃からの上昇温度〔℃〕」，横軸「時間〔s〕」，原点0

❸	(1)		(2)		(3)	
		8点		8点		8点

定期テスト予報 オームの法則をはじめ，電力や熱量(電力量)を求める計算問題が出るでしょう。それぞれの公式を，その意味を理解した上で頭に入れておくようにしましょう。

（　）と　　　にあてはまる語句や記号を答えよう。

1 磁界のようす

教科書p.192〜194 ▶▶①

□(1) 磁石や電磁石の力を ¹(　　　　　) といい，磁力のはたらく空間を ²(　　　　　) という。

□(2) 方位磁針のN極が指す向きを ³(　　　　　) という。

□(3) 図の④，⑤

□(4) 磁力線は，磁石の ⁶(　　　　) 極から出て ⁷(　　　　) 極に入る向きに矢印で表す。また，磁力が大きいほど磁力線の ⁸(　　　　) が狭く，交わったり枝分かれしたりしない。

棒磁石の磁力線

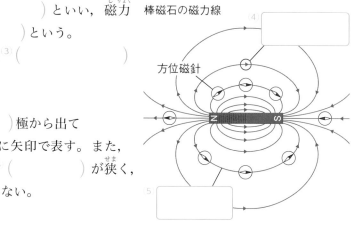

方位磁針

2 電流がつくる磁界

教科書p.195〜197 ▶▶②

□(1) 真っすぐな導線を流れる電流がつくる磁界の性質

・磁界の向きは， ¹(　　　　　) の向きで決まる。

・磁界の強さは，電流が大きいほど ²(　　　　　) なる。また，導線に近いほど ³(　　　　) なる。

・磁力線の形は，導線を中心とした ⁴(　　　　) になる。

□(2) 図の⑤，⑥

電流の向きと磁界の向きの関係

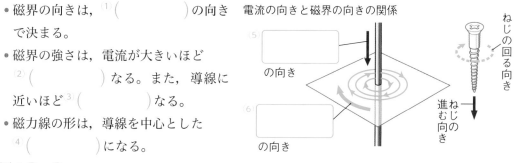

の向き

の向き

ねじの回る向き

進むねじの向き

□(3) コイルのまわりの磁界の性質

・磁界の向きは， ⁷(　　　　) の向きで決まる。

・磁界の強さは，電流が大きいほど ⁸(　　　　)，コイルの巻数が多いほど ⁹(　　　　)。

・コイルに ¹⁰(　　　　) を入れると，磁界が強くなる。

□(4) 図の⑪，⑫

電流の向きと磁界の向きの関係

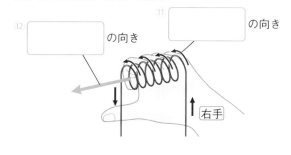

の向き

の向き

右手

要点　●導線やコイルに電流を流すと，まわりに磁界ができる。

❶ 図は，棒磁石のまわりにできる磁石の力のようすを，矢印をつけて曲線で表したものである。　▶▶ **1**

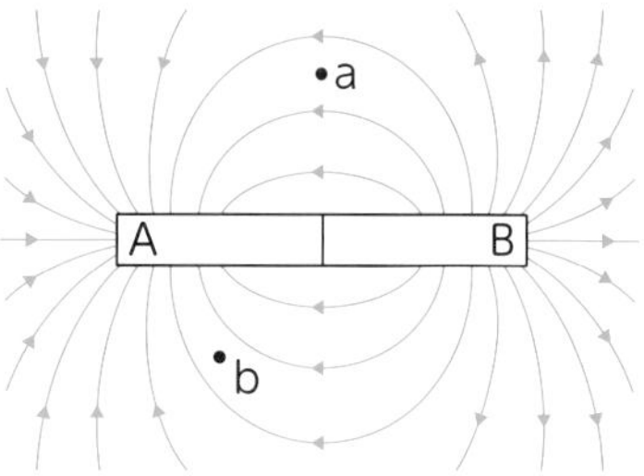

□(1)　磁石の力を何というか。　（　　　　　）
□(2)　(1)がはたらく空間を何というか。　（　　　　　）
□(3)　(1)の大きさや(2)の向きを表す，図のような曲線を何というか。　（　　　　　）
□(4)　棒磁石のN極は，図のA，Bのどちらか。　（　　　　　）
□(5)　点aに方位磁針を置くと，方位磁針の針の向きはどうなるか。真上から見たようすを，⑦〜⊆から選びなさい。　（　　　　　）

⑦ N極　　④ 　　⑦ 　　⊆

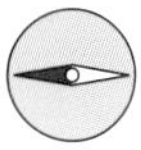

□(6)　方位磁針のN極が指す向きを何というか。　（　　　　　）
□(7)　図の点a，bにはたらく磁石の力についての説明として正しいものを，⑦〜⊆から選びなさい。　（　　　　　）
　　⑦　aにはたらく磁石の力は，bにはたらく磁石の力よりも強い。
　　④　bにはたらく磁石の力は，aにはたらく磁石の力よりも強い。
　　⑦　aとbにはたらく磁石の力の大きさは等しい。
　　⊆　aとbには磁石の力がはたらかない。

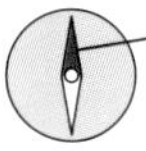

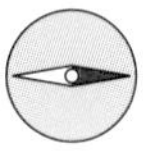

❷ 図1，図2は，導線やコイルを流れる電流がつくる磁界を表したものである。　▶▶ **2**

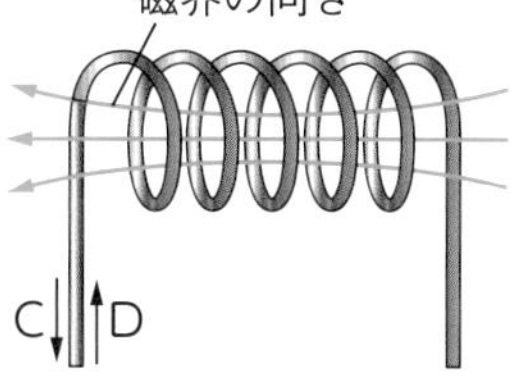

□(1)　図1の導線のまわりにできた磁界の向きは，A，Bのどちらか。　（　　　　　）
□(2)　図1の導線を流れる電流の向きを逆にすると，磁界の向きはA，Bのどちらになるか。　（　　　　　）
□(3)　図1の導線のまわりにできた磁界の強さは，導線から離れるほどどうなるか。　（　　　　　）
□(4)　図2のコイルで電流が流れる向きは，C，Dのどちらか。　（　　　　　）
□(5)　図2のコイルに流れる電流を大きくすると，磁界の強さはどうなるか。　（　　　　　）
□(6)　図2のコイルの巻数を多くすると，磁界の強さはどうなるか。　（　　　　　）

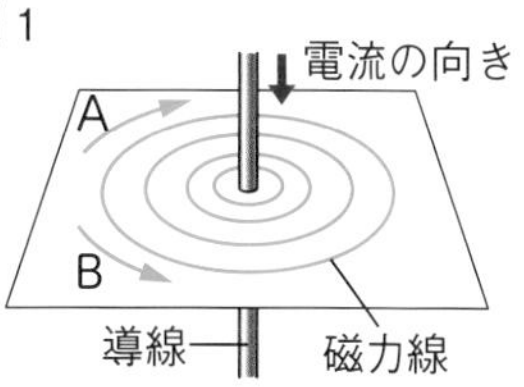

ミスに注意　❶ (4) 磁力線は，N極から出てS極に入る向きに矢印で表される。
ヒント　❷ (4) 右手を使って，親指を磁界の向きに合わせると，にぎった他の4本の指が電流の向きを指す。

2章　電流と磁界(2)

( )と□にあてはまる語句を答えよう。

1 電流が磁界から受ける力

教科書p.198〜200 ▶▶①

☐(1) 磁界の中を流れる電流は，磁界から¹( )を受ける。

☐(2) 電流が磁界から受ける力の性質

- 力の向きは，電流の向きと磁界の向きの両方に²( )である。
- 電流の向きや磁界の向きを逆にすると，力の向きは³( )になる。
- 電流を大きくしたり，磁界を強くしたりすると，力は⁴( )なる。

☐(3) 図の⁵〜⁷

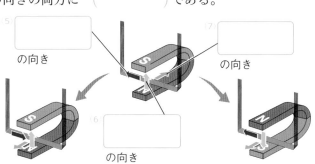

2 モーターが回るしくみ

教科書p.201 ▶▶②

☐(1) モーターが同じ向きに回転し続けるためには，コイルが磁界から受ける力の¹( )を一定にする必要がある。

☐(2) 磁石はモーターに固定されているので，²( )は常に変わらない。

☐(3) コイルが回転しても磁界から受ける力の³( )が常に同じになるように，⁴( )とブラシを使って電流の向きを切りかえている。

☐(4) 図の⁵〜⁷

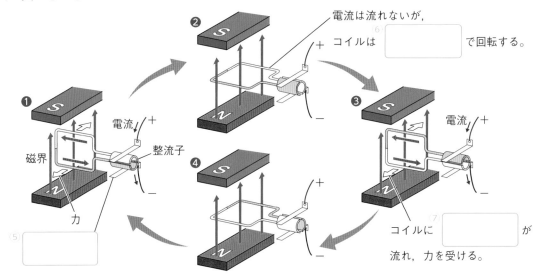

要点　●磁界の中で電流が流れると，電流は磁界から力を受ける。

❶ 図のように，U字型磁石の中に導線をつるし，電流を矢印の向きに流したところ，導線が㋐の向きに動いた。 ▶▶ **1**

□(1) U字型磁石の磁界の向きを，図の㋐〜㋒から選びなさい。
（　　　）

□(2) 電流の向きを逆にすると，導線はどの向きに動くか。図の㋐〜㋒から選びなさい。
（　　　）

□(3) U字型磁石のS極とN極を逆にすると，導線はどの向きに動くか。図の㋐〜㋒から選びなさい。
（　　　）

□(4) 電流の向きを逆にしてU字型磁石のS極とN極を逆にすると，導線はどの向きに動くか。図の㋐〜㋒から選びなさい。
（　　　）

□(5) 導線が受ける力が大きくなるものを，㋐〜㋒から2つ選びなさい。
㋐　導線に流す電流を小さくする。
㋑　導線に流す電流を大きくする。
㋒　磁力が弱い磁石にかえる。
㋓　磁力が強い磁石にかえる。
（　　　）

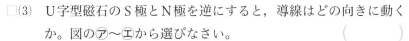

❷ 図は，モーターの原理を説明するための模式図である。 ▶▶ **2**

□(1) Xは何の向きを表しているか。
（　　　）

□(2) コイルの回転部分につけられたA，Bをそれぞれ何というか。
A（　　　）　B（　　　）

□(3) A，Bはどのようなはたらきをするか。「コイル」，「電流」の語を使って簡潔に書きなさい。
（　　　）

□(4) 図のあと，コイルが回転する順に，次の㋐〜㋒を並べなさい。
（　　→　　→　　）

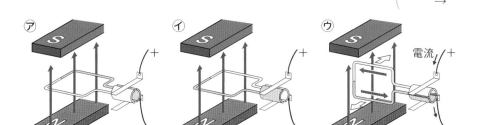

単元 3 電流とその利用──教科書198〜201ページ

ヒント　**❶**(3) 磁石のS極とN極を逆にすると，磁界の向きが逆になる。
　　❷(4) ㋐，㋑では電流は力を受けていないが，勢いで回転する。

（　）と□にあてはまる語句を答えよう。

1 電磁誘導

教科書p.202〜205 ▶▶ ①

□(1) コイルの近くで磁石を動かすとコイルに ¹（　　　　　　　）が生じる。この現象を
　　²（　　　　　　　　　）という。

□(2) 電磁誘導によって流れる電流を ³（　　　　　　）という。

□(3) 図の ⁴, ⁵

□(4) 誘導電流の大きさを大きくするには，磁石を動かす速さを
　　⁶（　　　　　　　）したり，磁石の強さを ⁷（　　　　　　　）したり，コイルの巻数を ⁸（　　　　　　　）すればよい。

□(5) 発電機は，コイルの中で磁石を回転させて， ⁹（　　　　　　）を発生させることで発電している。

□(6) 電車のモーターは，加速中は
　　¹⁰（　　　　　　　）として使い，
　　減速中は ¹¹（　　　　　　）として使っている。

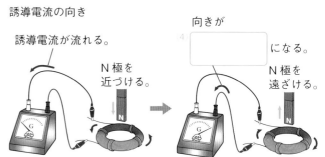

誘導電流の向き

誘導電流が流れる。
N極を近づける。

⁴向きが□になる。
N極を遠ざける。

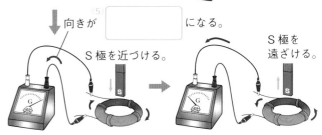

⁵向きが□になる。
S極を近づける。

S極を遠ざける。

2 直流と交流

教科書p.207〜208 ▶▶ ②

□(1) 電流には，流れる向きが常に一定で変わらない ¹（　　　　　　）（DC）と，流れる向きが周期的に変わる ²（　　　　　　）（AC）がある。

□(2) 図の ³, ⁴

□(3) 交流が流れるとき，電流の向きの変化が1秒間に繰り返す回数を，交流の ⁵（　　　　　　　）という。単位は ⁶（　　　　　　）で，記号はHzを使う。

□(4) 家庭用の電源には ⁷（　　　　　　）が利用されている。

オシロスコープで調べた直流と交流

³□

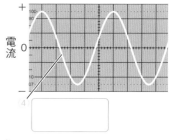

⁴□

要点	●電磁誘導によって生じる電流を**誘導電流**という。 ●流れる向きが一定で変わらない電流を**直流**，周期的に変わる電流を**交流**という。

2章　電流と磁界(3)

時間 15分　解答 p.22

[1] 図のような装置で，棒磁石をコイルに出し入れしたときに流れる電流のようすを調べた。棒磁石のN極をコイルに近づけると，矢印ⓑの向きに電流が流れた。 ▶▶ [1]

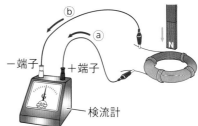

□(1)　この実験でコイルに生じた電流を何というか。
（　　　　）

□(2)　(1)が生じたのは，何という現象によるものか。
（　　　　）

□(3)　次の①〜③のように棒磁石を動かしたとき，電流はどちらの向きに流れるか。図中の矢印ⓐ，ⓑからそれぞれ選びなさい。

①　N極をコイルから遠ざける。（　　　　）
②　S極をコイルに近づける。（　　　　）
③　S極をコイルから遠ざける。（　　　　）

□(4)　棒磁石のS極をコイルに入れたまま静止させると，コイルに電流は流れるか。
（　　　　）

□(5)　流れる電流が大きくなるものを，㋐〜㋕から全て選びなさい。
（　　　　）

㋐　磁石を速く動かす。　㋑　磁石をゆっくり動かす。
㋒　棒磁石を磁力の強いものにかえる。　㋓　棒磁石を磁力の弱いものにかえる。
㋔　コイルの巻数を多くする。　㋕　コイルの巻数を少なくする。

[2] 図のA，Bは，乾電池から流れる電流と，家庭用のコンセントから流れる電流をオシロスコープを使って表したときの波形である。 ▶▶ [2]

□(1)　家庭用のコンセントから流れる電流は，AとBのどちらか。（　　　　）

□(2)　A，Bのような電流をそれぞれ何というか。
A（　　　　）
B（　　　　）

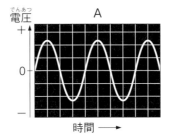

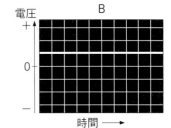

□(3)　Aの波は，電流の向きが周期的に変わっていることを表している。Aの電流において，電流の向きが1秒間に繰り返す回数を何というか。（　　　　）

[ミスに注意] [1] (4) 磁石の動きを止めると，磁界の変化は起こらない。

[ヒント] [2] (1) 乾電池から流れる電流は，向きは常に一定で変わらない。

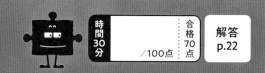

ぴたトレ 3
確認テスト

2章　電流と磁界

時間30分　／100点　合格70点

解答 p.22

1 図1の装置をつくり，コイルの近くに方位磁針を置いた。スイッチを入れて電流(でんりゅう)を流すと，方位磁針の針は動いてから静止した。

28点

□(1) 方位磁針の針が動いたのは，コイルに電流を流すことで，コイルのまわりに磁力(じりょく)のはたらく空間ができたためである。このような空間を何というか。

図1

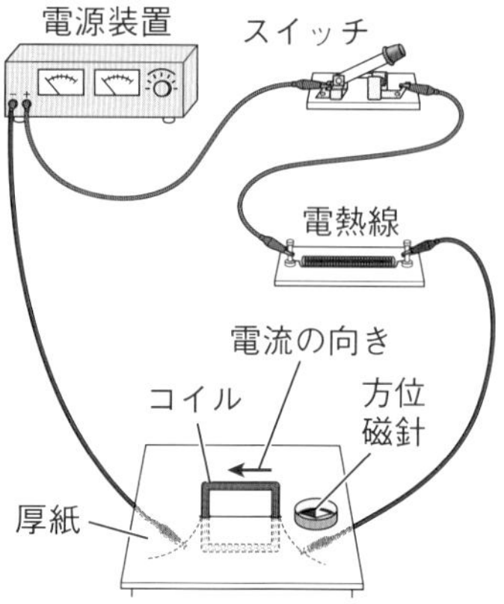

□(2) 電流を流したときの方位磁針の針はどうなっていたか。方位磁針を上から見たようすを，㋐～㋓から選びなさい。

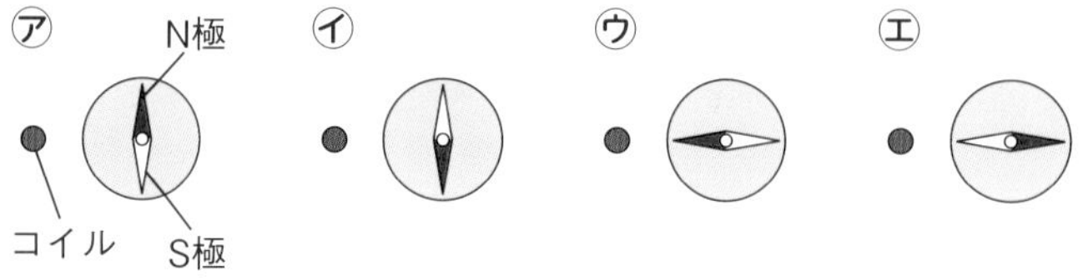

□(3) 図1の方位磁針をとり除(のぞ)き，図2のようにコイルのまわりに鉄粉をまいた。スイッチを入れて矢印の向きにコイルに電流を流し，厚紙を軽くたたいて，鉄粉の模様ができたのを確認してから，スイッチを切った。このときの鉄粉の模様のようすにもっとも近いものを，㋐～㋓から選びなさい。

図2

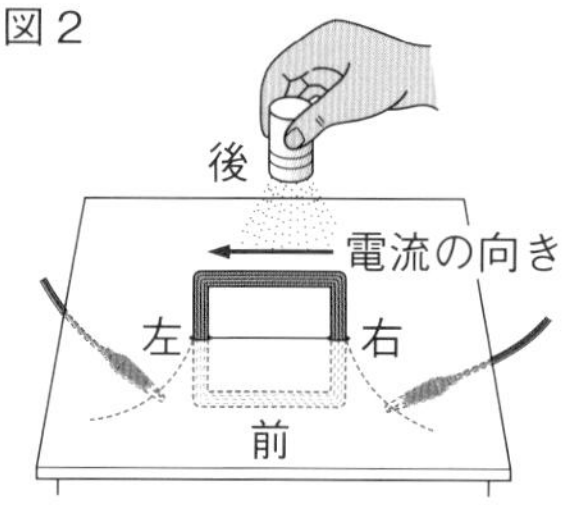

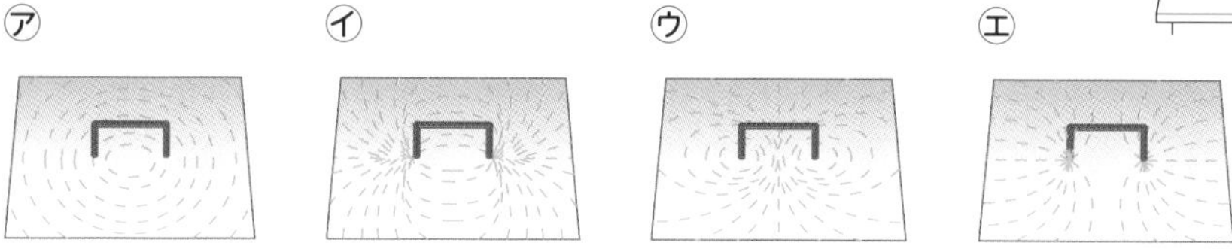

点UP □(4) 図2のように電流を流したとき，このコイルが電磁石であると考えると，N極になるのは，図2のコイルの前・後・左・右のどれか。

2 図1，図2は，モーターの原理を説明するための模式図である。

30点

□(1) 図1で，電流が矢印➡の向きに流れたとき，コイルａｂの部分は㋐の向きに力を受けた。このとき，ｃｄの部分が受けた力は，㋒，㋓のどちらか。

図1

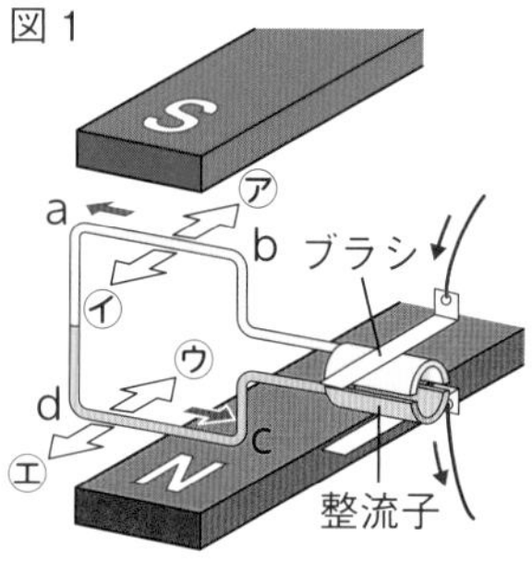

図2

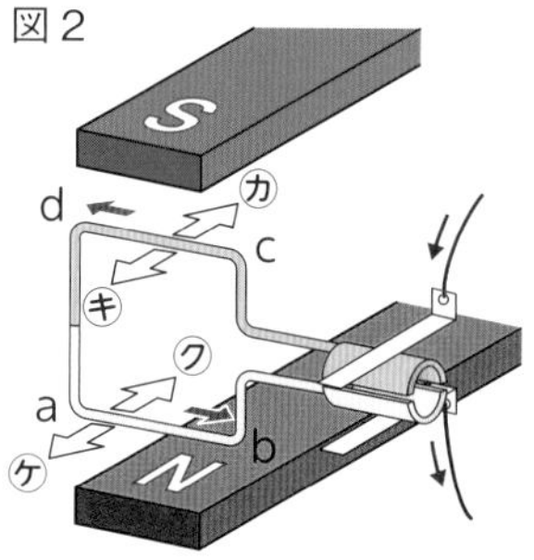

□(2) 図2は，図1からコイルが半回転したときのようすである。①ｃｄの部分，②ａｂの部分は，それぞれどちら向きの力を受けるか。図の㋕～㋘から選びなさい。

よく出る □(3) [記述] 整流子とブラシはどのようなはたらきをしているか。「電流が流れる向き」という語句を使って，簡潔に書きなさい。[思]

成績評価の観点　[技]…観察・実験の技能　[思]…科学的な思考・判断・表現

❸ 図1のように，発光ダイオードA，Bのあしの向きを反対にして並列につなぎ，電源の種類を変えて回路をつくり，そのときの発光ダイオードの光り方を調べた。図2，図3は発光ダイオードをすばやく横に動かしたときの点灯のようすを表したものである。

42点

□(1) 発光ダイオードについての正しい説明を，㋐〜㋓から選びなさい。

　㋐　長いあしの方から電流が入ると点灯する。

　㋑　長いあしの方から電流が入ると点滅する。

　㋒　短いあしの方から電流が入ると点灯する。

　㋓　短いあしの方から電流が入ると点滅する。

図1

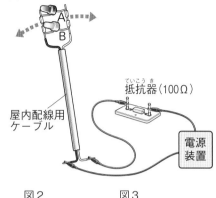

抵抗器（100Ω）

屋内配線用ケーブル

電源装置

□(2) 発光ダイオードを図2のように点灯させる電流を何というか。

□(3) 図3で，Aが点灯してから，次にAが点灯するまでに0.02秒かかった。

　①　このような電流の変化が1秒間に繰り返す回数を何というか。

　②　計算 図3の電流は何Hzか。

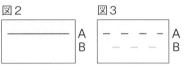

図2　　　図3

□(4) 発光ダイオードを図3のように点灯させる電流を何というか。

□(5) (4)の電流についての説明として正しいものを，㋐〜㋓から全て選びなさい。

　㋐　送電しやすい。

　㋑　変圧器を使って，簡単に電圧の大きさを変えられる。

　㋒　家庭用の電源として利用されている。

　㋓　乾電池につないだ回路に流れる。

❶	(1)		7点	(2)		7点
	(3)		7点	(4)		7点
❷	(1)		7点	(2) ①		7点 ②	7点
	(3)					9点
❸	(1)		7点	(2)		7点
	(3) ①		7点	②		7点
	(4)		7点	(5)		7点

定期テスト予報　実験で，電流の向きや磁界の向きを変えたとき，何が変わるのかが問われるでしょう。それぞれの実験で，何が結果に関係しているかを理解しておきましょう。

3章　電流の正体(1)

時間 10分　解答 p.23

（　）と□にあてはまる語句や記号を答えよう。

1 静電気と力

教科書p.210〜212 ▸▸1

□(1) 物体にたまった電気を①(　　　)という。

□(2) 電気には，2つの種類があり，それを＋，−という。同じ種類の電気の間では②(　　　)力がはたらき，異なる種類の電気の間では③(　　　)力がはたらく。このような，電気の間ではたらく力を④(　　　)という。

□(3) ティッシュペーパーで太いストローを摩擦すると，⑤(　　　)の電気を帯びた粒子が太いストローへ移動する。

静電気が生じるしくみ

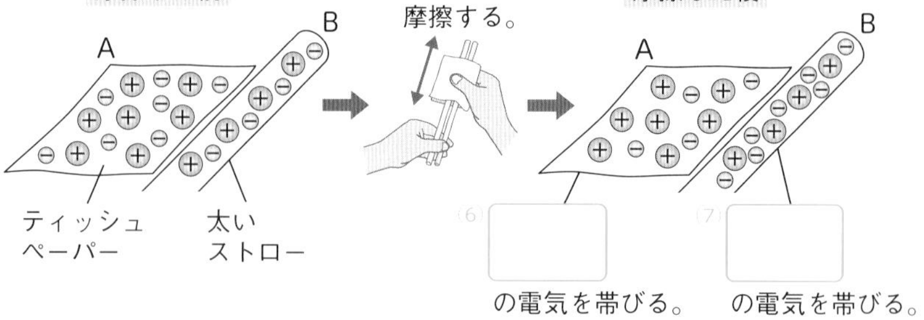
摩擦する前
A
B
ティッシュペーパー
太いストロー
摩擦する。
摩擦した後
A
B
⑥□の電気を帯びる。
⑦□の電気を帯びる。

□(4) 図の⑥〜⑨

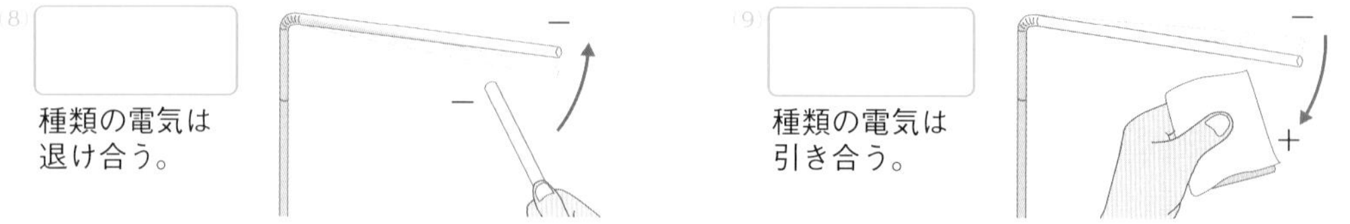
⑧□種類の電気は退け合う。
−
−
⑨□種類の電気は引き合う。
−
+

2 静電気と放電

教科書p.213〜214 ▸▸2

□(1) たまっていた電気が流れ出したり，電気が空間を移動したりする現象を①(　　　)という。

□(2) 空気に極めて大きな電圧を加えると，音と光をともなう①が起こる。自然界で音と光を出して空気中を電気が流れる①の気象現象が②(　　　)である。

□(3) 空気を抜いて気圧を下げた放電管の電極に，高い電圧を加えたとき，放電管が光る現象を③(　　　)という。

□(4) 図の④

ネオン管の点灯

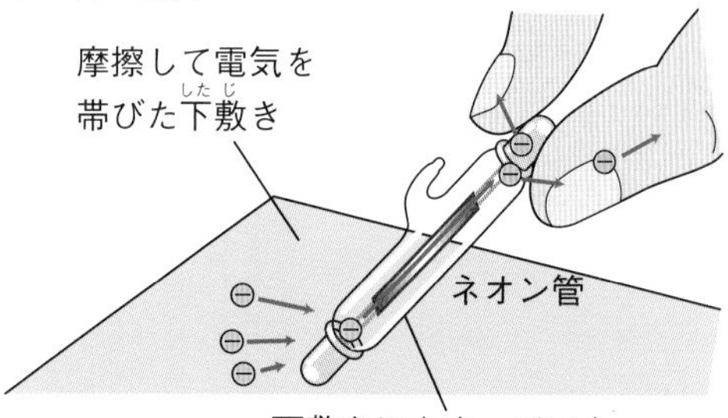
摩擦して電気を帯びた下敷き
ネオン管
下敷きにたまっていた④□を帯びた粒子がネオン管の中を流れて，電流になる。

要点 ●電気には＋と−があり，同じ種類の電気は退け合い，異なる種類の電気は引き合う。

3章　電流の正体(1)

時間 15分　解答 p.23

1 図1のように，2本のストローA，Bをティッシュペーパーで摩擦(まさつ)した。図2は摩擦したストローAにBを近づけたようす，図3は摩擦したストローAに摩擦したティッシュペーパーを近づけたようすである。 ▶▶ 1

図1

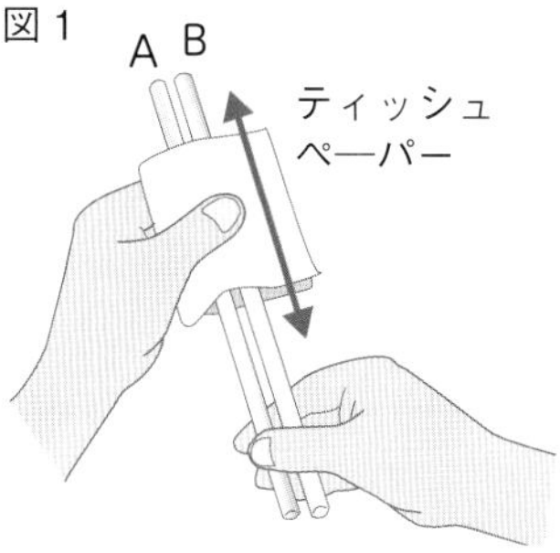

図2

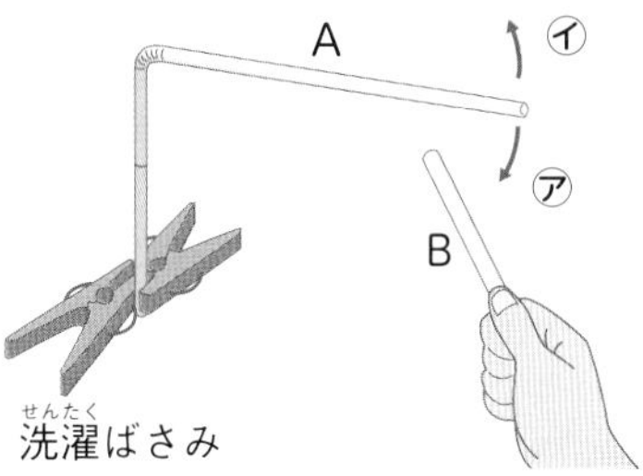

図3

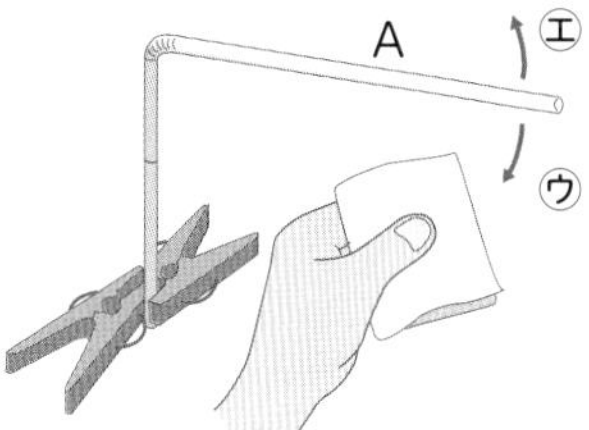

□(1) 図2のストローAは，ストローBを近づけたときに㋐，㋑のどちらへ動いたか。
（　　　）

□(2) (1)のように動いたのは，ストローAとBがどのような電気を帯びていたためか。
（　　　）

□(3) 図3のストローAは，ティッシュペーパーを近づけたときに㋒，㋓のどちらへ動いたか。
（　　　）

□(4) (3)のように動いたのは，ストローAとティッシュペーパーがどのような電気を帯びていたためか。
（　　　）

□(5) 次の文の①〜③にあてはまる＋(プラス)または−(マイナス)の記号を，それぞれ書きなさい。
①（　　　）②（　　　）③（　　　）

図1で，ストローをティッシュペーパーで摩擦したとき，［①］の電気をもった粒子(りゅうし)が，ティッシュペーパーからストローへ移動するため，ストローは［②］の電気を帯び，同時にティッシュペーパーは［③］の電気を帯びる。

2 摩擦した下敷(したじ)きに，図のようにネオン管を近づけた。 ▶▶ 2

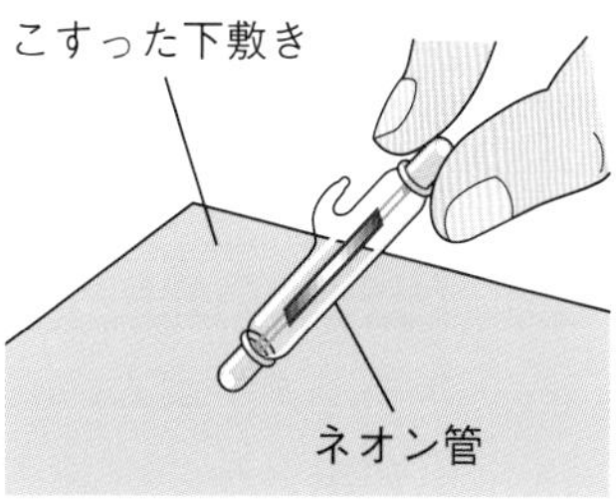

□(1) ネオン管が下敷きについたときに起こった変化を，簡潔に書きなさい。
（　　　）

□(2) (1)から，摩擦した下敷きは，何を帯びているか。
（　　　）

□(3) (1)の後，下敷きから離(はな)したネオン管をもう一度下敷きにつけるとどうなるか。簡潔に書きなさい。
（　　　）

[ミスに注意] **1** (1)(3) 物体どうしを摩擦すると，一方は＋の電気，もう一方は−の電気を帯びる。

[ヒント] **2** (1)(2) ネオン管は，蛍光灯（けいこうとう）と似たしくみで，電気が通ると光るようになっている。

（　）と　　にあてはまる記号や語句を答えよう。

1 電流と電子

教科書p.216〜218　▶▶ **1 2**

□(1)　真空放電管に電圧を加えると，蛍光板に光
　　　の筋が見える。これは，[1]（　　　　　）の
　　　電気を帯びた粒子の流れであり，この粒子
　　　を[2]（　　　　　）という。

□(2)　図の[3]〜[7]

□(3)　金属のように電流が流れやすい物質の中に
　　　は，自由に動ける[8]（　　　　　）がある。
　　　真空放電で流れる電流は，金属から飛び出
　　　した電子の流れである。

□(4)　真空放電管の上下に，電極板の＋極と－極
　　　を取りつけて電圧を加えると，電子は
　　　[9]（　　　　　）極へ引きつけられるため，
　　　電子線は＋極側へ曲がる。

□(5)　電流は[10]（　　　　　）の流れであり，電
　　　子は[11]（　　　）極から[12]（　　　）極へ向かって移動する。この電子の移動が電流の
　　　正体である。電流の向きは，電子の流れる向きとは逆になっている。

真空放電管（クルックス管）

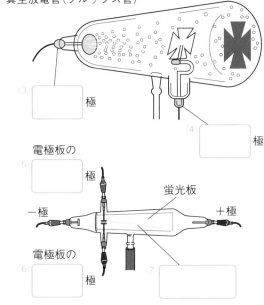

[3] ☐ 極

[4] ☐ 極

電極板の[5] ☐ 極

蛍光板

－極　　　＋極

電極板の[6] ☐ 極

[7] ☐

2 放射線とその利用

教科書p.219〜221　▶▶ **3**

□(1)　物体を通り抜けるX線やα線，β線，
　　　γ線などを[1]（　　　　　）といい，
　　　[1]を放つ物質を
　　　[2]（　　　　　）という。

□(2)　図の[3]〜[5]

□(3)　私たちが日常的に体の外から受ける，
　　　自然界に存在する放射線を
　　　[6]（　　　　　）という。

□(4)　空港の手荷物検査では放射線の[7]（　　　　　　）を利用している。また，放射線は，プラ
　　　スチックやゴムの耐熱性などの向上，がんの治療，注射器などの[8]（　　　　　）などに
　　　も利用されている。

放射線の種類と透過性

紙　　うすい金属板　　鉛などの厚い板

[3] ☐

[4] ☐

X線，[5] ☐

要点
●電流の正体は，－極から＋極へ移動する電子の流れである。
●放射線には，物体を通り抜ける性質と，原子の構造を変える性質がある。

3章　電流の正体(2)

時間 15分　解答 p.24

[1] 図のように電極A～Dをつないだ真空放電管(クルックス管)に大きな電圧を加えると，蛍光板にできた明るい線は下に曲がっていた。 ▸▸ [1]

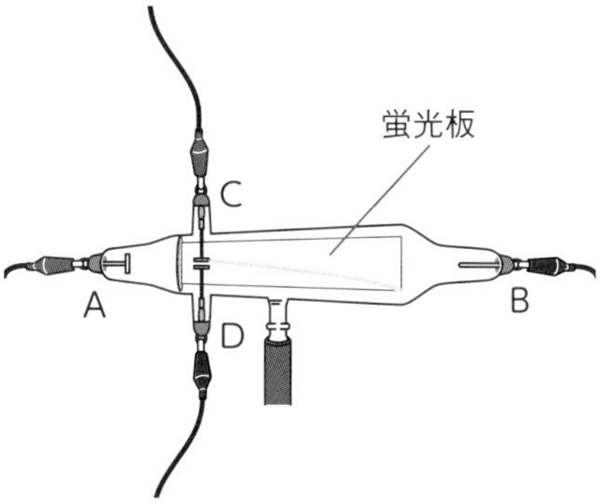

□(1)　図で，蛍光板にできた明るい線を何というか。
（　　　　　）

□(2)　(1)は，何が蛍光板に当たって蛍光板を光らせているか。
（　　　　　）

□(3)　(2)がもつ電気的性質は，＋と－のどちらか。
（　　　　　）

□(4)　図の電極A～Dのうち，＋極を全て選びなさい。
（　　　　　）

[2] 図は，導線の中の電流の流れを模式的に表したものである。 ▸▸ [1]

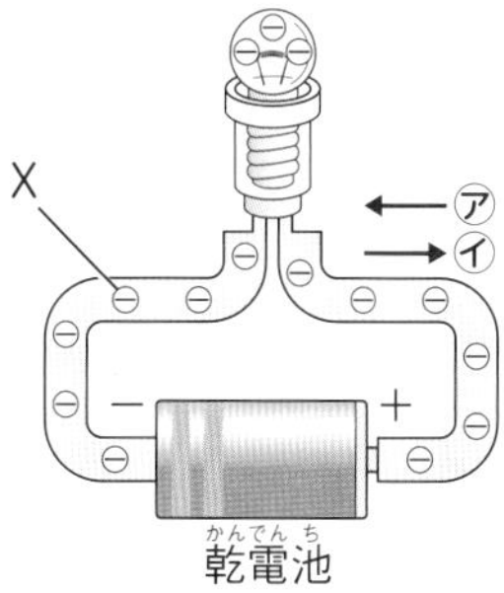

□(1)　図で，導線の中を移動する⊖の粒子は，何を表しているか。
（　　　　　）

□(2)　(1)の流れる向きと電流の流れる向きを，㋐，㋑からそれぞれ選びなさい。
(1)の粒子（　　　　　）
電流（　　　　　）

□(3)　電流とは何か。簡潔に書きなさい。
（　　　　　）

[3] 放射線について，次の問いに答えなさい。 ▸▸ [2]

□(1)　放射線を放つ物質を何というか。（　　　　　）

□(2)　物体を通り抜ける性質(透過性)が最も小さい放射線を，㋐～㋓から選びなさい。
（　　　　　）

㋐　α線　　㋑　β線　　㋒　γ線　　㋓　X線

□(3)　放射線や(1)について正しいものを，㋐～㋔から全て選びなさい。（　　　　　）

㋐　空気中に放射線を放つ物質はない。
㋑　体内にも微量の放射線を放つ物質がある。
㋒　放射線を大量に受けると，がんになる危険性が高くなる。
㋓　空港の手荷物検査は，放射線が原子の構造を変える性質を利用している。
㋔　がんの治療に使われている。

[ヒント] [1] (4) 異なる種類の電気は引き合い，同じ種類の電気は退け合う。

[ミスに注意] [2] (2) 電流の流れる向きと(1)の流れる向きは，逆である。

ぴたトレ 3 確認テスト

3章　電流の正体

時間30分　／100点　合格70点　解答 p.24

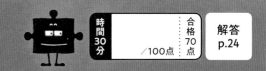

❶ 図1のように，ティッシュペーパーで摩擦した細く裂いたポリエチレンのひもと，ティッシュペーパーで摩擦したポリ塩化ビニルの管を，図2のように近づけると，ポリエチレンのひもがポリ塩化ビニルの管から離れるように空中を浮きながら動いた。

38点

点UP □(1) [記述] 細く裂いたポリエチレンのひもの1本1本が，図2のように広がるのはなぜか。理由を簡潔に書きなさい。[思]

図1

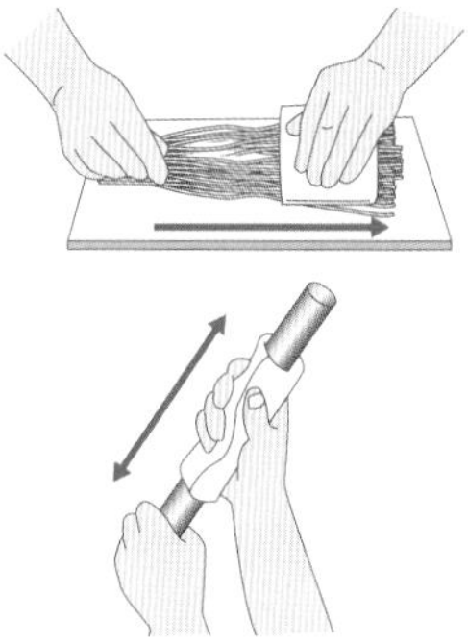

図2

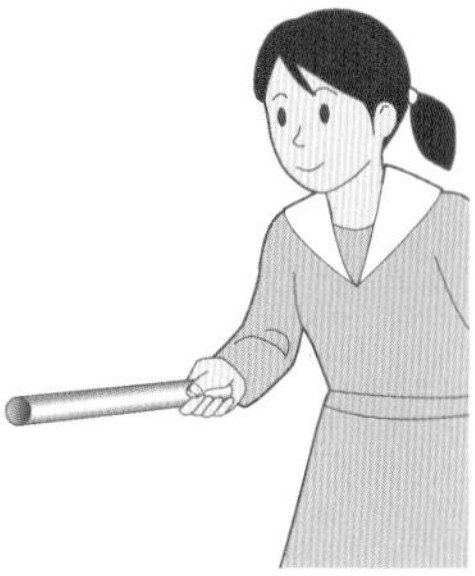

よく出る □(2) 図1では，ティッシュペーパーにある電気をもった粒子がポリエチレンのひもやポリ塩化ビニルの管へ移動している。

① ティッシュペーパーからポリエチレンのひもやポリ塩化ビニルの管に移動した，電気をもった粒子を何というか。

② ①の粒子がもつ電気は，＋と－のどちらか。

□(3) 摩擦したポリエチレンのひもとティッシュペーパーを近づけると，どうなると考えられるか。

□(4) [記述] (3)のようになる理由を，簡潔に書きなさい。

❷ 図のように，ウールのセーターを着たAさんが蛍光灯の端を持って発泡ポリスチレンの板に立った。次に，Bさんが下敷きでAさんのセーターを摩擦した。その後，Cさんが蛍光灯のもう一方の端を握ると，蛍光灯がわずかに光った。

30点

□(1) Bさんが下敷きでAさんのセーターを摩擦したとき，Aさんには何がたまったか。

□(2) Cさんが蛍光灯を握ったとき，蛍光灯が光ったのは，何という現象が起こったためか。

点UP □(3) [記述] Cさんが蛍光灯を握ったとき，蛍光灯がより明るく光るようにするには，どうすればよいかを簡潔に書きなさい。[思]

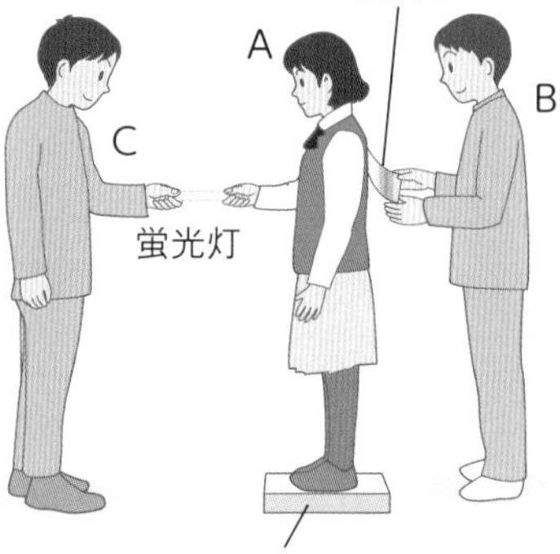

□(4) (2)による現象を，㋐～㋓から全て選びなさい。

㋐ 電流を流すと発光ダイオードが光った。

㋑ 乾燥した日にドアノブにふれるとバチッと音がして火花が見えた。

㋒ マグネシウムリボンを加熱すると，激しい光が発生した。

㋓ 雲と地面の間に稲妻が走った。

成績評価の観点　[技]…観察・実験の技能　[思]…科学的な思考・判断・表現

❸ 図1のように，＋極側のガラスの内側に蛍光物質を塗(ぬ)った真空放電管の電極に大きな電圧(でんあつ)を加えたところ，放電管の中にある①十字形の金属板の影(かげ)が見えた。また，図2のように，蛍光板を入れた真空放電管に大きな電圧を加えたところ，②蛍光板に明るい線が現れた。

32点

図1

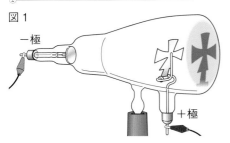

－極

＋極

図2

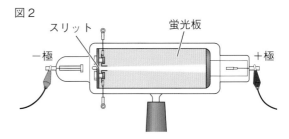

スリット　　　　　蛍光板

－極　　　　　　　　　　　　　＋極

□(1) 記述 下線部①のことから，どのようなことが考えられるか。簡潔に書きなさい。思

□(2) 図1で，＋極と－極を入れかえると，金属板の十字形の影は現れるか，現れないか。

□(3) 下線部②の明るい線を何というか。

□(4) 記述 図2の状態から，図3のように，U字型磁石のS極を手前にして，上から真空放電管に近づけると，蛍光板の明るい線に変化が見られた。どのような変化が見られたかを，簡潔に書きなさい。

図3

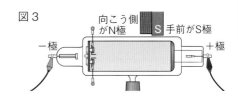

向こう側がN極　S　手前がS極

－極　　　　　　　　　　　　　＋極

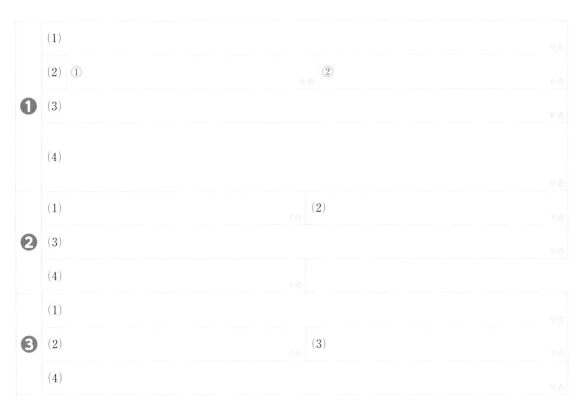

❶ (1)

(2) ①　　　　　　　　　　　②

(3)

(4)

❷ (1)　　　　　　　　　　(2)

(3)

(4)

❸ (1)

(2)　　　　　　　　　　(3)

(4)

定期テスト
予報 電子線(てんしせん)のようすを調べる実験の問題が出るでしょう。電流の正体は，－極から出る電子の流れであることをしっかりとおさえましょう。

（　）と□にあてはまる語句や数を答えよう。

1 雲量と天気

教科書p.236〜239　▶▶①

☐(1) 天気の変化に関わる，雲量，¹（　　　　　），湿度，気圧，風向・風速（風力），降水量などの要素を²（　　　　　）という。

☐(2) 雲量は，空全体を10としたとき雲が占める割合で表す。0と1のときは³（　　　　　），2〜8のときは⁴（　　　　　），9と10のときは⁵（　　　　　）である。

☐(3) 図の⁶〜⁹

天気	⁶	晴れ	⁷	雨
記号	◯	◐	◎	●

天気	雷	⁸	あられ	⁹
記号	◓	⊗	△	⊙

2 気圧，風向・風速，気温・湿度

教科書p.239〜240　▶▶②③

☐(1) 気圧は気圧計で測定する。単位は¹（　　　　　　　　　）(hPa)を使う。

☐(2) 風は，建物などの²（　　　　　）がない場所で観測する。

☐(3) 風向は風のふいてくる方向を³（　　　　）方位で表す。

☐(4) 風速は周囲の風のふき方から⁴（　　　　）段階の風力階級を求めることができる。

☐(5) 気温は，地上およそ⁵（　　　　）mの高さで，乾湿計に⁶（　　　　　）が当たらないようにして乾球ではかる。

☐(6) 湿度は，乾湿計の乾球と湿球の示す温度の⁷（　　　　）から，⁸（　　　　　　　）を使って求める。

☐(7) 図の⁹，¹⁰

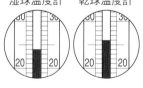

湿球温度計　　乾球温度計

乾湿計用湿度表の一部

乾球の読み〔℃〕	乾球と湿球との目盛りの読みの差〔℃〕			
	0	1	2	3
26	100	92	84	76
25	100	92	84	76
24	100	91	83	75
23	100	91	83	75

気温は
⁹□℃

湿度は
¹⁰□％

要点
●快晴，晴れ，くもりは雲量によって決まる。
●気象観測では，気圧，風向，風力，気温，湿度などを調べる。

1章　気象観測(1)

時間 15分　解答 p.25

1 図のA～Cは，空全体を占(し)める雲のようすを表したものである。 ▸▸ 1

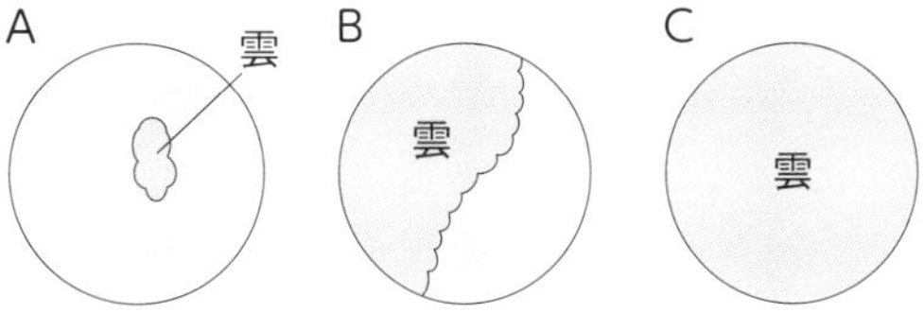

□(1) A～Cの雲量として最も適当なものを，㋐～㋔からそれぞれ選びなさい。

A(　　　) B(　　　) C(　　　)

㋐ 1　㋑ 3　㋒ 6　㋓ 8　㋔ 10

□(2) A～Cの天気をそれぞれ書きなさい。

A(　　　) B(　　　) C(　　　)

□(3) A～Cの天気の天気記号を，㋐～㋓からそれぞれ選びなさい。

A(　　　) B(　　　) C(　　　)

㋐ ○　㋑ ●　㋒ ◎　㋓ ⦶

2 図のA，Bは，気象観測に用いられる計器を表している。 ▸▸ 2

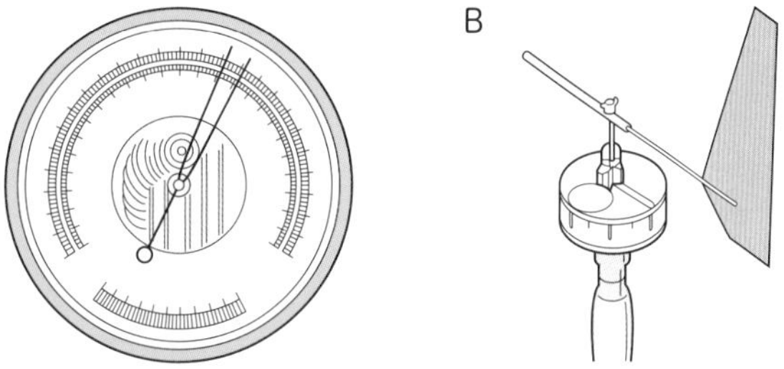

□(1) A，Bの計器を何というか。㋐～㋒から選びなさい。

A(　　　) B(　　　)

㋐ 乾湿計(かんしつけい)　㋑ 風向風速計

㋒ アネロイド気圧計

□(2) A，Bは何をはかる計器か。㋐～㋔から選びなさい。

A(　　　) B(　　　)

㋐ 気温　㋑ 湿度(しつど)　㋒ 気圧(きあつ)　㋓ 風向・風速　㋔ 降水量

3 図は，ある日の乾湿計が示した温度である。また，表は湿度表の一部である。 ▸▸ 2

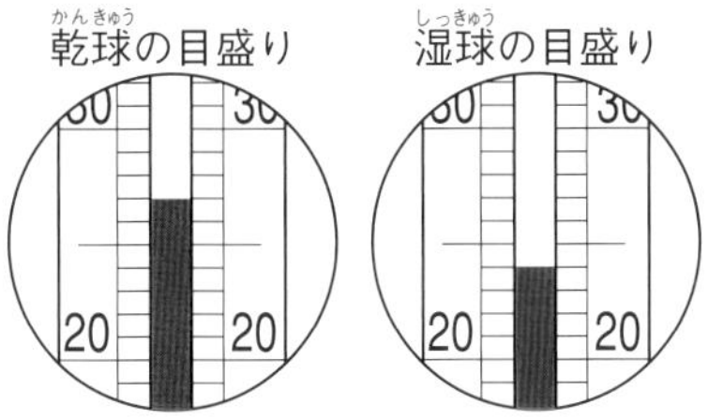

乾球の読み〔℃〕	乾球と湿球との目盛りの読みの差〔℃〕						
	0	1	2	3	4	5	6
27	100	92	84	77	70	63	56
26	100	92	84	76	69	62	55
25	100	92	84	76	68	61	54
24	100	91	83	75	68	60	53
23	100	91	83	75	67	59	52

□(1) このときの気温は何℃か。(　　　)

□(2) このときの湿度は何%か。(　　　)

ヒント 1 (2) 雲量が0と1は快晴，2～8は晴れ，9と10はくもりである。

ミスに注意 3 (1) 気温は，乾球から読みとる。

単元4 気象のしくみと天気の変化 ―教科書236～240ページ

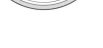

（　）と□□□にあてはまる語句や数を答えよう。

1 気象要素と天気の関係

教科書p.241〜244　▶▶❶❷

☐(1)　図の 1 〜 3

気温・湿度・気圧・風・天気の変化

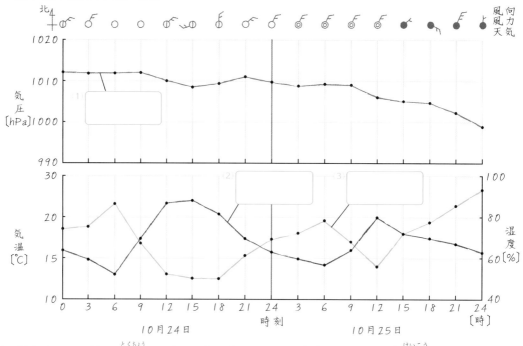

風向
風力
天気

気圧〔hPa〕
1020
1010
1000
990

気温〔℃〕
30
20
15
10

湿度〔%〕
100
80
60
40

時刻
0　3　6　9　12　15　18　21　24　3　6　9　12　15　18　21　24〔時〕
10月24日　　　　　　　　　　　　　10月25日

☐(2)　晴れた日の天気の特徴は，気温が上がると湿度が⁴（　　　　　　）傾向にあり，気温が下がると湿度が⁵（　　　　　　）傾向にある。

☐(3)　くもりや雨の日は，気温，湿度とも変化が⁶（　　　　　　）ことが多い。

☐(4)　気圧が⁷（　　　　　　）なると天気はくもりや雨になることが多い。

☐(5)　よく晴れた日の夜は，⁸（　　　　　　）が宇宙空間へ逃げていくため，地面の温度も気温もしだいに低下し，⁹（　　　　　　）のころに最も低くなる。これを放射冷却という。

放射冷却

晴れ　　　　　　　　くもり

熱
冷えこむ　　　　　冷えこまない

☐(6)　太陽光が当たると¹⁰（　　　　　　）の温度が上昇し，それにつれて空気もあたためられ，¹¹（　　　　　　）が上昇する。日射は正午ごろ最も強くなり，気温は午後¹²（　　　　　　）時ごろに最高になる。

要点
●晴れた日の天気は，気温が上がると湿度が下がる。
●気温は午後2時ごろに最高になる。

1章　気象観測(2)

時間 15分　解答 p.25

1 図は，ある年の11月９日と11月18日に，１日の気温と湿度（しつど）を１時間ごとに観測してグラフに表したものである。 ▸▸ 1

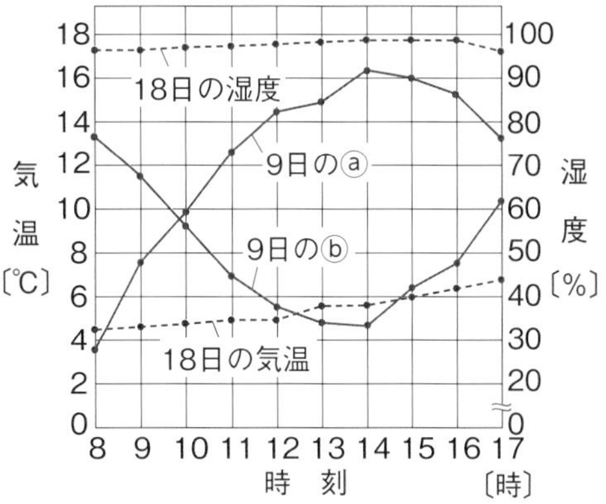

□(1) 11月９日のⓐ，ⓑのグラフのうち，気温を表しているのはどちらか。（　　）

□(2) 11月９日の天気として最も適当なものを，㋐〜㋓から選びなさい。（　　）

㋐　１日中晴れていた。

㋑　１日中雨だった。

㋒　午前中は晴れで，午後は雨になった。

㋓　午前中は雨で，午後には上がった。

□(3) (2)を選んだ理由について，次の文の①，②にあてはまる語を，それぞれ書きなさい。

①（　　）　②（　　）

気温が上がると［　①　］が下がり，午後２時ごろに［　②　］が最高に達しているから。

□(4) 11月18日の天気として最も適当なものを，(2)の㋐〜㋓から選びなさい。（　　）

□(5) [記述] (4)を選んだ理由を，「気温」，「湿度」という語句を使って，簡潔に書きなさい。

（　　）

2 図は，４日間の気温，湿度，気圧（きあつ）を観測して，その結果をグラフにまとめたものである。 ▸▸ 1

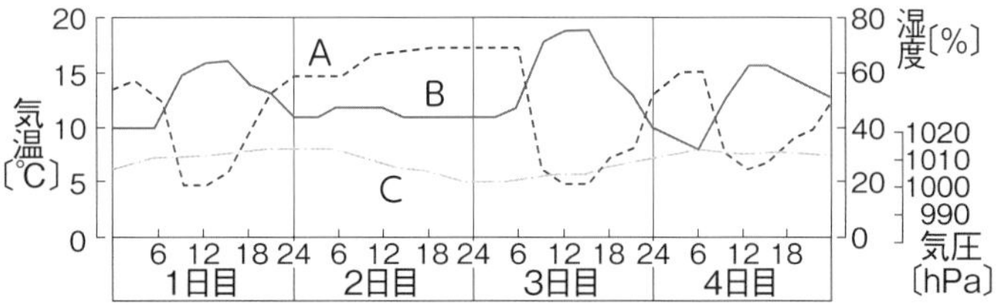

□(1) 図のＡ〜Ｃは，それぞれ気圧，気温，湿度のうちどれを表しているか。

Ａ（　　）

Ｂ（　　）

Ｃ（　　）

□(2) １日中，くもりまたは雨だったのは，何日目か。（　　）

□(3) よく晴れた日の夜は，気温がしだいに低下して，日の出のころに最も低くなる。これは夜の間に何という現象が起こったためか。（　　）

□(4) [記述] 天気と気圧の関係を，簡潔に書きなさい。

（　　）

ヒント　2 (1)気温が高くなると，湿度は低くなることが多い。

2 (4)晴れた日と，くもりや雨の日の気圧のちがいを書く。

1章　気象観測

時間30分　/100点　合格70点　解答 p.26

❶ 図1は空全体の雲のようす，図2はこのときのふき流し（ポリエチレンを細かく裂いてひも状にしたもの）のようすを表したものである。

25点

図1

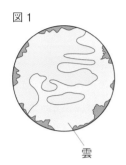

雲

図2

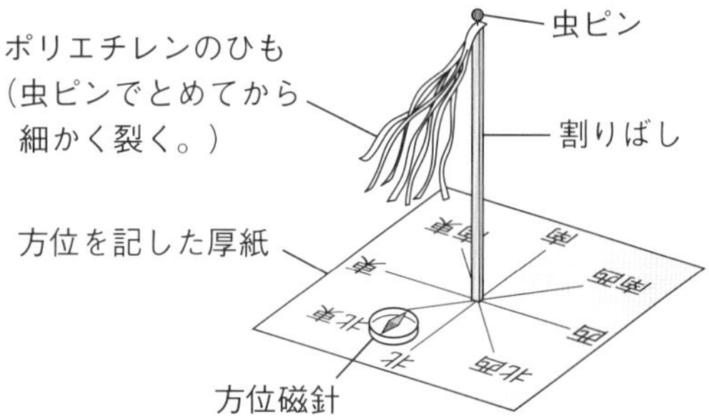

虫ピン
ポリエチレンのひも
（虫ピンでとめてから細かく裂く。）
割りばし
方位を記した厚紙
方位磁針

□(1) 図1のとき，雨は降っていなかった。このときの天気を答えなさい。

よく出る □(2) (1)の天気を，天気記号を使って表しなさい。[技]

□(3) 風通しのよい場所に，図2の装置を置くと，ポリエチレンのひもは北東へたなびいていた。このときの風向を答えなさい。

□(4) 図2のようになっていたときの風のようすとして最も適当なものを，⑦〜①から選びなさい。

　⑦　風に向かうと歩きにくく，樹木全体が揺れる。

　①　人家に大損害が起こる。

　⑦　木の葉や細い枝が絶えず動き，軽い旗がたなびく。

　①　煙はまっすぐのぼる。

❷ 図は，ある日の午前8時に百葉箱の中にある乾湿計が示す温度と，乾湿計用湿度表の一部を表したものである。

37点

□(1) A，Bのうち，湿球を表しているのはどちらか。

□(2) このときの気温は何℃か。

□(3) このときの湿度は何％か。

点UP □(4) 湿度が77％のとき，乾湿計のA，Bは，それぞれ何℃を示すか。[思]

□(5) 湿度が上がると，乾球と湿球が示す温度の差はどうなるか。

□(6) 乾球と湿球の示す温度が同じとき，湿度は何％になるか。⑦〜⑦から選びなさい。

　⑦　0％　　　①　50％

　⑦　100％

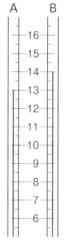

乾湿計用湿度表

乾球の読み〔℃〕	乾球と湿球との目盛りの読みの差〔℃〕				
	0.0	0.5	1.0	1.5	2.0
16	100	95	89	84	79
15	100	94	89	84	78
14	100	94	89	83	78
13	100	94	88	82	77
12	100	94	88	82	76
11	100	94	87	81	75
10	100	93	87	80	74
9	100	93	86	80	73

　成績評価の観点　[技]…観察・実験の技能　[思]…科学的な思考・判断・表現

③ 図は，連続した２日間の気温と湿度をグラフに表したものである。 38点

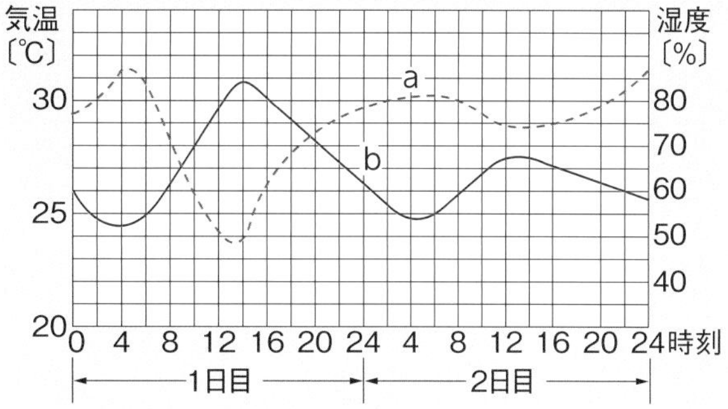

□(1) 気温を表すグラフは，a，bのどちらか。

□(2) １日目の天気として最も適当なものを，㋐～㋓から選びなさい。[思]

㋐ 雨が降り続いていた。

㋑ 晴れていた。

㋒ くもり時々晴れであった。

㋓ 雨が降ったりやんだりしていた。

□(3) [記述] (2)で，１日目の天気を選んだ理由を，簡潔に書きなさい。[思]

□(4) 気温が上がるしくみについて，次の文の①～③にあてはまる語句を，それぞれ書きなさい。

［ ① ］で地面の温度が上昇し，それにつれて［ ② ］もあたためられる。日射が最も強くなるのは［ ③ ］ごろであるが，気温が最高に達するのは，午後２時ごろになる。

❶	(1) 6点	(2) 7点
	(3) 6点	(4) 6点
❷	(1) 6点	(2) 6点
	(3) 6点	
	(4) A	B 7点
	(5) 6点	(6) 6点
❸	(1) 6点	(2) 6点
	(3) 8点	
	(4) ① 6点	② 6点
	③ 6点	

定期テスト予報 晴れた日とくもりや雨の日における気温と湿度の関係をおさえておきましょう。また，乾湿計用湿度表は確実に読みとれるようにしておきましょう。

（　）にあてはまる語句や数を答えよう。

1 気圧とは何か

教科書p.246〜251 ▶▶ ①②

(1) 空気には目に見えないが¹（　　　　　　）があり，地球上の物体は空気に押されている。これによって²（　　　　　　）（大気圧）が生じている。気圧の単位は³（　　　　　）（hPa）である。

(2) 地球をとりまく気体を⁴（　　　　　　）といい，私たちは⁴の下で⁵（　　　　　　）の影響を受けながら生活している。

(3) 力を受ける面積を変えたときの力の加わり方

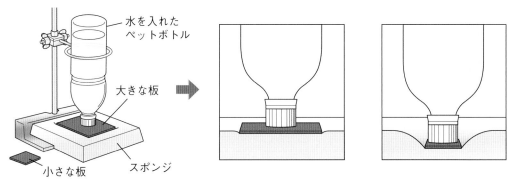

水を入れた
ペットボトル

大きな板

小さな板　スポンジ

・板の面積がちがっても，ペットボトルがスポンジを押す力の大きさは⁶（　　　　　）である。

・スポンジを押す力が同じでも，板の面積が小さいほどスポンジのへこみ方は
⁷（　　　　　　）なる。

(4) 単位面積当たりに垂直に加わる力の大きさを
⁸（　　　　　　）という。⁸の単位は⁹（　　　　　）で，記号はPaを使う。

圧力の単位は，N/m²（ニュートン毎平方メートル）でも表せるよ

(5) 1m²の面に1Nの力が加わるときの圧力は¹⁰（　　　　　）Paである。

(6) 圧力は次の式で求めることができる。

$$圧力〔Pa〕 = \frac{面に垂直に加わる\ ^{11}（\qquad）〔N〕}{力が加わる\ ^{12}（\qquad）〔m^2〕}$$

(7) 気圧はあらゆる方向から¹³（　　　　　　）大きさで加わる。

(8) 気圧は，¹⁴（　　　　　）hPaが標準の気圧と決められており，これを1気圧という。

(9) 気圧は地表が最も¹⁵（　　　　　），上空になると¹⁶（　　　　　　）なる。

要点
●単位面積当たりに垂直に加わる力を圧力といい，単位はパスカル（Pa）である。
●空気に押されることで生じる圧力を気圧（大気圧）という。

計算 図のように，スポンジの上に一辺が10 cmの正方形の板を置き，その上に質量2 kgのペットボトルの口を下にして，板に垂直になるようにのせた。ただし，100 gの物体にはたらく重力の大きさを1 Nとする。　▶▶ **1**

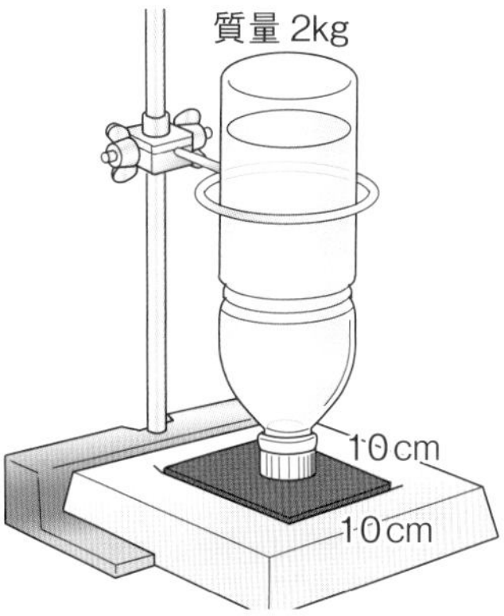

質量2kg

□(1)　ペットボトルにはたらく重力は何Nか。（　　　　　）

□(2)　板の面積は，何m²か。（　　　　　）

□(3)　板がスポンジに加える圧力は何Paか。
（　　　　　）

□(4)　板を一辺が5 cmのものに変え，図のペットボトルの口を下にして板に垂直になるようにのせた。

① 板の面積は何m²になるか。（　　　　　）

② 板がスポンジに加える圧力は何Paか。
（　　　　　）

③ 一辺が10 cmの板のときと比べると，スポンジのへこみ方はどうなるか。㋐〜㋒から選びなさい。
（　　　　　）

㋐　大きくなる。　　　㋑　小さくなる。　　　㋒　変わらない。

10 cm
10 cm

□(5)　一辺が10 cmの正方形の板はそのままにして，ペットボトルの底を下にして板に垂直になるようにのせた。

① 板がスポンジに加える圧力は何Paか。（　　　　　）

② ペットボトルの口を下にしたときと比べると，スポンジのへこみ方はどうなるか。㋐〜㋒から選びなさい。
（　　　　　）

㋐　大きくなる。　　　㋑　小さくなる。　　　㋒　変わらない。

2 図は，平地にいる人と山頂にいる人を表している。　▶▶ **1**

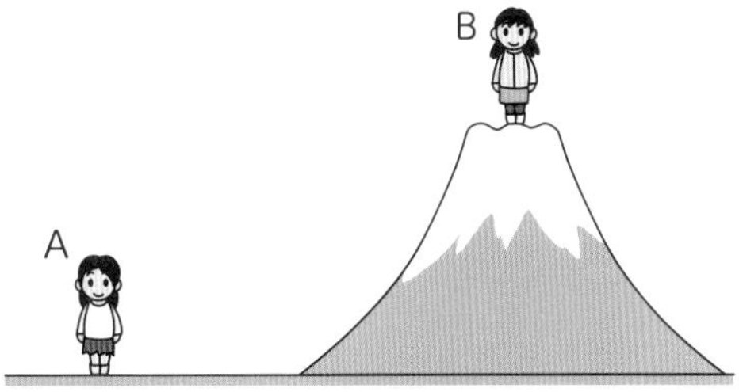

□(1)　空気がうすいのは，平地と山頂のどちらか。
（　　　　　）

□(2)　空気に押されることで生じる圧力を何というか。
（　　　　　）

□(3)　AとBに加わる(2)の大きさを比べるとどうなっているか。㋐〜㋒から選びなさい。
（　　　　　）

B

A

㋐　Aの方が大きい。　　　㋑　Bの方が大きい。　　　㋒　同じである。

ミスに注意 **1** (2) 単位に気をつける。1 cm = 0.01m

ヒント **2** (3) AとBの上にある空気の量を考える。

（　）と□にあてはまる語句や数を答えよう。

1 天気図の読み方

教科書p.252〜254　▶▶ ❶

☐(1)　まわりよりも中心の気圧が高いところを¹（　　　　　　），低いところを²（　　　　　　）
といい，気圧の値の等しいところを結んだ曲線を³（　　　　　　）という。

☐(2)　等圧線は⁴（　　　　　）hPaごとに引き，⁵（　　　　　）hPaごとに太線にする。

☐(3)　図の⁶，⁷

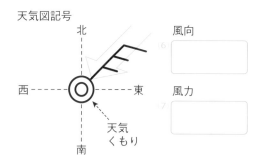

天気図記号

北
⁶ 風向
西　東
⁷ 風力
南
天気
くもり

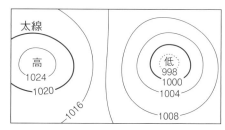

等圧線

太線
高
1024
1020
1016

低
998
1000
1004
1008

☐(4)　気象の記録を図記号を使って地図上に記入したものを⁸（　　　　　　）という。

2 風のふき方

教科書p.254〜255　▶▶ ❷

☐(1)　図の¹〜⁴
高気圧・低気圧と風の関係（北半球）

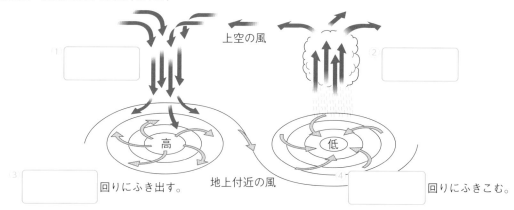

上空の風

¹ [　　　]

² [　　　]

高

低

³ [　　　]回りにふき出す。

地上付近の風

⁴ [　　　]回りにふきこむ。

☐(2)　風は気圧の⁵（　　　　　）ところから，気圧の⁶（　　　　　）ところに向かってふく。

☐(3)　高気圧の中心付近は，雲ができにくく，⁷（　　　　　）ことが多い。一方，上昇気流が
起こる低気圧の中心付近は，雲ができやすく，⁸（　　　　　）やくもりになることが多い。

☐(4)　等圧線の間隔が狭いほど，風は⁹（　　　　　）なる。

要点　●高気圧からは時計回りに風がふき出し，低気圧には反時計回りに風がふきこむ。

2章　気圧と風(2)

時間 15分　解答 p.27

[1] 図1は，学校で気象観測した結果を，天気図記号を使って表したものである。また，図2は，ある日の気圧配置である。 ▶▶ [1]

□(1) 図1の天気を答えなさい。（　　　　）

□(2) 図1の風向を，8方位で答えなさい。（　　　　）

□(3) 図1の風力はいくつか。（　　　　）

□(4) 図2の曲線Xを何というか。（　　　　）

図1

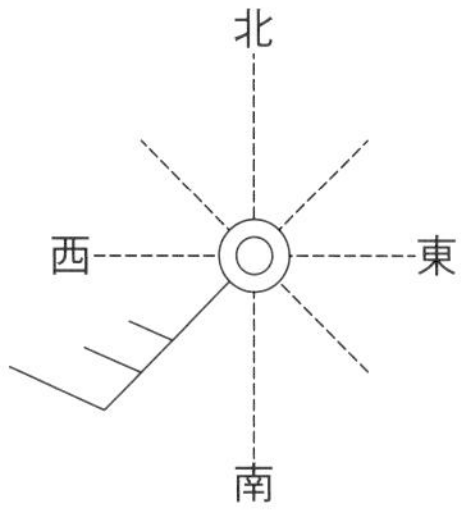

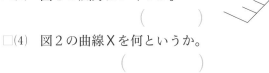

図2

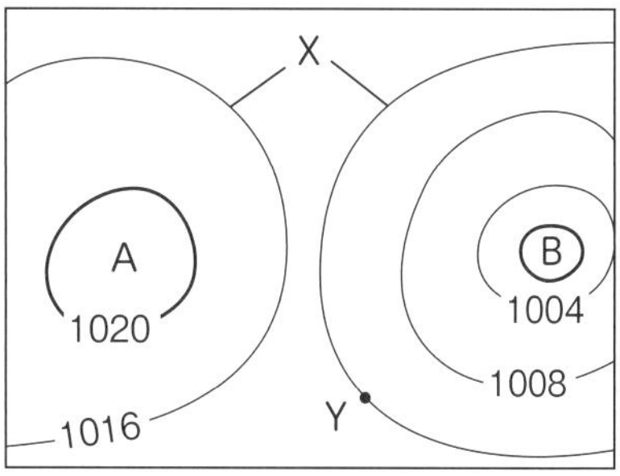

□(5) 図2のA，Bのようなところを，それぞれ何というか。

A（　　　　）　B（　　　　）

□(6) 図2のYの地点の気圧は何hPaか。（　　　　）

[2] 図は，ある日の日本付近の気圧配置である。ただし，天気図の上が北の方角になっている。 ▶▶ [2]

□(1) 最も強い風がふいていると考えられる地点を，図のa～dから選びなさい。（　　　　）

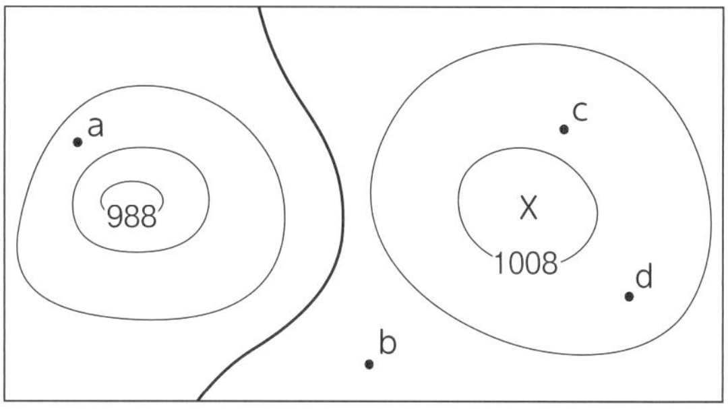

□(2) a地点の風向として最も適当なものを，㋐～㋓からそれぞれ選びなさい。（　　　　）

㋐ 北東　㋑ 北西

㋒ 南東　㋓ 南西

□(3) X地点の地表付近の風のようすを，次の㋐～㋓から選び，記号で答えなさい。（　　　　）

㋐
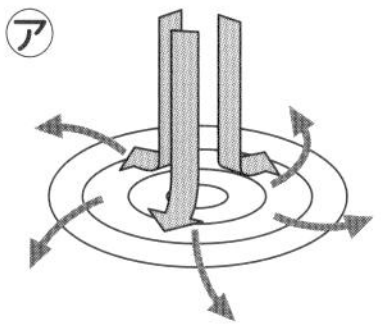

㋑
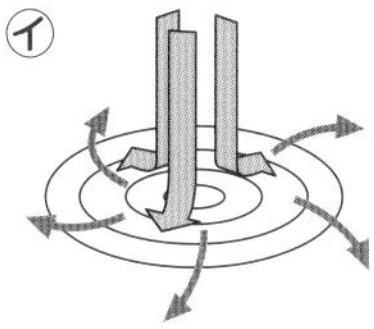

㋒
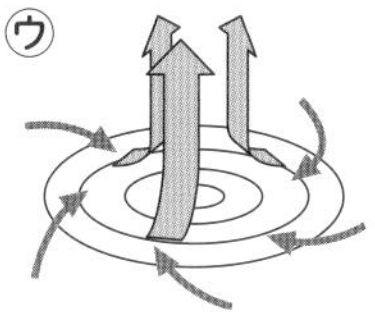

㋓
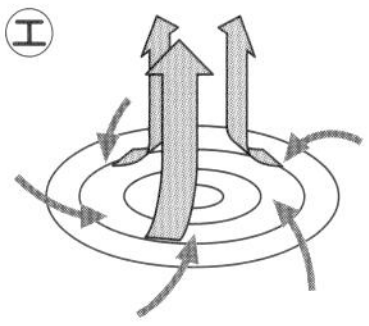

□(4) X地点の中心付近の天気はどうなっていることが多いか。最も適当なものを，㋐～㋓から選びなさい。（　　　　）

㋐ 晴れ　㋑ くもり　㋒ 雨　㋓ 雪

[ヒント] [1] (5) まわりよりも中心の気圧が高いところが高気圧（こうきあつ），低いところが低気圧（ていきあつ）である。

[ミスに注意] [2] (2)(3) 高気圧からは時計回りに風がふき出し，低気圧には反時計回りに風がふきこむ。

2章　気圧と風

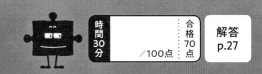

時間30分　／100点　合格70点　解答p.27

1 図のように，水を入れて栓(せん)をした質量400 gの三角フラスコを，A，Bのようにスポンジの上に垂直に置いた。ただし，三角フラスコの底面積は80 cm²，ゴム栓の面積は8 cm²，100 gの物体にはたらく重力の大きさを1 Nとする。

24点

□(1) 図のA，Bで，三角フラスコがスポンジを押(お)す力の大きさの関係を，㋐～㋒から選びなさい。[思]

㋐　A ＞ B

㋑　A ＜ B

㋒　A ＝ B

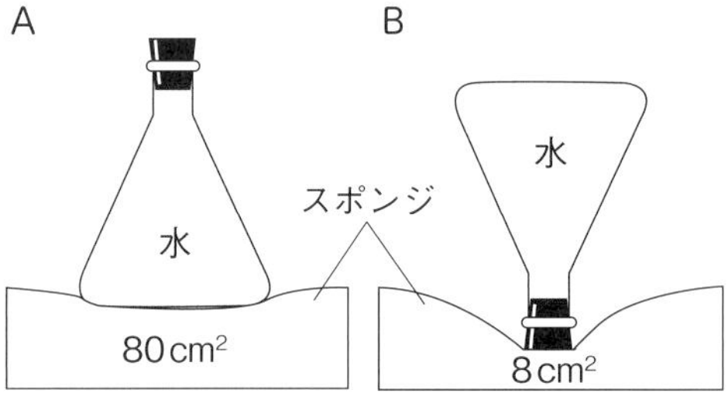

よく出る □(2) [計算] 図のAのとき，三角フラスコがスポンジに加える圧力(あつりょく)の大きさは何Paか。

□(3) [計算] 図のBのとき，ゴム栓がスポンジに加える圧力の大きさは，Aのときの何倍か。

2 気圧(きあつ)（大気圧(たいきあつ)）について調べるため，次の実験を行った。

22点

[実験] 1．穴をあけてぬらしたろ紙を，2つのガラスのコップではさみ，全体の質量をはかった。

2．下のコップに火のついたマッチを入れ，半分ほど燃やした。

3．ろ紙をはさんで，もう1つのコップを押しつけ，しばらく置き，全体の質量をはかった。

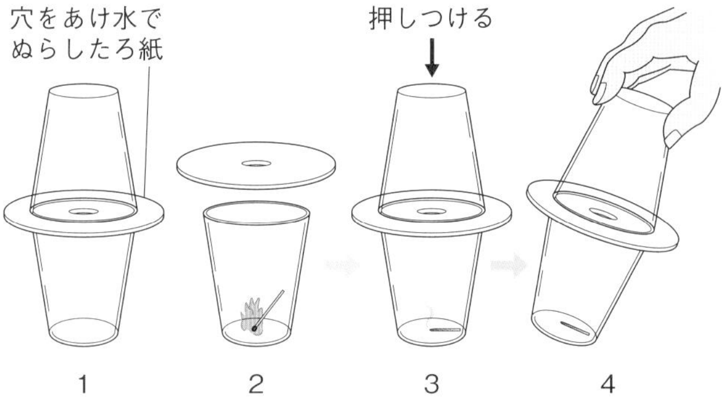

4．上のコップを持ち上げると，ろ紙と下のコップも持ち上がった。

□(1) 実験の2で，火のついたマッチを入れたことで，コップの中の空気の体積はどうなるか。

□(2) 実験の1と3ではかった全体の質量を比べると，3のほうが小さかった。その理由として最も適切なものを，㋐～㋓から選びなさい。

㋐　コップの中の空気が追い出されたから。

㋑　マッチから気体成分が抜(ぬ)けたから。

㋒　コップの中の酸素がなくなったから。

㋓　ろ紙をぬらした水が蒸発したから。

点UP □(3) 実験の4で，ろ紙をはさんで2つのコップがくっついたままになった理由として，最も適当なものを，㋐～㋓から選びなさい。[思]

㋐　コップの中の気圧は小さくなり，コップの内側から引く力が生じたから。

㋑　コップの中の気圧は小さくなり，コップの外側から押す力が生じたから。

㋒　コップの中の気圧は大きくなり，コップの内側から引く力が生じたから。

㋓　コップの中の気圧は大きくなり，コップの外側から押す力が生じたから。

❸ 図は，ある日の日本付近の天気図の一部である。ただし，A～D地点の標高は
等しいものとする。

54点

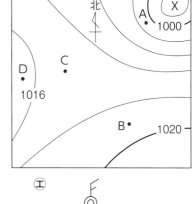

□(1) 等圧線は何hPaごとに引いてあるか。

□(2) 図のXのようなところを何というか。

□(3) 図のA～C地点のうち，最も風が強いと考えられる地点
と，最も弱いと考えられる地点をそれぞれ書きなさい。

□(4) [記述] (3)を選んだ理由を，簡潔に書きなさい。[思]

□(5) 図のA地点の天気図記号と，B地点の天気図記号として
最も適当なものを，㋐～㋓からそれぞれ選びなさい。

㋐ 〰〰●   ㋑ ○〰〰〰   ㋒ 〇│   ㋓ ◎│

□(6) 次の①～③について，正しければ○，誤っていれば✕をつけなさい。[思]
   ① 1気圧よりも低いのは，図ではA地点だけである。
   ② 図のC地点の気圧は1010hPaと考えられる。
   ③ 図のD地点の気圧は1017hPaと考えられる。

❶	(1)		(2)	
		8点		8点
	(3)			
		8点		

❷	(1)		(2)	
		8点		7点
	(3)			
		7点		

❸	(1)		(2)	
		5点		5点
	(3) 最も強い地点		最も弱い地点	
		5点		5点
	(4)			
				9点
	(5) A地点		B地点	
		5点		5点
	(6) ①	②	③	
	5点	5点		5点

定期テスト予報 圧力の計算は確実にできるようにしておきましょう。特に，面積の単位がm²なので，長さを
cmからmに換算して計算すること。

（　　）と　　　にあてはまる語句を答えよう。

1 露点

教科書 p.256～258　▶▶ 1

☐(1) 水蒸気を含んだ空気が冷え，ある温度になると¹（　　　　　　　）が始まり水滴（露）ができ始める。このときの温度を，その空気の²（　　　　　　）という。

☐(2) 露点の測定の実験では，くみ置きの水の温度は³（　　　　　　）とほぼ同じにする。コップの表面に⁴（　　　　　　）ができ始めた温度を測定する。

☐(3) 図の⁵

☐(4) コップの表面がくもるのは，コップの表面近くの空気の温度が下がり，露点に達した空気がそれ以上⁶（　　　　　　）を含むことができない状態になったためである。

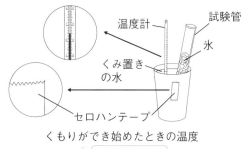

露点の測定

温度計　試験管
氷
くみ置き
の水
セロハンテープ

くもりができ始めたときの温度
＝

2 飽和水蒸気量と湿度

教科書 p.258～260　▶▶ 2

☐(1) 水蒸気を最大限まで含んでいる空気は，水蒸気で¹（　　　　　　）しているといい，飽和している空気に含まれている水蒸気の量を²（　　　　　　）という。

☐(2) 露点より空気の温度が下がると，空気中に含みきれない水蒸気が³（　　　　　　）して水滴になる。

☐(3) 図の⁴

☐(4) 露点は，空気中の水蒸気の量が多いほど⁵（　　　　　　）なる。

☐(5) 空気中に含まれている水蒸気の量を，その気温の飽和水蒸気量に対する百分率で表したものを⁶（　　　　　　），または相対湿度という。

☐(6) 湿度〔％〕＝ $\dfrac{空気1m^3中に含まれている⁷（\qquad）の量〔g〕}{その気温での空気1m^3中の⁸（\qquad）〔g〕}$ ×100

☐(7) 飽和水蒸気量は⁹（　　　　　　）によって変化するため，空気の中の水蒸気の量が同じでも，気温が変化すれば¹⁰（　　　　　　）も変わる。

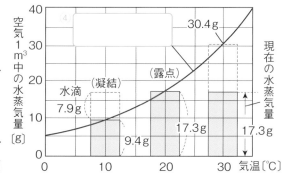

気温と飽和水蒸気量の関係

空気1m³中の水蒸気量〔g〕

現在の水蒸気量

（凝結）
（露点）
水滴
7.9g
9.4g
17.3g
17.3g
30.4g

気温〔℃〕

要点
●水蒸気が凝結して，水滴ができ始める温度をその空気の露点という。
●飽和水蒸気量は，気温によって変化する。

1 空気中の水蒸気が水滴になる温度を調べるために，次の実験を行った。　▶▶ **1**

実験　1. 室温をはかった後，金属製のコップにくみ置きの水を入れ，
　　　　水温をはかった。

　　　2. 氷の入った試験管を動かし，コップの表面に水滴ができ始
　　　　めた温度を測定した。

温度計　氷の入った試験管
金属製のコップ

☐(1) この実験を行うとき，くみ置きの水の温度が何とほぼ同じになっ
　　ていることを確かめる必要があるか。　（　　　　　）

☐(2) 金属製のコップの表面に水滴がつくのはなぜか。㋐〜㋒から選びなさい。

　　㋐　コップの中から水がしみ出したから。

　　㋑　試験管の氷がとけた水がついたから。　　　　　　　（　　　　　）

　　㋒　コップのまわりの水蒸気が水滴になってついたから。

☐(3) コップの表面がくもり始めたときの温度を何というか。　（　　　　　）

2 気温が30℃で，1 m³当たり23.1 g の水蒸気を含む空気がある。表は，気温と飽
和水蒸気量との関係をまとめたものである。　▶▶ **2**

☐(1) 気温が30℃の空気1 m³が含む
　　ことのできる水蒸気の最大量は
　　何gか。　（　　　　　）

気温〔℃〕	16	17	18	19	20	21
飽和水蒸気量〔g/m³〕	13.6	14.5	15.4	16.3	17.3	18.3

☐(2) 計算 この空気の湿度はおよそ何
　　%か。㋐〜㋓から選びなさい。
　　（　　　　　）

気温〔℃〕	22	23	24	25	26	27
飽和水蒸気量〔g/m³〕	19.4	20.6	21.8	23.1	24.4	25.8

　　㋐　約55%　　　㋑　約68%

　　㋒　約76%　　　㋓　約82%

気温〔℃〕	28	29	30	31	32	33
飽和水蒸気量〔g/m³〕	27.2	28.8	30.4	32.1	33.8	35.7

☐(3) 気温を下げていったとき，空気に含まれる水蒸気が水滴に変わり始める温度は何℃か。
　　（　　　　　）

☐(4) 空気中の水蒸気が水滴に変わり始めたときの湿度は何%か。　（　　　　　）

☐(5) この空気1 m³の気温を20℃まで下げたとき，水滴は何g現れると考えられるか。
　　（　　　　　）

☐(6) 1 m³当たりに含まれる水蒸気の量はそのままで気温が上がると，湿度はどうなるか。㋐
　　〜㋒から選びなさい。　（　　　　　）

　　㋐　上がる　　　㋑　下がる　　　㋒　変わらない

ヒント　**2**(3) 飽和水蒸気量が，23.1 g である気温を表から読みとる。

ミスに注意　**2**(6) 気温が上がると，飽和水蒸気量は大きくなる。

3章　天気の変化(2)

時間 10分　解答 p.28

(　　)と□にあてはまる語句を答えよう。

1 雲のでき方

教科書p.261〜264 ▸▸1

□(1) 高いところに登ると，その高さに相当する分だけ大気の①(　　　)が減るので，気圧(きあつ)は②(　　　)なる。

□(2) 気温は高さにともなって変化③(　　　)。その度合いは100mごとにおよそ0.6℃④(　　　)する。

□(3) 図の⑤〜⑦

雲のでき方を調べる実験

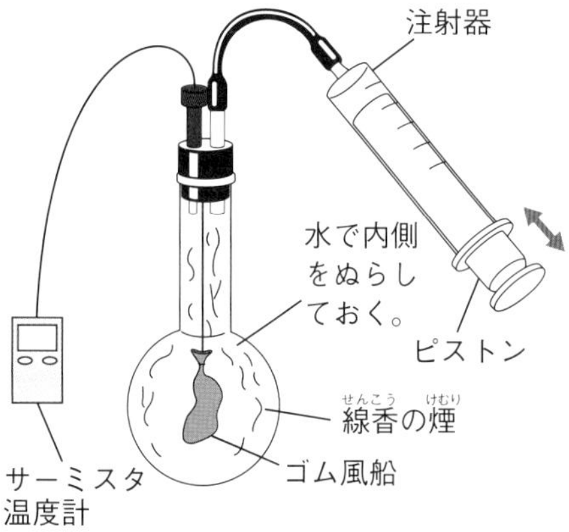

	引いたとき	戻したとき
フラスコ	くもった	⑤□
温度	⑥□	上がった
風船	膨(ふく)らむ	⑦□

□(4) 空気のかたまりが上昇(じょうしょう)すると，周囲の⑧(　　　)が低くなり，膨張(ぼうちょう)してある高さで⑨(　　　)に達する。さらに上昇すると，水蒸気は空気中の小さなちりを凝結核(ぎょうけつかく)として細かい水滴(すいてき)や⑩(　　　)の粒(つぶ)ができる。これが⑪(　　　)である。

□(5) 地表付近で空気が冷やされ露点(ろてん)に達すると⑫(　　　)ができる。

2 雨や雪・水の循環(じゅんかん)

教科書p.265〜266 ▸▸2

□(1) 雲をつくる水滴や氷の粒は，とても小さく①(　　　)に支えられて落ちてこないが，雲粒(くもつぶ)が大きくなると水滴が②(　　　)として落下する。氷の粒がとけないで地表に達したものが③(　　　)やあられである。

□(2) 水は④(　　　)のエネルギーによって海面などから蒸発し，気体，液体，固体とすがたを変え，地球上を⑤(　　　)している。

□(3) 図の⑥

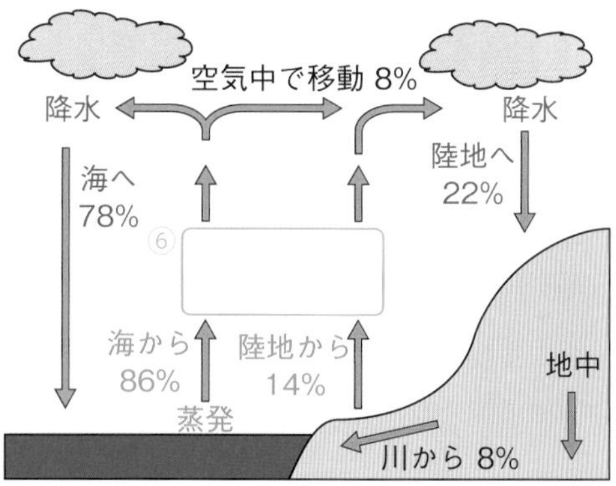

要点 ●空気が上昇して膨張すると気温が下がり，露点に達すると雲ができる。

3章　天気の変化(2)

時間 15分　解答 p.28

1 雲のでき方を調べるため，水で内側をぬらしたフラスコの中にゴム風船と線香の煙を入れ，図のような装置をつくった。 ▶▶1

□(1) フラスコの中に線香の煙を入れた理由を，㋐～㋓から選びなさい。（　　）
㋐ 空気の動きをよく見るため。
㋑ 空気をあたためるため。
㋒ 煙を水滴の核にするため。
㋓ 空気をくもらせるため。

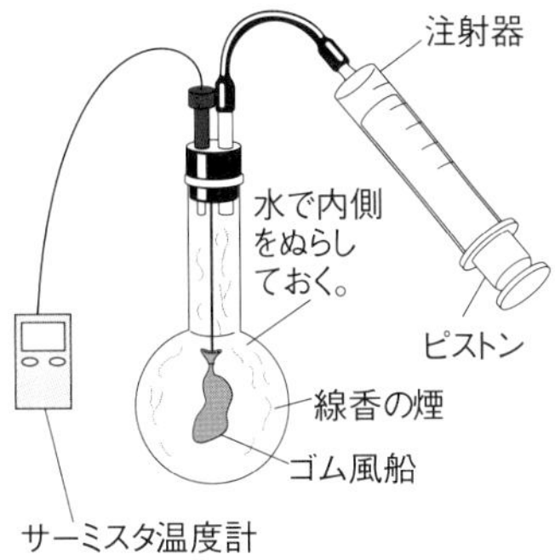

□(2) ピストンを強く引くと，フラスコの中とゴム風船には，それぞれどのような変化が起こるか。
フラスコの中（　　　　）　ゴム風船（　　　　）

□(3) (2)の後に，ピストンを強く押すと，フラスコの中とゴム風船には，それぞれどのような変化が起こるか。
フラスコの中（　　　　）　ゴム風船（　　　　）

□(4) 雲のでき方について説明した次の文の（　　）にあてはまる語句を書きなさい。
空気は上昇するにつれて①（　　　）し，温度が②（　　　）。やがて，露点に達すると，空気に含まれていた水蒸気が水滴になる。こうしてできた水滴や小さな氷の粒が浮かんだものが③（　　　）である。

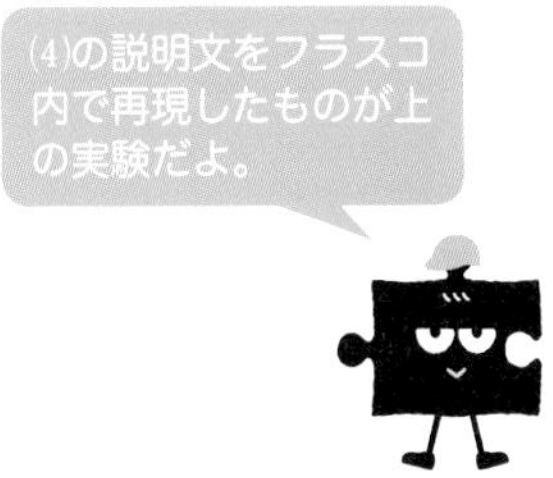

(4)の説明文をフラスコ内で再現したものが上の実験だよ。

□(5) 地表付近にできた雲を何というか。（　　）

2 図は，地球上の水の循環のようすを表したものである。 ▶▶2

□(1) 図の①～④にあてはまるものを，㋐～㋓からそれぞれ選びなさい。
①（　　）　②（　　）
③（　　）　④（　　）
㋐ 雲　㋑ 水蒸気
㋒ 地下水　㋓ 雨や雪

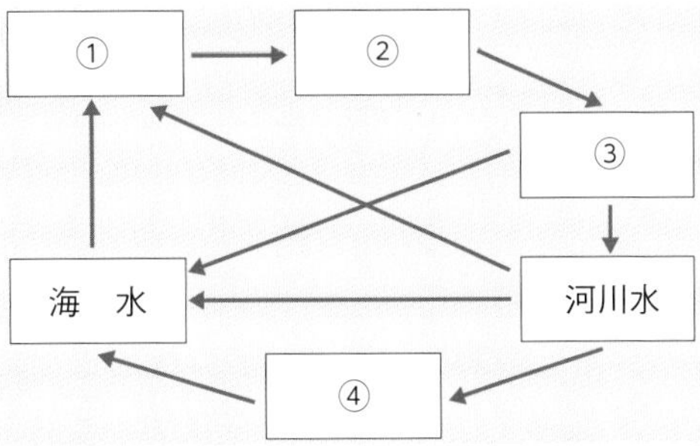

□(2) 地球上で，水の循環を起こすもとになるエネルギーは何か。（　　）

ミスに注意　1 (2) ピストンを引くと，フラスコ内の気圧（きあつ）が下がり，温度が下がる。
ヒント　2 (2) 地上や海面から水を蒸発させているものが何かを考える。

単元4 気象のしくみと天気の変化 ─ 教科書261～266ページ

( )と □ にあてはまる語句を答えよう。

1 気団と前線

教科書p.267 ▶▶ ❶

□(1) 気温・湿度がほぼ一様な空気のかたまりを ¹( )といい, 冷たい空気をもつ ²( )と, あたたかい空気をもつ ³( )がある。

□(2) 性質の異なる気団は, すぐには混じり合わず ⁴( )という境の面ができる。前線面が地表と交わるところを ⁵( )という。

□(3) 寒気団と暖気団の勢力がほぼ同じとき, 前線はほとんど動かずに停滞する。これを ⁶( )という。

□(4) 前線上では低気圧が発生しやすく, 発生した低気圧の中心から進行方向の前方に ⁷( )が, 後方に ⁸( )ができる。

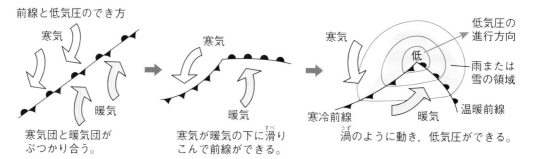

前線と低気圧のでき方

寒気　暖気

寒気団と暖気団が
ぶつかり合う。

寒気　暖気

寒気が暖気の下に滑り
こんで前線ができる。

寒気

低

低気圧の
進行方向

雨または
雪の領域

寒冷前線　暖気　温暖前線

渦のように動き, 低気圧ができる。

2 前線と天気の変化

教科書p.268〜269 ▶▶ ❷

□(1) 図の①, ②

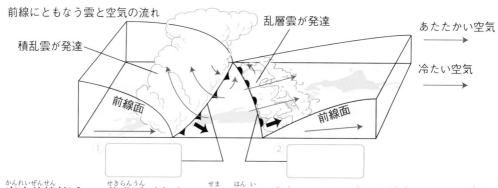

前線にともなう雲と空気の流れ

乱層雲が発達

あたたかい空気

積乱雲が発達

冷たい空気

前線面

前線面

①[　　　]　②[　　　]

□(2) 寒冷前線付近では積乱雲が発達し, 狭い範囲に ³( )雨が ⁴( )時間降る。前線の通過後の風向は西または ⁵( )寄りに急変し, 気温は ⁶( )。

□(3) 温暖前線付近では, 乱層雲が発達し, 雨が ⁷( )範囲に長く降り続く。前線の通過後は暖気に入り, 気温は ⁸( )。

要点　●前線が通過すると, 天気や気温, 風向が変わる。

3章　天気の変化(3)

時間 15分　解答 p.28

1

ⓐあたたかい空気をもつ気団(きだん)とⓑ冷たい空気をもつ気団が，ほぼ同じ勢力でぶつかると，ほとんど動かない前線(ぜんせん)Aができる。 ▶▶1

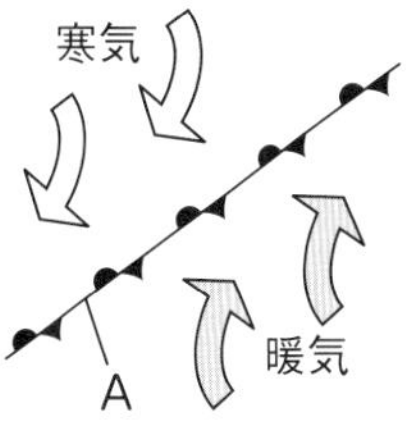

□(1) 下線ⓐ，ⓑの気団をそれぞれ何というか。

ⓐ(　　　　)　ⓑ(　　　　)

□(2) 前線Aは何という前線か。 (　　　　)

□(3) 前線A上で発生した大気の渦(うず)が低気圧(ていきあつ)となり，その東西に前線Bと前線Cができる。

① 低気圧の西側にできる前線B，東側にできる前線Cをそれぞれ何というか。

前線B(　　　　)　前線C(　　　　)

② 前線Bと前線Cはどのような記号で表されるか。㋐～㋒からそれぞれ選びなさい。

前線B(　　　　)　前線C(　　　　)

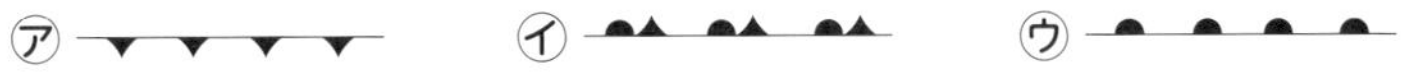

2

図は，日本付近の天気図の一部を示したものである。A－B，A－Cは，それぞれ前線を示している。 ▶▶2

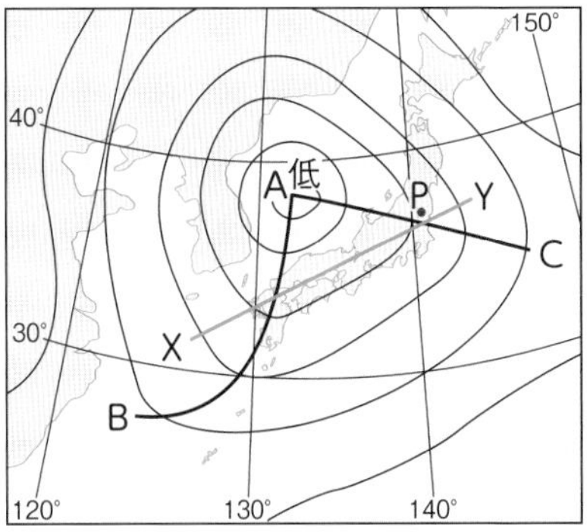

□(1) 図中のX，Yにそって大気を垂直に切った場合，前線付近のようすはどうなっているか。次の㋐～㋓から選び，記号で答えなさい。 (　　　　)

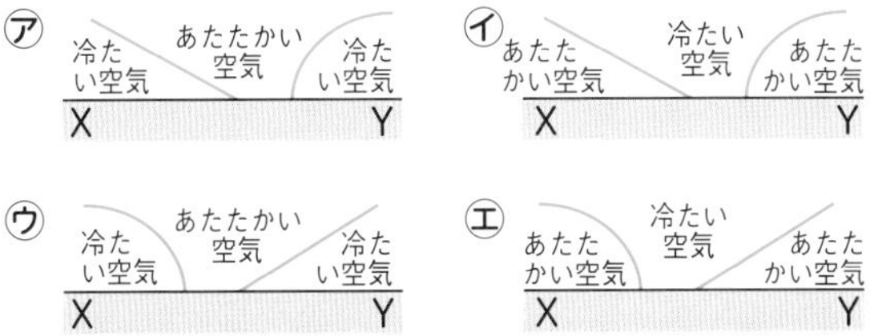

□(2) 前線A－Bは何という前線か。 (　　　　)

□(3) 前線A－Bと前線A－C付近では，何という雲ができやすいか。㋐～㋒からそれぞれ選びなさい。

前線A－B(　　　　)　前線A－C(　　　　)

㋐ 乱層雲(らんそううん)　㋑ 積乱雲(せきらんうん)　㋒ 巻雲(けんうん)

□(4) P地点の天気は，前線A－Cの通過後，どうなるか。㋐～㋒から選びなさい。 (　　　　)

㋐ 強い雨が短い時間降り，気温が下がる。

㋑ 降っていた雨がやみ，気温が上がる。

㋒ 穏(おだ)やかな雨が長い時間降り続く。

[ヒント] 1 (2)ほとんど動かず停滞(ていたい)している前線である。

[ミスに注意] 2 (3)前線A－B付近で発達する雲は，上にのびる雲である。

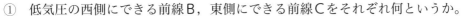

(）と□にあてはまる語句や数を答えよう。

❶ 前線の通過

教科書p.270〜271 ▶▶❶❷

☐(1) 日本付近の低気圧は ¹（　　　　　）から ²（　　　　　）へ移動するものが多い。そのため，低気圧が近づくと ³（　　　　　）から天気が崩れ，前線の通過に合わせて天気が変化する。

☐(2) 地上では，⁴（　　　　　）前線は ⁵（　　　　　）前線よりも速く移動するため，やがて追いついて ⁶（　　　　　）ができる。⑥ができると，地上は全て ⁷（　　　　　）に覆われ，低気圧は消えてしまうことが多い。

☐(3) 図の ⁸　　

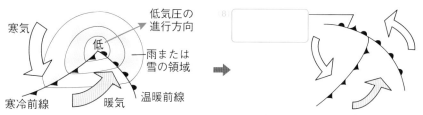

☐(4) 前線通過時には，気温，風向，気圧などの ⁹（　　　　　）に，それぞれほぼ同時刻にはっきりした変化が見られることが多い。

☐(5) 風向きが南寄りから北寄りに変わり，気温が急に下がると ¹⁰（　　　　　）が通過したと考えられる。また，高気圧が近づいてくると，¹¹（　　　　　）が上昇し始める。

❷ 日本付近の大気の動き

教科書p.272〜273 ▶▶❸

☐(1) 日本の上空には西風がふいていて，これを ¹（　　　　　）という。

☐(2) 日本付近の移動性高気圧や温帯低気圧は，主に偏西風の影響を受け，²（　　　　）から ³（　　　　）へ1日に数百〜1000 km移動する。

☐(3) 図の ⁴

☐(4) 地球上では，低緯度，中緯度，高緯度などの場所（緯度帯）ごとに，特徴的な ⁵（　　　　）がふいている。

☐(5) 地球の半径が約6400 kmあるのに対して，大気は地上数百kmほどの厚さで，このうち雲ができるなどの主な気象現象が起こるのは ⁶（　　　　）km程度できわめてうすい。

北半球をとりまく大気の流れ

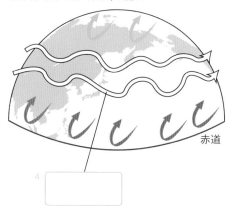

赤道

要点	●寒冷前線が温暖前線に追いつくと閉塞前線ができる。 ●日本の上空には偏西風という西風がふいている。

3章　天気の変化(4)

❶ 図は，日本付近で発生した低気圧を表している。 ▶▶ 1

寒冷前線　　　　温暖前線

□(1) 日本付近の低気圧は，どの方角からどの方角に移動するものが多いか。　（　　　　　　　　）

□(2) 寒冷前線と温暖前線のうち，速く移動するのはどちらか。　（　　　　　　　）

□(3) (2)の前線が，もう一方の前線に追いつくと，何という前線ができるか。　（　　　　　　　）

□(4) (3)を表す記号を，⑦〜⑤から選びなさい。　（　　　　　　）

 ⑦　 ⑦　 ⑦　⑤

❷ 図は，ある地点における前線が通過した日の天気の変化を調べたものである。 ▶▶ 1

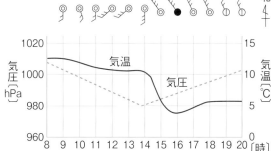

□(1) 前線が通過したのは何時ごろと考えられるか。　（　　　　　　）

□(2) 何という前線が通過したと考えられるか。⑦〜⑤から選びなさい。　（　　　　　）

　⑦　停滞前線　　　⑦　温暖前線

　⑦　寒冷前線　　　⑤　閉塞前線

❸ 日本付近の大気の動きについて，次の問いに答えなさい。 ▶▶ 2

□(1) 右の表から，日本の上空には強い西風がふいていることがわかる。この風を何というか。　（　　　　　　）

□(2) (1)の風の影響と考えられる気象現象を，⑦〜⑤から選びなさい。　（　　　　　）

　⑦　冬に日本海で大雪が降る。

　⑦　つゆの時期に雨の日が続く。

　⑦　高気圧や低気圧が西から東へ移動する。

　⑤　日本列島の南の海で台風が発生する。

□(3) 気象現象が起こる上空の高度は，およそ何kmまでか。⑦〜⑤から選びなさい。

　⑦　10 km　　⑦　100 km　　⑦　1000 km　　⑤　10000 km　（　　　　　）

上空（高さ約9km）の風

地名	風向	風速[m/s]
秋田	西南西	44
輪島（石川県）	西南西	66
潮岬（和歌山県）	西南西	53
福岡	西	53
鹿児島	西	66

ヒント　❷ (1)前線が通過すると，いろいろな気象要素に変化がある。

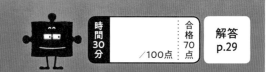

1 よく磨(みが)いた金属製のコップの中にくみ置きの水を入れ，水温をはかると25℃であった。次に，図のように，ガラス棒でかき混ぜながらコップの中に氷水を少しずつ加え，コップの表面を観察したところ，水温が15℃になったときにコップの表面がくもり始めた。 28点

[よく出る] □(1) コップの表面がくもり始めたときの温度を何というか。

□(2) (1)のとき，1 m^3 の空気は最大何 g の水蒸気を含(ふく)むことができるか。下の表を参考にして答えなさい。

気温〔℃〕	5	10	15	20	25
飽和水蒸気量(ほうわすいじょうきりょう)〔g/m^3〕	6.8	9.4	12.8	17.3	23.1

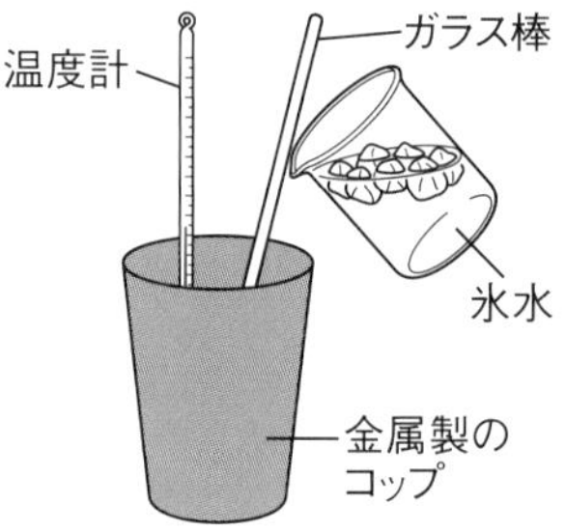
温度計
ガラス棒
氷水
金属製のコップ

□(3) [計算] この実験を行った部屋の湿度(しつど)は何％か。小数第一位を四捨五入して，整数で求めなさい。

[点UP] □(4) この実験を行った部屋の湿度を下げるには，どうすればよいか。㋐～㋓から2つ選びなさい。

㋐ 部屋の温度を上げる。　㋑ 部屋の温度を下げる。
㋒ 部屋の空気中の水蒸気量を増やす。　㋓ 部屋の空気中の水蒸気量を減らす。

2 図1のような雲のでき方を調べるために，図2のような実験装置(そうち)をつくった。次の問いに答えなさい。 44点

□(1) 図1で，空気が上昇(じょうしょう)すると，空気の温度は下がる。このとき空気の体積はどうなるか。

□(2) [記述] 図2の実験で，フラスコ内に水を入れたのはなぜか。簡潔に書きなさい。[技]

□(3) 図2の実験で，ピストンを引いたり押(お)したりしたとき，フラスコ内ではどのような変化が起こるか。㋐～㋒から選びなさい。

㋐ 引くと白くくもり，押すとくもりが消える。
㋑ 押すと白くくもり，引くとくもりが消える。
㋒ 引いても押しても白くくもる。

□(4) 図2の実験で，フラスコ内が白くくもり始めたときのようすは，図1の㋐～㋔のどこのようすと同じと考えられるか。

□(5) 図1の㋒のところの湿度は何％か。

[点UP] □(6) [記述] 雲と霧(きり)のちがいについて述べなさい。[思]

図1

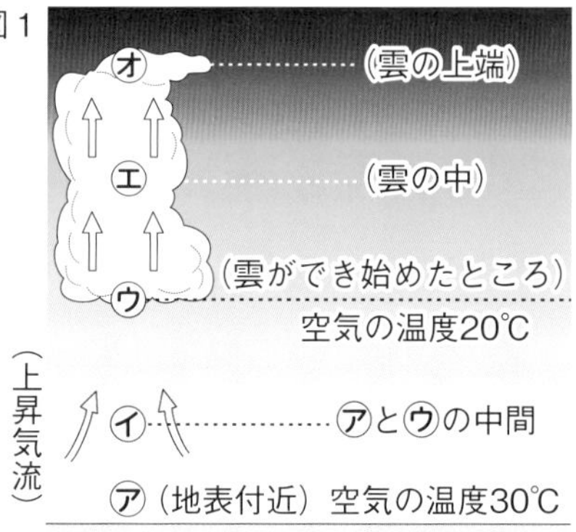
㋔ (雲の上端)
㋓ (雲の中)
㋒ (雲ができ始めたところ)
空気の温度20℃
(上昇気流)
㋑ ㋐と㋒の中間
㋐ (地表付近) 空気の温度30℃

図2

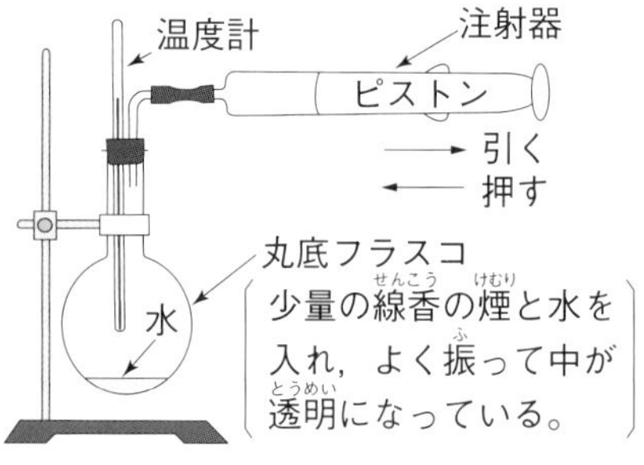
温度計
注射器
ピストン
引く
押す
丸底フラスコ
水
少量の線香(せんこう)の煙(けむり)と水を入れ，よく振(ふ)って中が透明(とうめい)になっている。

成績評価の観点　[技]…観察・実験の技能　[思]…科学的な思考・判断・表現

❸ 図は，ある日の日本付近の天気図の一部を表したものである。天気図のA－B，A－Cは，低気圧の中心からのびる前線を示している。 28点

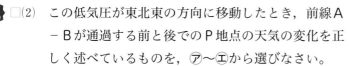

☐(1) A－B，A－Cは，それぞれ何という前線か。

☐(2) この低気圧が東北東の方向に移動したとき，前線A－Bが通過する前と後でのP地点の天気の変化を正しく述べているものを，㋐～㋔から選びなさい。

　㋐　晴れていたが，急にくもってにわか雨が降り出し，気温が下がる。

　㋑　よく晴れた状態が続き，やがて気温が下がる。

　㋒　穏やかな雨が降り続き，やがて気温が下がる。

　㋓　穏やかな雨が降っていたが，やがて晴れて気温が上がる。

☐(3) 前線A－Bについて述べたものを，㋐～㋔から選びなさい。

　㋐　前線A－Bは，前線A－Cに追いついて停滞前線をつくる。

　㋑　前線A－Bは，前線A－Cに追いついて閉塞前線をつくる。

　㋒　前線A－Bは停滞前線へと変わる。

　㋓　前線A－Bは閉塞前線へと変わる。

単元4

気象のしくみと天気の変化―教科書256〜273ページ

定期テスト
予報　文章や表を読みとって，湿度を計算で求める問題が出るでしょう。公式をしっかり覚えておきましょう。あてはめる数値も正しく読みとれるようにしておきましょう。

（　）と［　］にあてはまる語句を答えよう。

1 世界の中の日本の気象

教科書p.274〜275　▶▶ 1

☐(1) リヤドと上海は，緯度はほぼ同じでも，降水量は¹（　　　　　　　）の方が多い。

☐(2) 東京の降水量は夏に多く，新潟の降水量は²（　　　　　）に多い。

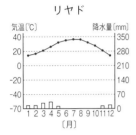
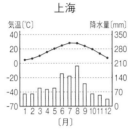
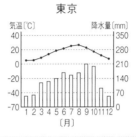
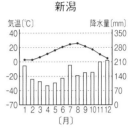

2 日本の気象を特徴づけるもの

教科書p.276〜277　▶▶ 2

☐(1) 夏は，陸の気温が海よりも大きく上昇するため，大陸に¹（　　　　　　　　）が生じて気圧が下がり，²（　　　　　　）に向かって風がふく。冬は，弱い日射と放射冷却で陸の気温が下がるため，大陸に³（　　　　　　）が生じて高気圧ができるので，⁴（　　　　　）に向かって風がふく。このような風を⁵（　　　　　　）という。

☐(2) 図の 6 〜 10

日本付近の季節風

⁶ ［　　　　　］の季節風　⁷ ［　　　　　］の季節風

日本付近の気団

☐(3) 夏は，北太平洋西部にある小笠原気団が勢力を増す。この気団は¹¹（　　　　　）高気圧または小笠原高気圧とよばれ，ここからふき出す¹²（　　　　　　）の風が日本列島にふくことが多い。冬はユーラシア大陸のシベリア地方にシベリア気団が発達する。この気団はシベリア高気圧または¹³（　　　　　）高気圧とよばれ，ここからふき出す¹⁴（　　　　　）の風が日本列島にふくことが多い。

要点
● 季節に特徴的な風を季節風という。
● 日本の気象は夏には小笠原気団，冬にはシベリア気団の影響を受ける。

4章　日本の気象(1)

時間 15分　解答 p.30

❶ 図は，緯度がほぼ同じであるサウジアラビアのリヤド，中国の上海，東京，新潟の月別の気温と降水量の平均値を表したものである。

▶▶ 1

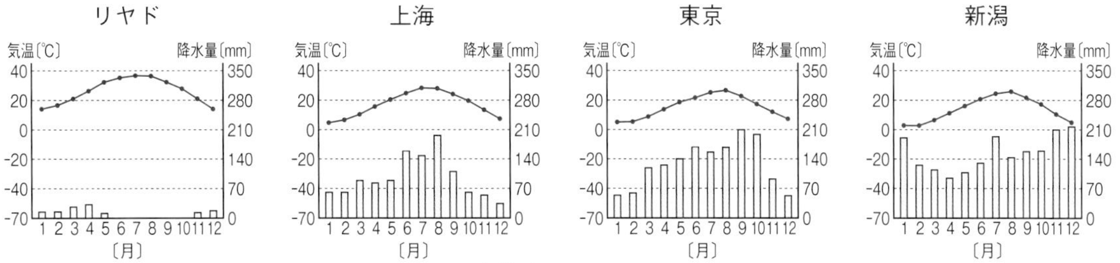

□(1) [記述] リヤドと上海における降水量の特徴を比べ，ちがいを簡潔に書きなさい。

(　　　　　　　　　　　　　　　　　　　　)

□(2) [記述] 東京と新潟における降水量の特徴のちがいを比べ，ちがいを簡潔に書きなさい。

(　　　　　　　　　　　　　　　　　　　　)

❷ 図は，日本の気象に影響を与える気団を表したものである。

▶▶ 2

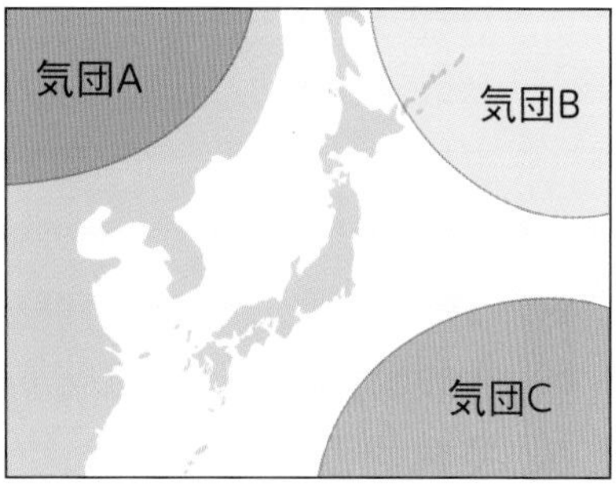

□(1) 図のA～Cの気団を，それぞれ何というか。

気団A(　　　　　)
気団B(　　　　　)
気団C(　　　　　)

□(2) 図のA～Cの気団が日本の気象に影響を与える季節を，㋐～㋔からそれぞれ全て選びなさい。

気団A(　　　　　)　気団B(　　　　　)
気団C(　　　　　)

㋐ 春　㋑ 初夏　㋒ 夏　㋓ 秋　㋔ 冬

□(3) 図のA～Cの気団の性質として最も適当なものを，㋐～㋓からそれぞれ選びなさい。

気団A(　　　)　気団B(　　　)　気団C(　　　)

㋐ 高温・湿潤　㋑ 高温・乾燥　㋒ 低温・湿潤　㋓ 低温・乾燥

□(4) 夏の季節風について述べた，次の文の①～④にあてはまる語句を，それぞれ書きなさい。

①(　　　　)　②(　　　　)　③(　　　　)　④(　　　　)

大陸の気温が海洋の気温よりも［①］し，［②］に上昇気流が発生して気圧が［③］ため，気圧の低い②に向かう風がふき，日本付近の季節風の風向は［④］になる。

□(5) 冬の大陸に下降気流が生じるのは，弱い日射と何のためか。(　　　　)

□(6) 日本付近の冬の季節風の風向を書きなさい。(　　　　)

[ヒント] ❶ (1)(2)年間を通した雨や雪(降水)の特徴を書く。

[ミスに注意] ❷ (3)北半球では北側の気団は低温である。また，海上にできる気団は湿潤である。

（　）と□□□にあてはまる語句を答えよう。

1 日本の四季

教科書 p.278〜281　▶▶①

□(1)　図の①〜⑤

日本の四季と気団

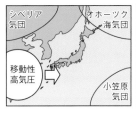   

①□□□□□の気団　②□□□□□の気団　③□□□□□の気団　④□□□□□の気団

□(2)　春は，⁶（　　　　　　）による温暖で乾いた晴天と，
⁷（　　　　　　　　　）による雨と風の強い日が4〜6日くらいの周期
で変わることが多い。

⑤□□□□□の気団

□(3)　北海道を除き，5月中旬から7月下旬にかけて⁸（　　　　　）
（梅雨）に入り，⁹（　　　　　　）とよばれる停滞前線の広い帯
状の雲が¹⁰（　　　　　　）方向に停滞して長雨となる。

□(4)　夏は，小笠原高気圧に覆われ，晴天の¹¹（　　　　　　）日が続
くことが多い。

□(5)　秋は，¹²（　　　　　）前線の影響で雨になることが多く，その後は¹³（　　　　　　）に
覆われて晴天となることが多い。

□(6)　冬は，シベリア高気圧が発達することで¹⁴（　　　　　　）の気圧配置となり，日本海側
では大量の雪が降り，太平洋側では晴天の¹⁵（　　　　　）日が続く。

□(7)　熱帯低気圧のうち，最大風速が毎秒17.2 m以上になったものを¹⁶（　　　　　）という。

2 自然の恵みと気象災害

教科書 p.283〜286　▶▶②

□(1)　台風は大雨だけではなく，強風や¹（　　　　　　）・高波，時には²（　　　　　　）などの突
風災害をもたらすこともある。冬季の大雪は交通網の遮断や，雪下ろしの際の事故などの
災害をもたらすが，同時に，春の田植えに必要になる大量の³（　　　　）をもたらす。

□(2)　日本列島には，地域ごとに四季があり，四季折々の天気の変化は，豊富な⁴（　　　　　）
による豊かな水や，多様な動植物による農林・水産資源をもたらしている。

> **要点**
> ●日本の夏は小笠原気団に覆われ，晴天の蒸し暑い日が続くことが多い。
> ●日本の冬は西高東低の気圧配置で，日本海側は大雪，太平洋側は乾いた晴天になる。

4章　日本の気象(2)

時間 15分　解答 p.30

1 図のA～Dは，異なる季節の日本付近の気圧配置である。 ▸▸ 1

A　B　C　D

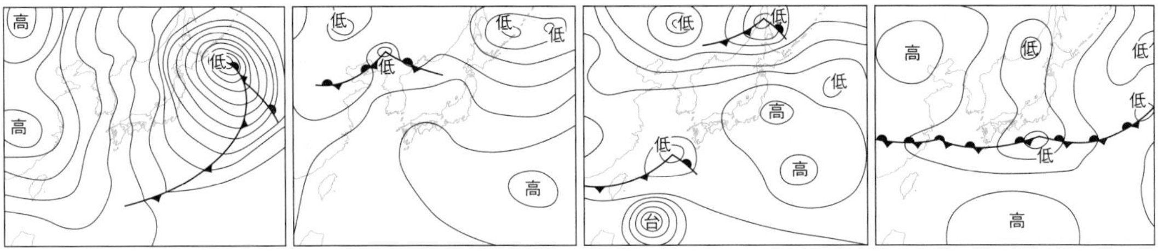

□(1) A～Dの季節として最も適当なものを，㋐～㋔からそれぞれ選びなさい。

A（　　）B（　　）C（　　）D（　　）

㋐ 春　㋑ つゆ　㋒ 夏　㋓ 秋　㋔ 冬

□(2) AとBの季節に，日本の気象に影響を与える気団を，それぞれ書きなさい。

A（　　）B（　　）

□(3) Aのような気圧配置を何というか。（　　）

□(4) [記述] Aの季節での，太平洋側と日本海側の気象の特徴を，それぞれ簡潔に書きなさい。

太平洋側（　　）

日本海側（　　）

□(5) Cの天気図に見られる「台」について説明した，次の文の①～③にあてはまる語や数を，それぞれ書きなさい。

①（　　）②（　　）③（　　）

高温・多湿の海上で発生した[①]が発達し，最大風速が毎秒[②]m以上になったもので，[③]という。

□(6) Dに見られる前線を，できる時期からとくに何前線というか。（　　）

□(7) (6)は，性質の異なる2つの気団がぶつかることでできる。この2つの気団を書きなさい。

（　　）（　　）

2 日本での気象災害について，次の問いに答えなさい。 ▸▸ 2

□(1) 台風による災害としてあてはまらないものを，㋐～㋓から選びなさい。（　　）

㋐ 雷　㋑ 高潮　㋒ 竜巻　㋓ 大雨

□(2) 大雪による災害を，㋐～㋓から選びなさい。（　　）

㋐ 地下街が浸水する。　㋑ 電子・電気機器が故障する。

㋒ 交通網が遮断される。　㋓ 突風で建物が壊れる。

[ミスに注意] 1 (2)Aはユーラシア大陸で，Bは日本の南東の海上で発達する気団が影響を与えている。

[ヒント] 1 (4)Aの季節には，大陸から日本列島に向かって季節風(きせつふう)がふく。

4章　日本の気象

時間30分　／100点　合格70点　解答 p.31

❶ **図は，ある日の日本付近の天気図である。**

20点

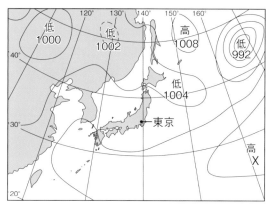

よく出る

(1) 図の天気図の時期を，春，夏，秋，冬から選びなさい。

(2) 図のXの高気圧を何高気圧というか。

(3) 図の日から3か月後の(2)の状態として最も適当なものを，㋐～㋒から選びなさい。
　㋐　勢力が衰えている。
　㋑　勢力が増している。
　㋒　範囲が西へ移動している。

(4) 図の天気図の時期にふくことが多い季節風の風向を，8方位で書きなさい。

(5) 東京で図の天気図の季節に，日差しの強い日の昼から夕方にかけて起こることがある気象現象を，㋐～㋓から選びなさい。
　㋐　上昇気流で，熱帯低気圧ができることがある。
　㋑　突風がふき，建物が壊れることがある。
　㋒　乱層雲が発達し，穏やかな雨が長時間降ることがある。
　㋓　積乱雲が発達し，雷雨になることがある。

❷ **図のA～Cは，1月，5月，10月の特徴的な天気図である。**

21点

A
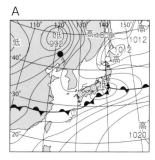

B
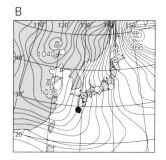

C
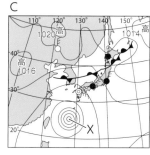

(1) A～Cを，1月，5月，10月の順に正しく並べたものを，㋐～㋓から選びなさい。思
　㋐　A→B→C　　㋑　B→A→C　　㋒　B→C→A　　㋓　C→A→B

(2) Aの天気図の時期に見られる停滞前線を何というか。

(3) (2)が生じる原因となる気団を2つ答えなさい。

(4) Bの天気図の気圧配置を何というか。

(5) Cの天気図に同心円状の等圧線で表されているXを何というか。

❸ 図は，ユーラシア大陸からの季節風が，日本列島にふくようすを模式的に表したものである。

24点

□(1) ユーラシア大陸の上空に，強い気団ができる季節を，春，夏，秋，冬から選びなさい。

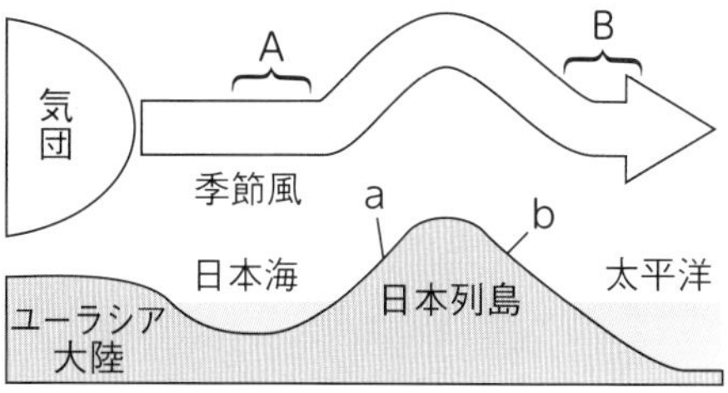

□(2) (1)の季節に，ユーラシア大陸の上空にできる気団を何というか。

□(3) (2)の気団の性質を，㋐～㋓から選びなさい。

㋐ 温暖・湿潤　　㋑ 温暖・乾燥

㋒ 寒冷・湿潤　　㋓ 寒冷・乾燥

□(4) 図のA，Bにおける風の性質を，(3)の㋐～㋓からそれぞれ選びなさい。

□(5) (1)の季節における，図のa，b地点での気象として最も適当なものを，㋐～㋕からそれぞれ選びなさい。

㋐ 湿度は低く快晴で，北東の風がふく日が続くことが多い。

㋑ 湿度は低く快晴で，北西の風がふく日が続くことが多い。

㋒ 湿度は高く快晴で，北東の風がふく日が続くことが多い。

㋓ 湿度は高く快晴で，北西の風がふく日が続くことが多い。

㋔ 大量の雪が降り，北東の風がふく日が続くことが多い。

㋕ 大量の雪が降り，北西の風がふく日が続くことが多い。

❹ 図は，日本付近を通過する台風のおおよその経路を，月ごとに表したものである。

23点

□(1) 台風の中心にある雲がない部分を，何というか。

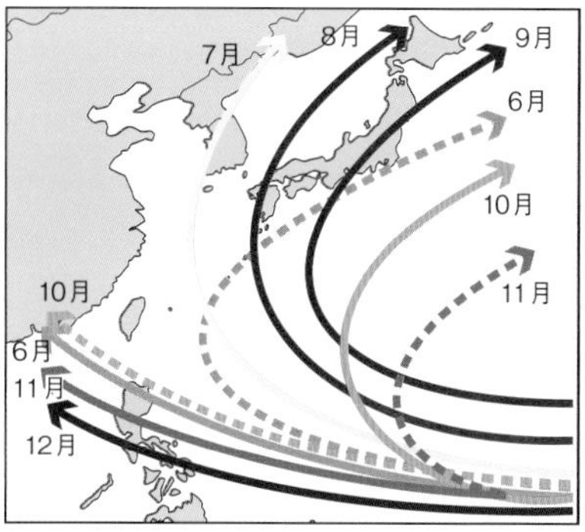

□(2) (1)の直径として最も適当なものを，㋐～㋓から選びなさい。

㋐ 2～10 m　　㋑ 20～100 m

㋒ 2～10 km　　㋓ 20～100 km

□(3) 台風が発生する場所として最も適当なものを，㋐～㋓から選びなさい。

㋐ 高温で多湿の熱帯の海上。

㋑ 高温で多湿の温帯の海上。

㋒ 高温で乾燥した熱帯の海上。

㋓ 高温で乾燥した温帯の海上。

□(4) (3)で発生した台風が発達する理由について，次の文中の①，②にあてはまる語を，それぞれ書きなさい。

海面から蒸発した水蒸気が[①]するときの[②]をエネルギー源としている。

□(5) [記述] 7月から9月の台風の経路が，西寄りから東寄りに変わっていく理由を，簡潔に書きなさい。[思]

5 自然の恵み(めぐ)と気象災害について，次の問いに答えなさい。 12点

□(1) 水を循環(じゅんかん)させたり，大気を動かしたりするのは，何のエネルギーか。

□(2) 台風などの強風による海面のふき寄せと，気圧の低下による海面の上昇(じょうしょう)によって起こる災害を，[ア]～[エ]から選びなさい。

[ア] 竜巻(たつまき)　[イ] 津波(つなみ)　[ウ] 高潮(たかしお)　[エ] 大雪

□(3) 狭(せま)い地域において短時間に激しい雨を降らせる雲を何というか。

□(4) 日本列島において，地域ごとに異なる四季が見られることに関係しないものを，[ア]～[エ]から選びなさい。

[ア] 中緯度(ちゅういど)にあること。　[イ] 海に囲まれていること。

[ウ] 台風が通過すること。　[エ] 南北に長いこと。

1	(1) 4点	(2) 4点
	(3) 4点	(4) 4点
	(5) 4点	
2	(1) 4点	(2) 4点
	(3) 5点	
	(4) 4点	(5) 4点
3	(1) 4点	(2) 4点
	(3) 4点	(4) A 3点　B 3点
	(5) a 3点	b 3点
4	(1) 4点	(2) 4点
	(3) 4点	
	(4) ① 3点	② 3点
	(5) 5点	
5	(1) 3点	(2) 3点
	(3) 3点	(4) 3点

定期テスト予報 日本の気象に影響(えいきょう)を与(あた)える気団の名称(めいしょう)と影響を与える季節，日本の四季の気象の特徴を覚えておこう。

テスト前に役立つ!

\\ 定期テスト //

予想問題

◀ チェック!

● テスト本番を意識し, 時間を計って解きましょう。

● 取り組んだあとは, 必ず答え合わせを行い,
まちがえたところを復習しましょう。

● 観点別評価を活用して, 自分の苦手なところを確認しましょう。

テスト前に解いて,
わからない問題や
まちがえた問題は,
もう一度確認して
おこう!

教科書の単元		本書のページ	教科書のページ
予想問題 1	化学変化と原子・分子1章~2章	▶ p.120 ~ 121	p.10 ~ 53
予想問題 2	化学変化と原子・分子3章~4章	▶ p.122 ~ 123	p.54 ~ 69
予想問題 3	生物の体のつくりとはたらき1章~2章	▶ p.124 ~ 125	p.84 ~ 112
予想問題 4	生物の体のつくりとはたらき3章	▶ p.126 ~ 127	p.114 ~ 147
予想問題 5	電流とその利用1章	▶ p.128 ~ 129	p.160 ~ 190
予想問題 6	電流とその利用2章~3章	▶ p.130 ~ 131	p.192 ~ 221
予想問題 7	気象のしくみと天気の変化1章~2章	▶ p.132 ~ 133	p.236 ~ 255
予想問題 8	気象のしくみと天気の変化3章~4章	▶ p.134 ~ 135	p.256 ~ 286

1章　物質の成り立ち　2章　いろいろな化学変化

時間30分　／100点　合格70点　解答p.32

[よく出る] **1 図のように，試験管Aに入れた炭酸水素ナトリウムを加熱したところ気体が発生し，石灰水が白くにごった。また，試験管の口には液体がたまっていた。** 25点

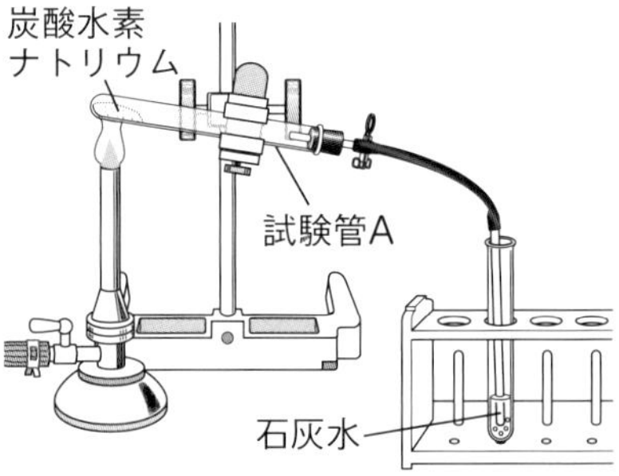

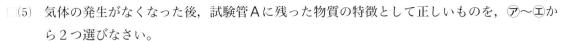

□(1) 発生した気体の化学式を書きなさい。

□(2) 試験管Aの口にたまった液体は何か。物質名を書きなさい。

□(3) [記述] (2)の物質を確かめる方法と結果を，簡潔に書きなさい。[技]

□(4) [記述] 試験管Aを加熱するとき，口を少し下向きにする理由を，簡潔に書きなさい。[技]

□(5) 気体の発生がなくなった後，試験管Aに残った物質の特徴として正しいものを，㋐～㋓から2つ選びなさい。

㋐ 水によく溶ける。

㋑ こするとぴかぴかと光り，たたくとうすく広がる。

㋒ ベーキングパウダーに含まれている。

㋓ 水溶液にフェノールフタレイン液を加えると，はっきりと変色する。

2 図のような装置に，水酸化ナトリウムを溶かした水を入れ，５Ｖの電圧を加えたところ，陽極と陰極から気体が発生した。 20点

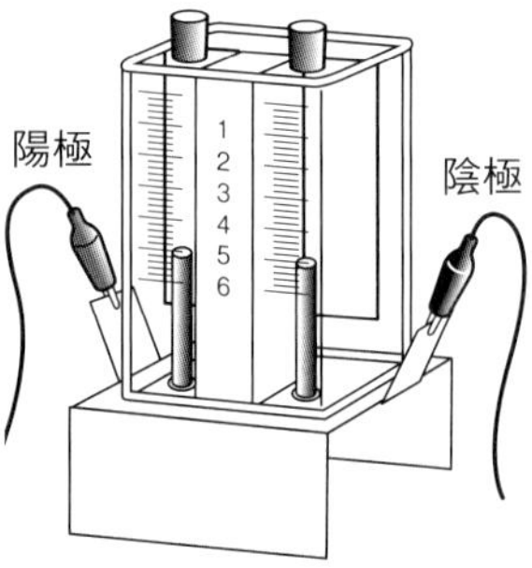

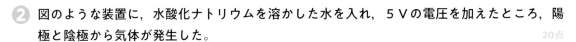

□(1) 陽極で発生した気体が２目盛りまでたまったとき，陰極で発生した気体は何目盛りまでたまっているか。

□(2) 火のついた線香を気体の中へ入れると，線香が激しく燃える気体がたまったのは，陽極，陰極のどちらか。

□(3) [記述] 純粋な水ではなく，水酸化ナトリウム水溶液を使う理由を，「純粋な水は～」に続けて，簡潔に書きなさい。[技]

[点UP] □(4) [作図] 水素原子を○，酸素原子を●として，この実験で起こった化学変化を，モデルで表しなさい。[思]

3 粉状の鉄1.4 gと硫黄0.8 gの混合物をつくり，試験管A，Bに分けた。試験管Aには何もせず，試験管Bは図のように加熱し，加熱部分が赤くなったら加熱をやめた。 20点

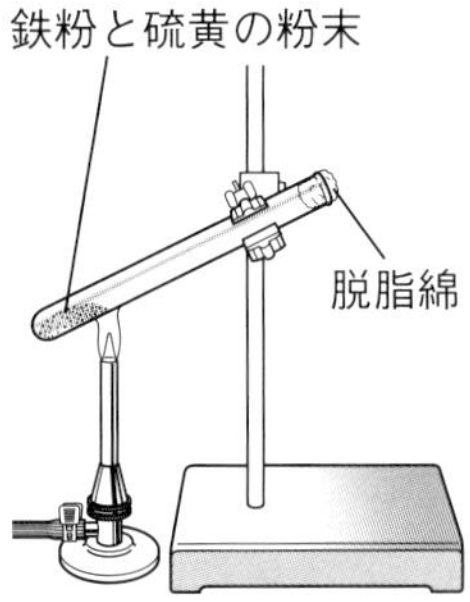

□(1) [記述] 反応が終わった後の試験管Bに磁石を近づけても引きつけられなかった。その理由を簡潔に書きなさい。[思]

□(2) 試験管Aと反応が終わった後の試験管Bにうすい塩酸を加えたときに発生する気体を，㋐～㋓からそれぞれ選びなさい。

㋐ 酸素　　㋑ 硫化水素　　㋒ 二酸化炭素　　㋓ 水素

□(3) この実験で起こった化学変化を，化学反応式で表しなさい。[思]

[成績評価の観点]　[技]…観察・実験の技能　[思]…科学的な思考・判断・表現

④ 図のように，酸化銅2.0gと粉状の炭0.2gの混合物を試験管に入れ加熱したところ，気体が発生して石灰水が白くにごった。気体の発生がなくなった後，ガラス管を石灰水からとり出し，ピンチコックでゴム管を閉じた。 35点

酸化銅と炭の混合物
ピンチコック
ゴム管
ガラス管
石灰水

□(1) 記述 加熱をやめる前にガラス管を石灰水からとり出すのは，石灰水が逆流するのを防ぐためであるが，先に加熱をやめると逆流してしまう理由を簡潔に書きなさい。思

□(2) 記述 ピンチコックでゴム管を閉じる理由を，簡潔に書きなさい。技

□(3) この実験で酸化銅と炭素に起こった化学変化を，それぞれ何というか。

□(4) 記述 気体の発生がなくなったとき，試験管に残った物質は何か。物質名を書きなさい。また，この物質を確かめる方法と結果を，簡潔に書きなさい。思

□(5) この実験で起こった化学変化を，化学反応式で表しなさい。思

❶	(1)	4点	(2)	4点
	(3)			6点
	(4)			6点
	(5)	5点		
❷	(1)	4点	(2)	4点
	(3) 純粋な水は			6点
	(4)			6点
❸	(1)			6点
	(2) 試験管A	4点	試験管B	4点
	(3)			6点
❹	(1)			6点
	(2)			6点
	(3) 酸化銅	4点	炭素	4点
	(4) 物質	4点	方法と結果	5点
	(5)			6点

❶ /25点　❷ /20点　❸ /20点　❹ /35点

定期テスト
予想問題
2

3章　化学変化と熱の出入り
4章　化学変化と物質の質量

時間30分　／100点　合格70点

解答
p.32

❶ 図のように，インスタントかいろの成分を混ぜ，食塩水を加えてさらに混ぜると，温度が上昇して湯気が出た。 36点

食塩水
活性炭
鉄粉

□(1) 次の文は，インスタントかいろがあたたかくなるしくみを説明したものである。文中の①〜③にあてはまる語をそれぞれ書きなさい。
インスタントかいろの　①　と空気中の　②　が結びつくときに熱が発生することを利用している。このように，物質が酸素と結びつく化学変化を　③　という。

□(2) この実験のように，熱を発生する化学変化を何というか。

□(3) 一般に化学変化が進むと熱が出入りする。この熱を何というか。

よく出る □(4) インスタントかいろと同じように，熱を発生する反応が起こるものを，㋐〜㋓から全て選びなさい。

　㋐　塩化アンモニウム，水酸化バリウムの順に入れた試験管に水を加える。

　㋑　酸化カルシウムに水を加える。

　㋒　炭酸水素ナトリウム水溶液にレモン汁を加える。

　㋓　鉄粉と硫黄の混合物を加熱する。

❷ 図のような装置をつくり，密閉したまま炭酸水素ナトリウムとうすい塩酸を反応させ，反応の前後での装置全体の質量を比べた。 28点

□(1) この実験で起こった化学変化を，化学反応式で表すとどうなるか。
㋐〜㋓から選びなさい。

　㋐　$NaHCO_3 + HCl \longrightarrow CaCl + CO_2 + H_2O$

　㋑　$NaHCO_3 + HCl \longrightarrow CaCl + CO_2 + 2H_2O$

　㋒　$NaHCO_3 + HCl \longrightarrow NaCl + CO_2 + H_2O$

　㋓　$NaHCO_3 + HCl \longrightarrow NaCl + CO_2 + 2H_2O$

うすい
塩酸
炭酸水素ナトリウム

□(2) 反応後の装置全体の質量は，反応前と比べてどうなったか。㋐〜㋒から選びなさい。

　㋐　増えた。　　　㋑　減った。　　　㋒　変わらなかった。

□(3) (2)のようになることを，何の法則というか。

点UP □(4) 記述 この実験を，ふたを開けたまま行うと，どのような結果になると考えられるか。そのようになる理由も含めて，簡潔に書きなさい。思

❸ 図は，銅の粉末をじゅうぶんに酸化させたときの，銅の質量とできた酸化物の質量の関係を表したものである。

36点

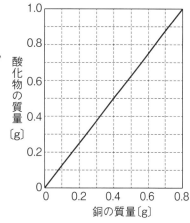

□(1) この実験で起こった化学変化を，化学反応式で表しなさい。

□(2) 作図 図に，銅の質量と結びついた酸素の質量との関係を，縦軸を結びついた酸素の質量として表しなさい。

□(3) 銅の質量と結びついた酸素の質量の比を，最も簡単な整数の比で答えなさい。

□(4) 計算 2.4 gの銅と結びつく酸素の質量は最大で何gか。

□(5) 計算 酸化銅を35.0 g得るには，少なくとも何gの銅を加熱すればよいか。

定期テスト予想問題

化学変化と原子・分子 ─ 教科書54〜69ページ

❶	(1)	① 6点	② 6点
		③ 6点	
	(2) 6点		(3) 6点
	(4) 6点		
❷	(1) 6点		(2) 6点
	(3) 6点		
	(4) 10点		
❸	(1) 9点		
	(2) 図に記入 9点		(3) 6点
	(4) 6点		(5) 6点

❶ /36点　❷ /28点　❸ /36点

123

① 図1，2は，植物と動物のいずれかの細胞のつくりを模式的に表したものである。　30点

□(1) 動物の細胞は，図1，図2のどちらか。

□(2) 図1のXにあたるつくりを，図2のA〜Eから選びなさい。

□(3) 図2のC，Dをそれぞれ何というか。

よく出る □(4) 細胞のつくりを顕微鏡で観察するとき，染色しないと見えないものがある。

① 図2のA〜Eから選びなさい。

② ①は何というつくりか。

③ 染色に用いる液の名称を1つ答えなさい。 技

□(5) 記述 多細胞生物ではいくつかの細胞が集まって組織が形成されている。組織はどのような細胞が集まっているか。簡潔に書きなさい。 思

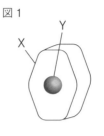

図1

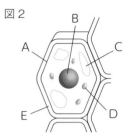

図2

よく出る ② BTB液を加えた水に息をふきこんで，青色から黄色にしたものを試験管A〜Cに入れた。図のように，A，Bにはオオカナダモを入れ，Bはアルミニウムはくで覆った。全ての試験管にゴム栓をして，30分間光を当てた。　22点

□(1) 調べたい条件以外の条件を同じにして行う実験を何というか。

□(2) 液の色が変わった試験管は，A〜Cのどれか。

□(3) (2)の色が変わったのは，オオカナダモの何というはたらきによるものか。

□(4) (3)で，オオカナダモが生きていくためにつくる物質は何か。

□(5) 記述 試験管Cがあることによって確かめられるのはどのようなことか。簡潔に書きなさい。 思

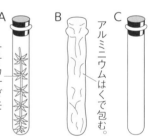

③ 図のように，Aは葉の両側，Bは裏側，Cは表側にワセリンを塗り，Dはワセリンを塗らずに水を入れた細いチューブにつなぎ，水の減り方を調べた。表は減った水の量をまとめたものである。　22点

□(1) 水が植物の葉から水蒸気として出ていく現象を何というか。

□(2) (1)が行われる植物のつくりを何というか。

□(3) (2)が多いのは葉の表側，裏側のどちらか。

□(4) 計算 表のDにあてはまる水の減少量は，何mmだと考えられるか。

点UP □(5) 記述 葉で(1)によって出ていった水は，どのように補われるか。簡潔に書きなさい。 思

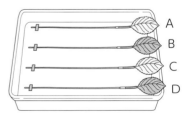

	A	B	C	D
減少量	3 mm	14 mm	46 mm	

④ **図1は植物の根，図2は植物の茎の断面を模式的に表したものである。** 26点

□(1)　図1の@を何というか。

□(2)　根がついたままの茎を，赤色に着色した水にしばらく入れたとき，赤色に染まる部分を，図1，2の⑥，ⓒ，ⓓ，ⓔから全て選び，記号で答えなさい。

□(3)　(2)で，赤く染まった部分を何というか。

□(4)　図2で，ⓓとⓔが集まった部分を何というか。

□(5)　図2のように，(4)が輪のように並ぶのは何類か。

□(6)　記述 根に(1)のようなつくりがあることは，植物が水や水に溶けた無機養分を吸収するときに，どのように役立っているか。簡潔に書きなさい。思

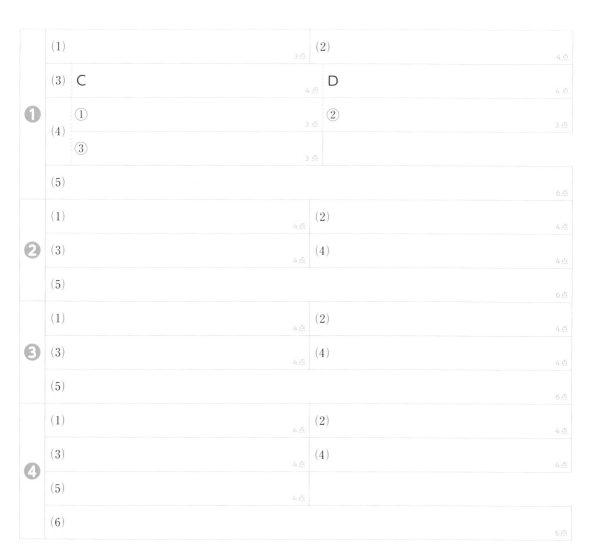

①	(1)	3点	(2)	4点
	(3) C	4点	D	4点
	(4) ①	3点	②	3点
	③	3点		
	(5)			6点
②	(1)	4点	(2)	4点
	(3)	4点	(4)	4点
	(5)			6点
③	(1)	4点	(2)	4点
	(3)	4点	(4)	4点
	(5)			6点
④	(1)	4点	(2)	4点
	(3)	4点	(4)	4点
	(5)	4点		
	(6)			6点

①	/30点	②	/22点	③	/22点	④	/26点

3章　動物の体のつくりとはたらき

時間30分　/100点　合格70点　解答 p.34

1 **図は，ヒトの消化に関係する器官と，食物に含まれる養分が消化される過程を模式的に表したものである。** 44点

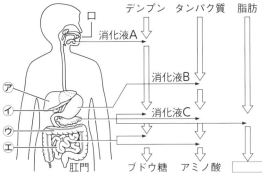

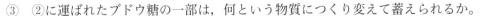

よく出る □(1) 口から肛門までは，1本のひとつながりの管になっている。この管を何というか。

□(2) デンプンは，消化液A，Cに含まれる消化酵素などのはたらきで，最終的にブドウ糖に分解される。

① 消化液Aに含まれ，デンプンにはたらく消化酵素を何というか。

② ブドウ糖が血液中に吸収された後に運ばれる器官を，図の㋐～㋓から選びなさい。

③ ②に運ばれたブドウ糖の一部は，何という物質につくり変えて蓄えられるか。

④ ブドウ糖を使って細胞の呼吸を行うと，エネルギー，二酸化炭素と何ができるか。

□(3) タンパク質は，消化液B，Cに含まれる消化液などのはたらきでアミノ酸に分解される。

① 消化液B，Cに含まれ，タンパク質を消化する消化酵素を，それぞれ何というか。

② 消化液Cをつくる器官を何というか。

③ 細胞の活動でタンパク質が分解するとできる体に有害な物質を，無害な物質につくり変える器官を㋐～㋓から選びなさい。

□(4) 脂肪は，消化液Cに含まれる消化酵素などのはたらきで分解される。

① 消化液Cに含まれ，脂肪を消化する消化酵素を何というか。

② 脂肪が①によって分解されてできる物質は，脂肪酸ともう1つは何か。

2 **図は，ヒトの肺のつくりとその一部を拡大したようすを模式的に表したものである。** 20点

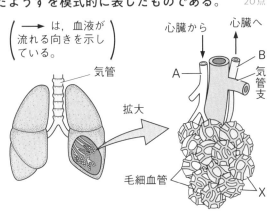

□(1) Xはうすい膜でできた袋である。肺の中にたくさんあるXを何というか。

点UP □(2) 鮮やかな赤色をした血液が流れるのは，図の血管A，血管Bのどちらか。

□(3) 血液が赤く見えるのは，血液の成分の1つである赤血球に，何という物質が含まれているためか。

□(4) 肺では，血液中から二酸化炭素が放出される。

① 二酸化炭素を運ぶ血液の成分は何か。

② ①が毛細血管からしみ出し，細胞をひたしている液を何というか。

3 **図は，ヒトの体の中の神経どうしのつながりを模式的に表したものである。次の文について，あとの問いに答えなさい。** 36点

> 台所でお湯をわかしていた。しばらくすると，①やかんのふたがカタカタと鳴ってきたので，急いで台所へ行き，やかんのふたをとろうとしたら，②熱い水蒸気に手がふれ，思わず手を引っこめた。

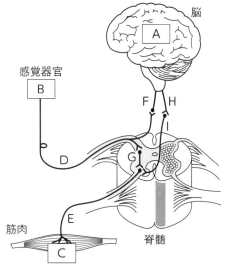

□(1) 図のＤとＥの神経をそれぞれ何というか。

□(2) 下線部①，②の反応で，刺激を受けとった感覚器官をそれぞれ答えなさい。

□(3) 下線部②で，刺激を受けてから反応が起こるまでの信号が伝わる経路を，図中のＡ～Ｉを使って「Ａ→Ｂ→…」のように表しなさい。ただし，記号は全て使わなくてもよい。

□(4) 下線部②のような反応はどのようなことに役立っていると考えられるか。次の㋐～㋓から全て選びなさい。

㋐ 危険から体を守る。　㋑ 複雑な動作を練習して上達する。

㋒ 体のはたらきを調節する。　㋓ 難しい計算をする。

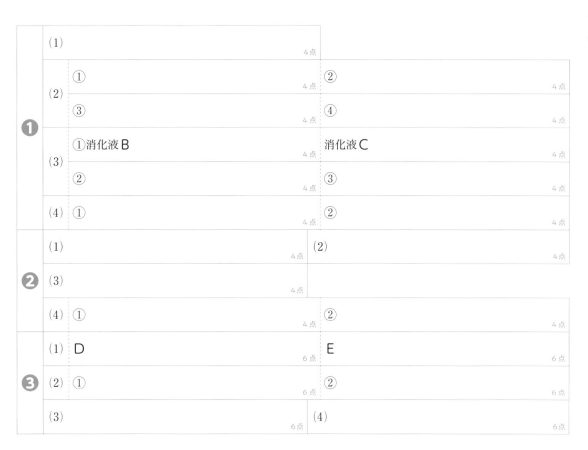

1	(1)		4点	
	(2)	① 4点	② 4点	
		③ 4点	④ 4点	
	(3)	①消化液Ｂ 4点	消化液Ｃ 4点	
		② 4点	③ 4点	
	(4)	① 4点	② 4点	
2	(1)	4点	(2) 4点	
	(3)	4点		
	(4)	① 4点	② 4点	
3	(1)	Ｄ 6点	Ｅ 6点	
	(2)	① 6点	② 6点	
	(3)	6点	(4) 6点	

1 /44点　2 /20点　3 /36点

❶ 豆電球に流れる電流と豆電球に加わる電圧をはかるために，図のような装置を用意した。次の問いに答えなさい。

32点

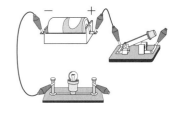

□(1) 作図 電流計と電圧計を正しくつないだ状態の回路図を，電気用図記号を使ってかきなさい。

□(2) 記述 (1)の回路で，豆電球に流れこむ電流の大きさと豆電球から流れ出る電流の大きさの関係はどうなっているか。簡潔に書きなさい。

□(3) 計算 (1)の回路で，電流計の－端子は5A，電圧計の－端子は15Vにつないでスイッチを入れると，電流計と電圧計の針が下のようになった。

　① 電流の大きさは何Aか。

　② ①の電流の大きさは何mAか。

　③ 電圧の大きさは何Vか。

電流計

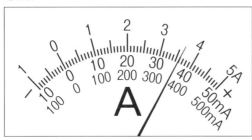

電圧計

❷ 計算 a～dの抵抗を用いて，図1，2のような回路をつくり，それぞれ4.5Vの電源につないだ。あとの問いに答えなさい。

40点

図1

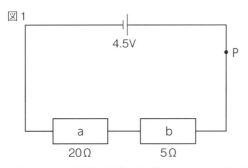

図2

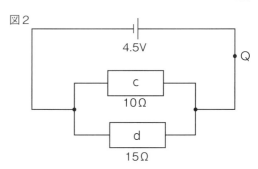

□(1) 図1，2の回路全体の抵抗は，それぞれ何Ωか。

□(2) 点P，Qを流れる電流の大きさは，それぞれ何Aか。

□(3) a～dの抵抗に加わる電圧の大きさは，それぞれ何Vか。

[3] 図のような装置を使って，抵抗が5Ωの電熱線に電流を5分間流して100 gの水をあたためる実験を行った。このとき，電圧計は6.0 Vを示し，水の上昇温度は5℃であった。 28点

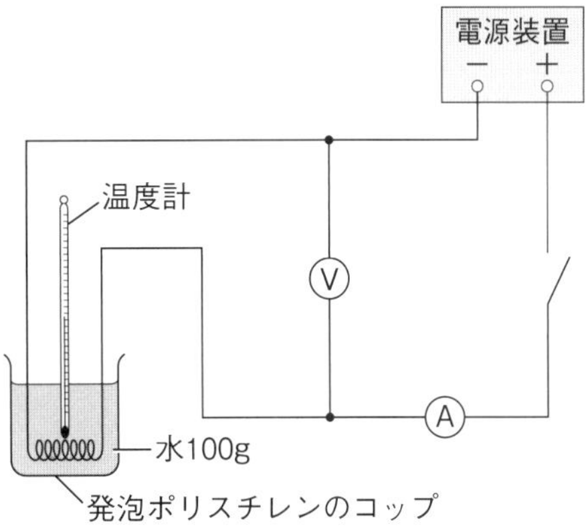

□(1) [計算] 電熱線に流れた電流は何Aか。

□(2) [計算] 電熱線の電力は何Wか。

□(3) [計算] 5分間で電熱線から発生した熱量は何Jか。

□(4) [記述] 5分間で水が得た熱量は，電熱線から発生した熱量と比べてどうなっているか。

□(5) 発泡ポリスチレンのコップを金属のコップにかえて同じ実験を5分間行うと，水の温度はどうなると考えられるか。㋐～㋒から選びなさい。

㋐ 5℃より高くなる。 ㋑ 5℃になる。

㋒ 5℃より低くなる。

[1]	(1)	9点		
	(2)	8点		
	(3)	① 5点	② 5点	③ 5点
[2]	(1)	図1 5点	図2 5点	
	(2)	P 5点	Q 5点	
	(3)	a 5点	b 5点	
		c 5点	d 5点	
[3]	(1) 5点	(2) 5点	(3) 5点	
	(4)	8点		
	(5)	5点		

[1] /32点 [2] /40点 [3] /28点

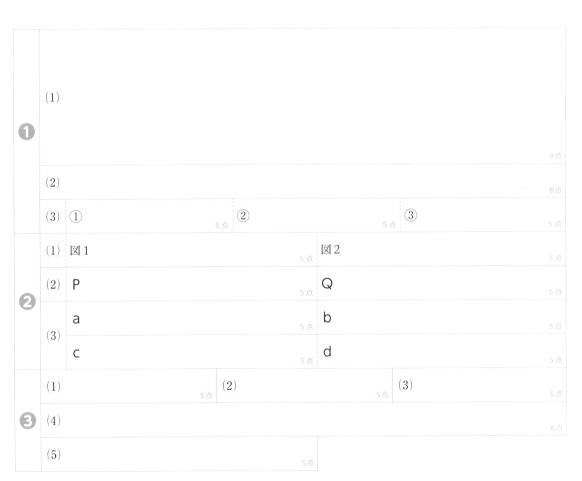

2章　電流と磁界
3章　電流の正体

時間30分　／100点　合格70点　解答 p.36

❶ 図1～3のように，導線やコイルに電流を流した。

24点

図1
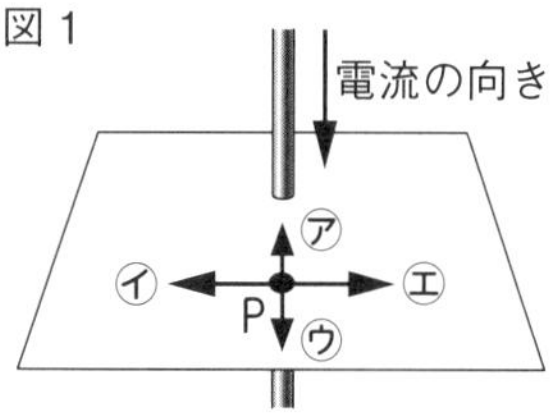

図2
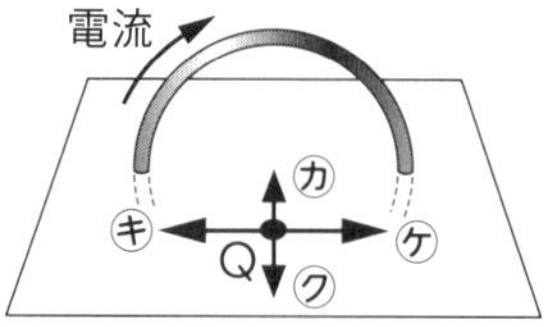

図3
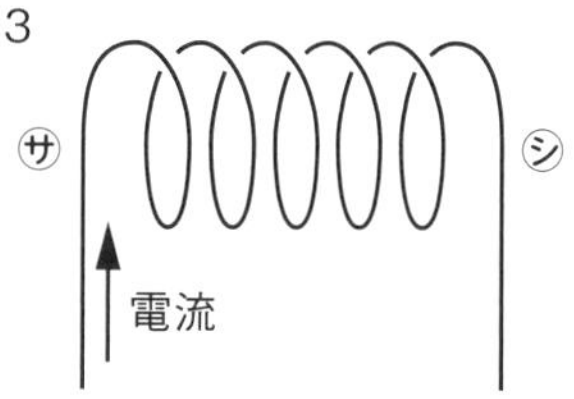

よく出る □(1)　図1のように，水平な板に通した導線に下向きに電流を流したとき，板上の点Pの磁界の向きはどうなるか。㋐～㋓から選びなさい。

□(2)　図1で，導線に流れる電流の向きを上向きにしたとき，板上の点Pの磁界の向きはどうなるか。㋐～㋓から選びなさい。

□(3)　図2のように，水平な板に半円状に通した導線に矢印の向きに電流を流したとき，板上の点Qの磁界の向きはどうなるか。㋕～㋘から選びなさい。

□(4)　図3のように，コイルに矢印の向きの電流を流したとき，N極になるのは㋚，㋛のどちらか。

❷ 図のように，コイルを検流計につないで，棒磁石のN極をコイルの端に近づけると，検流計の針が＋側(右)に振れた。

24点

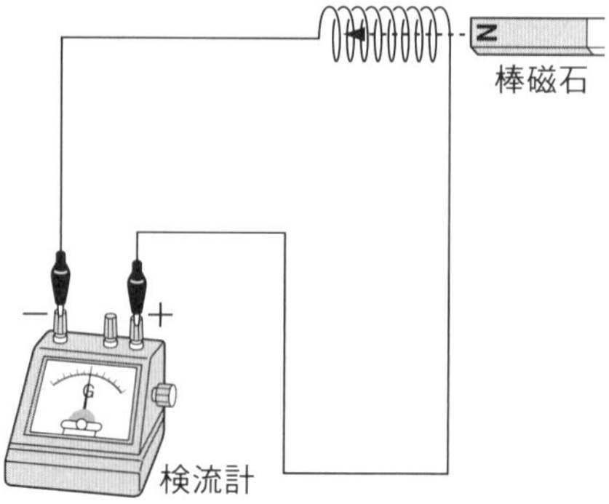

□(1)　この実験でコイルに流れた電流を何というか。

□(2)　(1)の電流が流れる現象を何というか。

□(3)　図と同じ装置を用いて次の操作をしたとき，検流計の針が－側(左)に振れるものを，㋐～㋓から全て選びなさい。

㋐　N極を図の位置に固定し，コイルを棒磁石の方(右)へ動かしていく。

㋑　N極を，図の矢印とは逆の向き(右)に動かしていく。

㋒　棒磁石の向きを逆にして，S極を図の矢印の向き(左)に動かしていく。

㋓　棒磁石の向きを逆にして，S極を図の矢印とは逆の向き(右)に動かしていく。

点UP □(4)　検流計の針の振れが大きくなるものを，㋐～㋖から3つ選びなさい。

㋐　コイルの巻数を多くする。　㋑　コイルの巻数を少なくする。

㋒　棒磁石をゆっくり動かす。　㋓　棒磁石を速く動かす。

㋔　棒磁石をコイルの中に入れて静止させる。

㋕　棒磁石を磁力が弱いものにかえる。

㋖　棒磁石を磁力が強いものにかえる。

❸ それぞれちがう布で摩擦した4個の発泡ポリスチレンの小球a〜dがある。これらの球を同じ物質でできた糸でつるして近づけたところ，図のようになった。また，このとき，小球aは＋の電気を帯びていた。　24点

□(1) 小球b，c，dは，それぞれ＋と－のどちらの電気を帯びているか。

□(2) この実験で，小球が帯びたような電気を何というか。

❹ 図1のように，クルックス管の電極に電圧を加えて電流を流すと，蛍光板に電子の流れが明るい線となって表れた。　28点

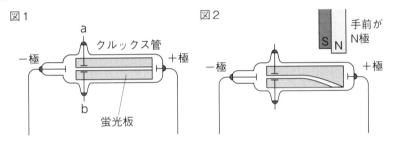

□(1) 電子は，＋極，－極のどちらから飛び出しているか。

□(2) 蛍光板に現れた明るい線を何というか。

□(3) 記述 aが－極，bが＋極になるように，図1の電極板a，bに電圧を加えると，明るい線は下に曲がった。その理由を簡潔に書きなさい。思

□(4) 図2のように，明るい線にU字型磁石を近づけると，明るい線は下に曲がった。このU字型磁石の向きを変え，S極とN極を逆にして明るい線に近づけると，どうなるか。

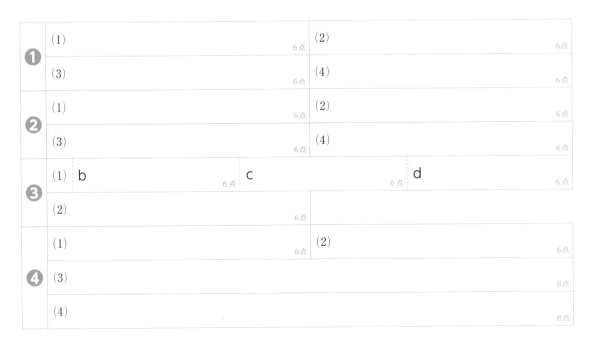

1章　気象観測
2章　気圧と風

時間30分　／100点　合格70点　解答 p.36

1 校庭で気象観測を行った。図1は，そのときのふき流しのようす，図2は雲量をスケッチしたものである。　29点

□(1) 下線部について，最も観測に適した場所について説明した，次の文の①～③にあてはまるものを，それぞれの語群から1つずつ選びなさい。[技]

風が［①］日陰に［②］，［③］の上。

① 〔㋐ よく通り　㋑ 通らず〕
② 〔㋒ なる　㋓ ならない〕
③ 〔㋔ 芝生　㋕ コンクリート〕

図1

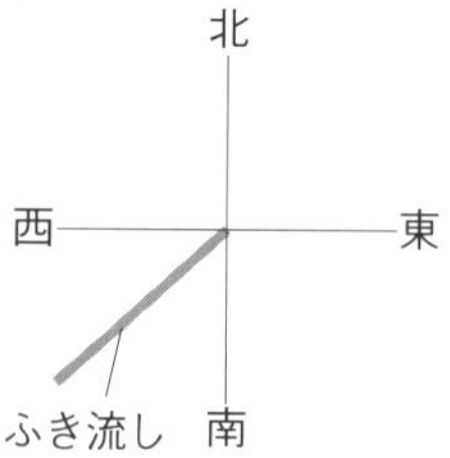

図2

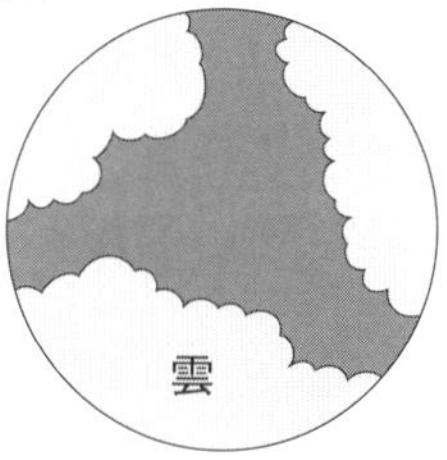

□(2) 観測時の風向を，16方位で書きなさい。

□(3) この日，雨は降っていなかった。この日の天気は何か。

よく出る □(4) [作図] この日の風は，風力3であった。図1，2から読みとれる気象要素とあわせて，解答欄に天気図記号を使って気象観測の結果をかきなさい。[技]

□(5) 気温をはかるとき，温度計は地上からおよそ何mに置くか。[技]

2 図のように，スポンジの上に板を置き，質量が1000 gのびんをのせた。板を表のような面積のものに変え，スポンジのへこみ方を調べた。なお，板の質量は考えないものとし，100 gの物体にはたらく重力の大きさを1 Nとする。　41点

□(1) 質量が1000 gのびんにはたらく重力の大きさは何Nか。

□(2) [計算] 表のXにあてはまる数は，いくつか。

□(3) [計算] 板の面積が50 cm²のとき，板がスポンジに加える圧力は何Paか。

□(4) 表から，スポンジのへこみ方と板の面積との間には，どのような関係があることがわかるか。

点UP □(5) [計算] 40 cm²の板を使ったときのへこみ方は，何cmになると考えられるか。

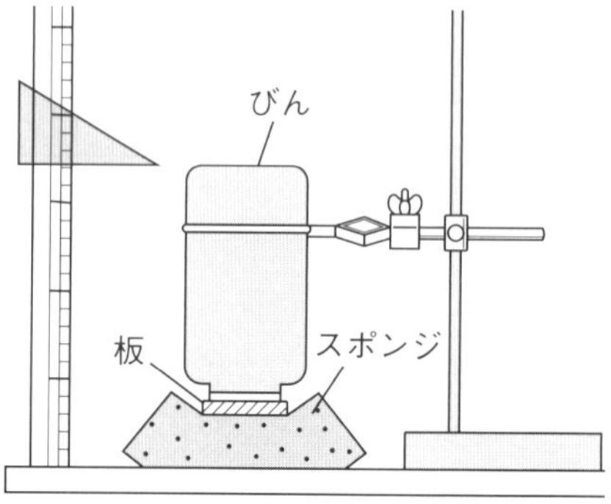

板の面積〔cm²〕	10	20	30	50
スポンジのへこみ〔cm〕	3.0	X	1.0	0.6

□(6) 面積が50 cm²の板を使い，びんを図とは上下反対にして，びんの底が板と接するように置きかえた。このときの板がスポンジに加える圧力の大きさは，(3)と比べてどうなるか。㋐～㋒から選びなさい。

㋐ 大きくなる。　㋑ 小さくなる。　㋒ 変わらない。

□(7) (6)のとき，スポンジのへこみ方はどうなるか。㋐～㋒から選びなさい。

㋐ 0.60 cmよりも大きい。　㋑ 0.60 cmよりも小さい。　㋒ 0.60 cmになる。

　[成績評価の観点]　[技]…観察・実験の技能　[思]…科学的な思考・判断・表現

❸ 図は，ある日の気圧配置を表したものである。 30点

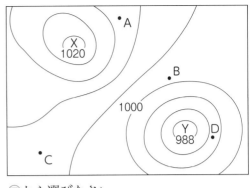

☐(1) 高気圧は，図のX，Yのどちらか。

☐(2) 高気圧について，正しく説明したものを，㋐〜㋑から選びなさい。

　㋐　中心の気圧が1000 hPa以上のところ。

　㋑　中心の気圧が1013 hPa以上のところ。

　㋒　等圧線の間隔がほかよりも広いところ。

　㋓　まわりよりも中心の気圧が高いところ。

☐(3) 低気圧の中心近くにおける，地表付近の大気の動きのようすとして最も適当なものを，㋐〜㋓から選びなさい。

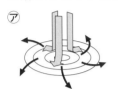 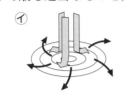 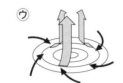 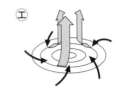

☐(4) 最も強い風がふいていると考えられる地点を，図のA〜Dから選びなさい。

☐(5) 図のA地点の風向として最も適当なものを，㋐〜㋓から選びなさい。

　㋐　東　　　　㋑　西　　　　㋒　南　　　　㋓　北

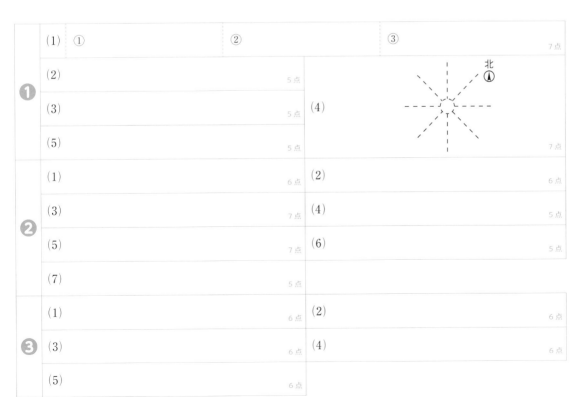

定期テスト
予想問題
8

3章　天気の変化
4章　日本の気象

時間30分 ／100点
合格70点
解答 p.37

❶ 金属製のコップの中に，くみ置きの水を入れ，図のように，氷を入れた試験管でかき混ぜながら水温を下げていった。その結果，水温が21℃になったとき，金属製のコップの表面に水滴がつき始めた。このときの室温は25℃であった。　　　　25点

□(1) この実験において，金属製のコップを使うのはなぜか。⑦〜⊆から選びなさい。[技]

　　⑦　割れにくいから。　　　　⑦　光を通さないから。

　　⑦　熱を伝えやすいから。　　⊆　電気をよく通すから。

□(2) コップの表面についた水滴は，何が変化したものか。

□(3) この部屋の空気の露点は何℃か。

□(4) [計算] このときの室内の湿度は何％か。下の表をもとに，小数第一位を四捨五入して整数で求めなさい。

気温〔℃〕	19	20	21	22	23	24	25	26
飽和水蒸気量〔g/m³〕	16.3	17.3	18.3	19.4	20.6	21.8	23.1	24.4

□(5) [計算] このとき，室温を25℃から19℃まで下げたとすると，1m³当たり何gの水滴が生じるか。

温度計
水
氷
金属製のコップ

❷ 図は，日本付近で発生する低気圧を表したものである。　　　　40点

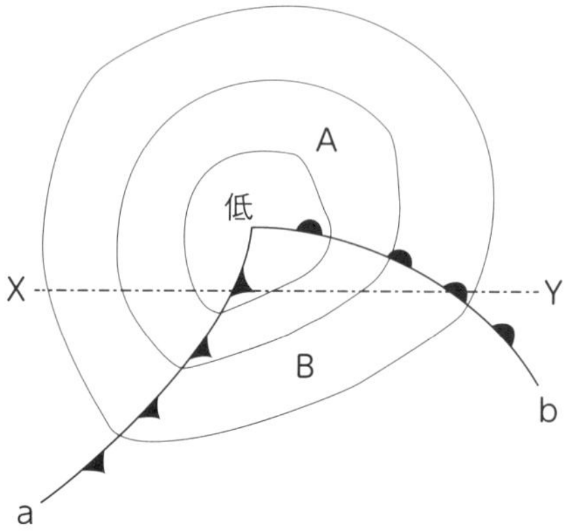

□(1) 図のa，bの前線をそれぞれ何というか。

□(2) 図のa，bの前線付近でよく見られる雲の名称をそれぞれ答えなさい。

□(3) 図のa，bの前線付近のようすを，⑦〜⊆からそれぞれ選びなさい。

　　⑦　せまい範囲に穏やかな雨が降る。

　　⑦　せまい範囲に突風をともなった強い雨が降る。

　　⑦　広い範囲に穏やかな雨が降る。

　　⊆　広い範囲に突風をともなった強い雨が降る。

A
低
X ------ Y
B
b
a

□(4) 冷たい空気を表しているのは，上の図のA，Bのどちらか。

□(5) 上の図のX−Yを結ぶ線で地面に垂直に切ったとき，南から見た断面を表しているものを⑦〜⊆から選びなさい。

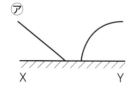
⑦
X　　　　Y

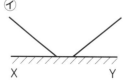
⑦
X　　　　Y

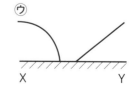
⑦
X　　　　Y

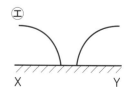
⊆
X　　　　Y

成績評価の観点　[技]…観察・実験の技能　[思]…科学的な思考・判断・表現

③ 図は，6月のある日の日本付近の天気図である。

35点

□(1) 日本の上空には，日本の天気に影響をおよぼす強い西風がふいている。この風を何というか。

□(2) (1)の風の影響と考えられるものを，㋐～㋤から選びなさい。

　㋐　晴れた日の夜は，陸から海に向かって風がふく。

　㋑　冬に西高東低の気圧配置が見られる。

　㋒　夏に南東の季節風がふく。

　㋤　低気圧や高気圧が西から東へ移動する。

□(3) 右の図に見られる前線を何というか。

□(4) (3)の前線をつくる2つの気団について，次の特徴をもつものの名前をそれぞれ答えなさい。

　①　北の海洋上で発達する，低温・湿潤な気団

　②　太平洋上で発達する，高温・湿潤な気団

□(5) 夏が近づくと，図の前線は㋐～㋒のどの向きに動くか。

□(6) 図の天気図のとき，北海道をのぞいた各地域ではどのような天気が続くか。㋐～㋤から選びなさい。

　㋐　周期的に天気が変わる。

　㋑　蒸し暑い晴天の日が続き，夕立が降る。

　㋒　長雨が降り，じめじめしている。

　㋤　乾いた晴天の日が続き，気温が低い。

❶	(1)	5点	(2)	5点
	(3)	5点	(4)	5点
	(5)	5点		
❷	(1)　a	5点	b	5点
	(2)　a	5点	b	5点
	(3)　a	5点	b	5点
	(4)	5点	(5)	5点

❸	(1)	5点	(2)	5点	(3)	5点
	(4)　①	5点	②			5点
	(5)	5点	(6)			5点

教科書ぴったりトレーニング
〈大日本図書版・中学理科2年〉
この解答集は取り外してお使いください。

p.6〜9　　　　ぴたトレ**0**

化学変化と原子・分子　の学習前に
1章　①状態変化　②電気　③熱
2章／3章　①物体　②物質　③酸素
　　　④二酸化炭素
4章　①溶質　②溶媒　③水溶液　④変化しない
　　　⑤変化しない

考え方

1章①
液体が沸騰して気体に変化する温度を沸点，固体がとけて液体に変化する温度を融点という。

1章②〜③
鉄は磁石につくが，アルミニウムや銅などは磁石につかない。磁石につく性質は，金属に共通の性質ではないことに注意する。なお，金属以外の物質を非金属という。

2章／3章④
炭素を含む物質を有機物といい，有機物以外の物質を無機物という（二酸化炭素は炭素を含むが，無機物としてあつかう）。

4章①〜③
溶質（液体に溶けている物質）と溶媒（溶質を溶かしている液体）はまちがいやすいので注意する。

4章④
溶媒の粒子も溶質の粒子も，その種類によって決まった質量をもっているので，溶質が溶媒の中に溶けて見えなくなっても，全体の質量は変化しない。

4章⑤
状態変化をしても，物質がなくなるわけではない。また，ある物質が固体・液体・気体と変化するとき，粒子の間隔は変わるが，粒子の数は変わらない。そのため，状態変化したときに体積は変化するが，質量は変化しない。

生物の体のつくりとはたらき　の学習前に
1章　①プレパラート
2章　①デンプン　②二酸化炭素　③酸素
　　　④葉　⑤蒸散
3章　①だ液　②小腸　③呼吸　④血液　⑤肺
　　　⑥筋肉

考え方

2章①
ヨウ素液（ヨウ素溶液）を使うと，デンプンが含まれているかを調べることができる。

2章②〜③
植物も呼吸をしているが，日光が当たっているときは二酸化炭素をとり入れて，酸素を出す。

3章①〜②
口から食道，胃，小腸，大腸を通って肛門に終わる食べ物の通り道を消化管という。消化管では，消化にかかわるだ液などの消化液が出される。

3章③〜⑤
肺は，体に必要な酸素をとり入れ，不要な二酸化炭素を体の外に出す。
血液は，心臓の拍動によって，全身の血管を流れていく。血管は，体のすみずみに網の目のようにはりめぐらされ，血液を全身に運んでいる。

3章⑥
ヒト以外の動物も，骨，関節，筋肉があり，体を支えたり，動いたりしている。

電流とその利用　の学習前に
1章　①変わる（逆になる）　②速くなる
　　　③変わらない
2章／3章　①鉄　②極　③コイル　④逆
　　　⑤強く　⑥強く

考
え
方

1章①

乾電池の＋極と－極にモーターなどをつないで回路をつくると，＋極からモーターを通って－極に電気が流れる。この回路に流れる電気の流れを電流という。

1章②〜③

乾電池の＋極と別の乾電池の－極がつながっていて，回路が途中で分かれていないつなぎ方を直列つなぎという。一方，乾電池の＋極どうし，－極どうしがつながっていて，回路が途中で分かれているつなぎ方を並列つなぎという。

2章①〜②

磁石は，鉄以外の金属や，紙，ガラス，プラスチック，木などの非金属は引きつけない。また，磁石にはN極とS極があり，同じ極どうしはしりぞけ合い，ちがう極どうしは引き合う。

2章③〜⑥

導線を同じ向きに何回も巻いたものをコイルという。コイルに鉄心を入れて，電流を流したものを電磁石という。

気象のしくみと天気の変化　の学習前に

1章／2章　①日光　②晴れ　③くもり
　　　　　④大きい　⑤小さい

3章　①水蒸気　②蒸発　③氷

4章　①西　②東　③西　④東　⑤南

考
え
方

1章／2章②〜③

「晴れ」と「くもり」のちがいは，空全体の雲の量で決まる。空をおおっている雲の量に関係なく，雨や雪が降っているときは「雨」や「雪」とする。

1章／2章④〜⑤

天気によって，1日の気温の変化にはちがいがある。

3章①〜③

水は，水蒸気（気体），水（液体），氷（固体）とすがたを変えて，自然の中を循環している。

4章①〜④

雲の色や形が変わることもある。黒っぽい雲の量が増えてくると雨になることが多い。

化学変化と原子・分子

p.10　ぴたトレ1

1 ①化学変化（化学反応）　②分解　③熱分解
④銀　⑤酸素　⑥水　⑦二酸化炭素
⑧炭酸ナトリウム　⑨炭酸ナトリウム
⑩フェノールフタレイン液　⑪アルカリ

2 ①水素　②酸素　③水酸化ナトリウム
④陰　⑤燃えた　⑥陽　⑦炎

考
え
方

1（3）酸化銀は，銀と酸素でできている。
（6）炭酸水素ナトリウムの水溶液は弱いアルカリ性，炭酸ナトリウムの水溶液は強いアルカリ性である。

2（3）水素に火や炎を近づけると，水素そのものが音を立てて瞬間的に燃える。
（4）酸素にはものを燃やすはたらきがあるので，火のついた線香を入れると，線香が炎を上げて激しく燃える。

p.11　ぴたトレ2

1（1）炭酸ナトリウム
（2）①水　②塩化コバルト紙
（3）二酸化炭素
（4）石灰水に通すと，石灰水が白くにごる。
（5）固体A
（6）炭酸水素ナトリウム…わずかに変色する。
　　固体A…はっきりと変色する。
（7）固体Aの水溶液は強いアルカリ性である。

2（1）水酸化ナトリウム
（2）小さな電圧で分解が進むから。
（3）陽極…酸素
　　陰極…水素
（4）4目盛り
（5）（気体が）音を立てて燃える。

考
え
方

1 炭酸水素ナトリウムを加熱すると，炭酸ナトリウムと水と二酸化炭素に分解する。
（2）液体Bが水であることは，青色の塩化コバルト紙をつけ，赤色に変化することで確かめられる。
（4）石灰水に二酸化炭素を通すと，石灰水が白くにごる。

2　理科

(5)～(7)炭酸水素ナトリウムはあまり水に溶けない。また，水溶液にフェノールフタレイン液を加えるとわずかに変色することから，弱いアルカリ性とわかる。一方，炭酸ナトリウムは水によく溶け，水溶液にフェノールフタレイン液を加えるとはっきりと変色することから，強いアルカリ性とわかる。

◆2 (1)(2)純粋な水に電流を流すには大きな電圧が必要であるが，水に少量の水酸化ナトリウムを溶かすと小さな電圧で電流が流れ，分解を進めることができる。

(3)(4)電気による水の分解では，陽極からは酸素，陰極からは水素が発生し，その体積比は，酸素：水素＝1：2になる。

(5)陰極から発生する気体は水素なので，マッチの炎を近づけると水素そのものが音を立てて燃え，水ができる。

p.12 ぴたトレ1

1 ①原子 ②元素 ③元素 ④分けられない ⑤しない ⑥種類 ⑦元素記号 ⑧H ⑨炭素 ⑩酸素 ⑪Fe ⑫周期表

2 ①分子 ②2 ③水素 ④水 ⑤二酸化炭素 ⑥分子 ⑦原子

考え方

1 (5)(6)元素記号は，アルファベットの大文字1文字か，大文字1文字＋小文字1文字で表される。

2 (1)分子には，ある性質や様相を形成している一部(団体の中にあるそれぞれのもの)という意味がある。

p.13 ぴたトレ2

◆1 (1)①○ ②× ③× ④○ ⑤○

(2)①水素 ②C ③N ④O ⑤ナトリウム ⑥Mg ⑦S ⑧塩素 ⑨Ca ⑩鉄 ⑪Cu ⑫銀

◆2 (1)物質の性質

(2)2個の窒素原子が結びついてできている。

(3)①酸素原子 ②水素原子 ③炭素原子

(4)①塩化ナトリウム ②つくらない。

考え方

◆1 (1)化学変化は原子の結びつきが変わる変化であり，原子自体は変わらない。したがって，原子がなくなるという②，1個の原子が2個に分かれるという③はまちがいである。

◆2 (1)物質の性質を表す最小の粒子が分子である。

(2)窒素，酸素，水素は，2個の原子が結びついて分子をつくる物質である。

(3)水は2個の水素原子と1個の酸素原子，二酸化炭素は1個の炭素原子と2個の酸素原子が結びついて分子をつくる物質である。

(4)塩化ナトリウムは，ナトリウム原子と塩素原子の数の割合が1：1で集まってできた物質で，分子はつくらない。

p.14 ぴたトレ1

1 ①化学式 ②記号(元素記号) ③個数 ④原子 ⑤Cu ⑥NaCl ⑦単体 ⑧化合物

2 ①化学反応式 ②酸素原子 ③H_2O ④H_2 ⑤O_2 ⑥種類 ⑦2 ⑧4 ⑨O_2

考え方

1 (5)単体にも化合物にも，分子をつくるものと分子をつくらないものがある。

2 (3)酸化銀は分子をつくらないので，実際にはAg_2Oは2個の銀原子と1個の酸素原子が結びついた部分を表している。銀も同じように分子をつくらない。

p.15 ぴたトレ2

◆1 (1)①CO_2 ②Ag ③O_2 ④NaCl ⑤N_2 ⑥H_2O

(2)②，③，⑤

(3)①，④，⑥

(4)2種類の元素でできているから。

◆2 (1)①左側(変化の前)と右側(変化の後)で，酸素原子の数が同じになっていない。

②右側(変化の後)で酸素が1分子のとき，1は省略するので書いてはいけない。

(2)①●○●　●○● ⟶ ●　●　●　● ＋ ○○

②$2Ag_2O \longrightarrow 4Ag + O_2$

❶(1)① 1個の炭素原子と2個の酸素原子で分子ができている二酸化炭素である。

② 銀の原子が集まってできている銀である。

③ 2個の酸素原子が結びついて分子ができている酸素である。

④ ナトリウム原子と塩素原子が1：1の割合で集まってできている塩化ナトリウムである。

⑤ 2個の窒素原子が結びついて分子ができている窒素である。

⑥ 2個の水素原子と1個の酸素原子が結びついて分子ができている水である。

(2)単体は1種類の元素からできている物質なので，銀原子だけの②，酸素原子だけの③，窒素原子だけの⑤があてはまる。

(3)(4)化合物は2種類以上の元素からできている物質なので，①，④，⑥があてはまる。

❷(1)左側(変化の前)は酸素原子が1個だが，右側(変化の後)は酸素原子が2個になっている。

②化学反応式で原子や分子の数が1個のときは，1は省略して書かない。

p.16〜17 ぴたトレ3

❶ (1)① 気体A ② 気体A…イ 気体C…ウ

(2)H_2O

(3)青色の塩化コバルト紙につけると赤色に変化する。

(4)$2Ag_2O \longrightarrow 4Ag + O_2$

(5)炭酸ナトリウム

(6)炭酸水素ナトリウム水溶液

❷ (1)小さい電圧で電気分解が進むから。

(2)B

(3)A…エ B…ア

(4)$2H_2O \longrightarrow 2H_2 + O_2$

❸ (1)● ＋ ○○ ⟶ ●○○

(2)◎○○ ◎○○ ⟶ ◎ ◎ ○○ ＋ ○○

❹ (1)単体は1種類の元素，化合物は2種類以上の元素でできた物質である。

(2)分子

(3)① d ② b

❶(1)① 酸化銀は加熱すると，
酸化銀⟶銀＋酸素 と分解する。
炭酸水素ナトリウムは加熱すると，
炭酸水素ナトリウム⟶炭酸ナトリウム＋水＋二酸化炭素 と分解する。
気体Aは酸素であり単体，気体Cは二酸化炭素であり化合物である。

②アは水素，イは酸素，ウは二酸化炭素，エはアンモニアが発生する。

(2)(3)液体Bは水である。青色の塩化コバルト紙をつけて赤色に変われば，水であることを確認できる。

(4)酸化銀の化学式はAg_2Oである。発生する気体の酸素はO_2なので，反応前後の原子の種類と数を同じにするため，それぞれ$2Ag_2O$，$4Ag$とする。

(5)(6)炭酸水素ナトリウムは水にあまり溶けず，水溶液は弱いアルカリ性になる。一方，炭酸ナトリウムは水によく溶け，水溶液は強いアルカリ性になる。

❷(1)純粋な水は大きな電圧を加えないと電流が流れないが，水酸化ナトリウムを溶かした水は小さい電圧で電流が流れる。

(2)電気で水を分解すると，陽極の酸素：陰極の水素＝1：2の体積比で発生する。

(3)陽極から発生する酸素は，ものが燃えるのを助ける性質があるため，線香が炎を上げて燃える。陰極から発生する水素は，火を近づけると水素そのものが音を立てて燃え，水ができる。

(4)酸素や水素は分子で存在するので，必ずO_2，H_2として化学反応式をつくる。

❸(1)化学反応式は，$C + O_2 \longrightarrow CO_2$となる。

(2)化学反応式は，
$2Ag_2O \longrightarrow 4Ag + O_2$となる。

❹(2)物質には分子をつくるものと，つくらないものがある。

(3)酸化銀(Ag_2O)は銀と酸素からできた化合物で，銀原子：酸素原子＝2：1の割合で集まっている。アンモニア(NH_3)は窒素原子1個と水素原子3個で分子ができている。

p.18 ぴたトレ1

[1] ①酸化 ②酸化物 ③燃焼 ④二酸化炭素 ⑤水 ⑥炭素 ⑦水素 ⑧O_2 ⑨H_2O

[2] ①酸化マグネシウム ②酸化鉄 ③水素 ④金属光沢 ⑤大きく ⑥酸素 ⑦2 ⑧2 ⑨さび

[考え方]
[1](3)炭素原子を含む物質を有機物という。ただし，炭素や二酸化炭素，炭酸水素ナトリウムなどは有機物に含めないことが多い。
[2](6)金属のさびを防ぐには，表面に塗料を塗るなどして，金属が酸素とふれないようにすればよい。

p.19 ぴたトレ2

[1] (1)炭が酸素と結びついている。
(2)二酸化炭素 (3)水
(4)$2H_2 + O_2 \longrightarrow 2H_2O$ (5)燃焼

[2] (1)スチールウール…酸化鉄
マグネシウムリボン…酸化マグネシウム
(2)酸化物 (3)㋐，㋒
(4)大きくなった(増えた)。
(5)$2Mg + O_2 \longrightarrow 2MgO$

[考え方]
[1](1)物質が酸素と結びつくことを酸化といい，酸化によってできた物質を酸化物という。
(2)石灰水に二酸化炭素を通すと，石灰水は白くにごる。
(3)水素と酸素の混合物に点火すると，水素が酸素と結びついて水ができる。
(4)水素の分子２個(原子４個)と酸素の分子１個(原子２個)が反応して，水の分子２個(水素の原子４個・酸素の原子２個)ができる。
(5)光や熱を出しながら起こる激しい酸化を燃焼という。
[2](1)(2)金属が燃焼して，それぞれの金属の酸化物ができる。鉄は酸化鉄，マグネシウムは酸化マグネシウムになる。
(3)酸化鉄や酸化マグネシウムは，もとの金属とは別の物質になっているので，うすい塩酸に入れても水素は発生しない。
(4)酸化物の質量は，結びついた酸素の分だけ，もとの物質の質量より大きく(重く)なる。
(5)マグネシウムと酸素が結びついて酸化マグネシウムができる。

p.20 ぴたトレ1

[1] ①還元 ②銅 ③二酸化炭素 ④酸化銅 ⑤炭素 ⑥還元 ⑦酸化

[2] ①硫化鉄 ②られる ③られない ④水素 ⑤鉄 ⑥硫化水素 ⑦S ⑧FeS ⑨硫化銅

[考え方]
[1](1)(4)物質が酸素と結びつく化学変化を酸化といい，これとは逆に，酸化物が酸素を失う化学変化を還元という。
[2](5)銅と硫黄の反応を化学反応式で表すと，
$Cu + S \longrightarrow CuS$

p.21 ぴたトレ2

[1] (1)銅 (2)二酸化炭素
(3)酸化銅…還元 炭素…酸化
(4)◎○ ◎○ ＋ ● ⟶ ◎ ◎ ＋ ○●○
(5)$2CuO + C \longrightarrow 2Cu + CO_2$

[2] (1)㋓ (2)硫化鉄 (3)㋐ (4)㋒
(5)$Fe + S \longrightarrow FeS$

[考え方]
[1](1)～(3)酸化銅と粉状の炭(炭素)の混合物を加熱すると，酸化銅から酸素が離れて，結びつく相手を炭素に変えるため，金属の銅(赤色の物質)が残る。同時に，炭素は酸素と結びつくので，二酸化炭素(石灰水を白くにごらせる気体)が生じる。
(4)(5)発生する二酸化炭素の分子１個に酸素原子が２個含まれるので，矢印の左側に酸化銅を１個追加する。
[2](1)鉄と硫黄が結びつく化学変化では熱が発生するため，加熱した部分が赤くなる。このため，ガスバーナーで加熱をするのをやめても，発生した熱で次の反応が引き起こされ，最後まで反応が進む。
(2)鉄と硫黄が結びつくと，鉄でも硫黄でもない化合物である硫化鉄ができる。
(3)試験管Ａの中の混合物には鉄があるので磁石に引きつけられるが，加熱後の試験管Ｂには鉄が残っていないので，磁石に引きつけられない。

(4)鉄とうすい塩酸が反応するとにおいのない水素が発生し，硫化鉄とうすい塩酸が反応するとにおいのある有毒な硫化水素が発生する。

(5)鉄と硫黄は，原子の数の割合が１：１で反応する。

p.22〜23　ぴたトレ3

❶ (1)物質が光や熱を出しながら酸素と激しく結びつく化学変化。

(2)塩化コバルト紙

(3)酸化物

(4)●●　●● ＋ ○○ ⟶ ●○●　●○●

(5)CH_4 ＋ $2O_2$ ⟶ CO_2 ＋ $2H_2O$

❷ (1)ガラス管を水から抜き出す。

(2)水が試験管Ａに逆流しないようにするため。

(3)試験管Ａやゴム管，ガラス管内にあった空気が混ざっているから。

(4)二酸化炭素

(5)銅

(6)酸化された物質…炭素
還元された物質…酸化銅

(7)酸化された物質…アルミニウム
還元された物質…酸化鉄

❸ (1)硫化銅

(2)Cu ＋ S ⟶ CuS

(3)反応で生じた熱で，次の反応が引き起こされるから。

(4)㋐，㋑

考え方

❶ (1)物質が酸素と結びつく化学変化が酸化であり，酸化のうち，光や熱を出しながら激しく進む化学変化を燃焼という。

(2)塩化コバルト紙は青色をしているが，水にふれると赤色に変わる。

(3)酸化によって生じる物質を酸化物という。

(4)化学変化の前と後で原子の種類と数が同じになるようにする。

(5)メタン(CH_4)が酸素(O_2)と結びつくと，二酸化炭素(CO_2)と水(H_2O)ができる。

❷ (1)(2)加熱された試験管Ａの中では，気体の体積が増加している。加熱をやめると，温度が下がり試験管の中の気体の体積が小さくなる。このとき，ガラス管の先が水に入っていると，水が試験管Ａに逆流してしまい，試験管が割れるなどの危険がある。

(3)ガラス管から最初に出てくる気体には，試験管Ａやガラス管，ゴム管に入っている空気が混ざっている。このため，気体の性質を調べる実験では使わない。

(4)(5)この実験で生じた赤色の物質は銅，石灰水を白くにごらせた気体は二酸化炭素である。

(6)酸化銅→銅なので，酸化銅は酸素が離れ還元されたといえる。炭素→二酸化炭素なので，炭素は酸素と結びつき酸化されたといえる。

(7)アルミニウムは鉄よりも酸素と結びつきやすいので，酸化鉄は還元され，アルミニウムは酸化されている。

❸ (1)(2)銅と硫黄は，原子の数の割合が１：１で反応して硫化銅となる。

(3)硫化鉄ができる化学変化では熱が発生する。このため，一部が化学変化を始めるとその熱で次の化学変化が引き起こされ，最後まで化学変化が進む。

(4)生じる硫化鉄は，鉄と硫黄の２種類の元素からできた化合物であるが，酸素は含まれていないので酸化物ではない。また，鉄とは別の物質なので磁石には引きつけられず，うすい塩酸と反応すると硫化水素というにおいのある気体が発生する。

p.24　ぴたトレ1

[1] ①有機物　②熱　③上昇する
④水酸化カルシウム　⑤熱

[2] ①酸素　②酸素　③上昇する
④発熱反応

考え方

[1] (2)(3)この化学変化は，火を使わずにあたためられる加熱式弁当などに利用されている。

[2] (2)活性炭や食塩水は，反応を進みやすくするためのもので，鉄粉と反応するわけではない。

p.25 ぴたトレ2

[1] (1)水 (2)㋒ (3)熱 (4)発熱反応

[2] (1)㋐ (2)①酸素 ②酸化鉄

(3)鉄粉がすべて反応したとき。

(4)㋑

[考え方]

[1] (1)(2)酸化カルシウムに水を加えると化学変化が起こり，水酸化カルシウムができる。

(3)温度が上がるのは，化学変化により熱が発生したためである。

(4)熱の発生をともなう化学変化を，発熱反応という。

[2] (1)(2)鉄が酸化して酸化鉄になるとき，熱が発生する。この実験では，鉄がゆっくり酸化するので，まわりの温度はしだいに上がっていく。

(3)鉄粉が全て酸化鉄に化学変化してしまうと，熱の発生がなくなり温度が上がらなくなる。

(4)㋐の温風ヒーターは電気を使った暖房器具で，化学変化を利用しているわけではない。㋒の瞬間冷却パックは吸熱反応を利用したものである。

p.26 ぴたトレ1

[1] ①アンモニア ②赤 ③下がる

④吸熱反応 ⑤熱 ⑥反応熱 ⑦アンモニア

[2] ①クエン酸 ②二酸化炭素 ③下がる

[考え方]

[1] (1)アンモニアが発生する化学変化では，まわりの熱を吸収するので，温度が下がる。

[2] クエン酸は，レモン，みかん，グレープフルーツなどに含まれる酸味の成分である。

p.27 ぴたトレ2

[1] (1)赤色 (2)㋑ (3)吸熱反応 (4)反応熱

(5)①㋔ ②㋑

[2] (1)物質名…二酸化炭素　化学式…CO_2

(2)㋒ (3)下がった。 (4)吸熱反応

[考え方]

[1] (1)フェノールフタレイン液は，アルカリ性の水溶液によって無色から赤色に変化する。アンモニアは水に溶けるとアルカリ性を示す。

(2)水酸化バリウムと塩化アンモニウムの化学変化は，周囲から熱を吸収し，温度が下がる。

(3)熱を吸収する化学変化を吸熱反応という。

(5)はじめに試験管に加えた水は，反応を起こりやすくするためのもので，化学変化に直接は関係しない。

[2] (1)(2)レモン汁にはクエン酸という物質が含まれていて，炭酸水素ナトリウムと反応して二酸化炭素CO_2が発生する。

(3)(4)この実験の化学変化は熱を吸収する吸熱反応なので，ビーカー内の液体の温度は下がる。

p.28 ぴたトレ1

[1] ①二酸化炭素 ②66.80 ③184.46

④水 ⑤CO_2 ⑥変化しない ⑦減る

⑧炭酸カルシウム ⑨NaCl

⑩変化しない ⑪質量保存の法則

[考え方]

[1] (7)質量保存の法則は，化学変化だけでなく，状態変化や溶解など，物質に起こる全ての変化について成り立つ。

p.29 ぴたトレ2

[1] (1)物質名…二酸化炭素　化学式…CO_2

(2)㋒ (3)㋑ (4)㋐

[2] (1)固体 (2)㋑ (3)質量保存の法則

[考え方]

[1] (1)炭酸水素ナトリウム＋塩酸

⟶塩化ナトリウム＋二酸化炭素＋水

という反応が起こる。

(2)密閉した容器内で反応させているので，容器の外との物質の出入りはなく，質量は変化しない。

(3)(4)ふたを開けると，化学変化で発生した二酸化炭素が容器の外に逃げていき，その分だけ質量が減少する。

[2] (1)(2)この実験では，化学変化で生じる物質が固体であり，気体のように逃げていかないので，化学変化の前後の質量は同じになる。

(3)化学変化の前後で全体の質量は変化しないことを，質量保存の法則という。

p.30 ぴたトレ 1

[1] ①酸素 ②増える ③増え ④ある
⑤比例 ⑥比例 ⑦0.50 ⑧1.00 ⑨0.30
⑩0.80 ⑪4 ⑫1 ⑬3 ⑭2

考え方

[1] (6)(7)2つの物質が反応するときには，その質量の比は，物質の組み合わせによって一定になる。

p.31 ぴたトレ 2

❶ (1)物質名…酸化銅　化学式……CuO
(2)㋑ (3)㋒ (4)㋐

❷ (1)物質名…酸化マグネシウム
化学式…MgO
(2)0.8 g (3)㋑

考え方

❶ (1)銅 ＋ 酸素 ⟶ 酸化銅 という反応が起こる。
(2)銅が空気中の酸素と結びついて酸化銅になると，結びついた酸素の分だけ質量が増える。そのため，全ての銅が酸化銅になり，残っている銅がなければ，酸化は起こらず，質量は増えない。
(3)銅と結びついた酸素の質量は，「じゅうぶんに加熱してできた酸化物の質量」と「加熱前の銅の質量(1.00 g)」との差である。
(4)(銅の質量)：(結びつく酸素の質量)
＝1.00：0.25＝4：1

❷ (1)マグネシウムMgが空気中の酸素O_2と結びつき，酸化マグネシウムMgOができる。
(2)1.2 gのマグネシウムから2.0 gの酸化マグネシウムができたので，結びついた酸素の質量は2.0 g－1.2 g＝0.8 g
(3)(マグネシウムの質量)：(結びつく酸素の質量)＝1.2：0.8＝3：2

p.32～33 ぴたトレ 3

❶ (1)A酸化鉄　B水酸化カルシウム
(2)㋐，㋓ (3)A，B
(4)空気にふれないから。(空気中の酸素にふれず，鉄が酸化しないから。)

❷ (1)4：1 (2)3.5 g (3) 0.8 g
(4)銅3.6 g　酸素0.9 g (5)㋒
(6)$2Cu + O_2 \longrightarrow 2CuO$

❸ (1)右図
(2)3：2
(3)①1.32 g
②0.18 g

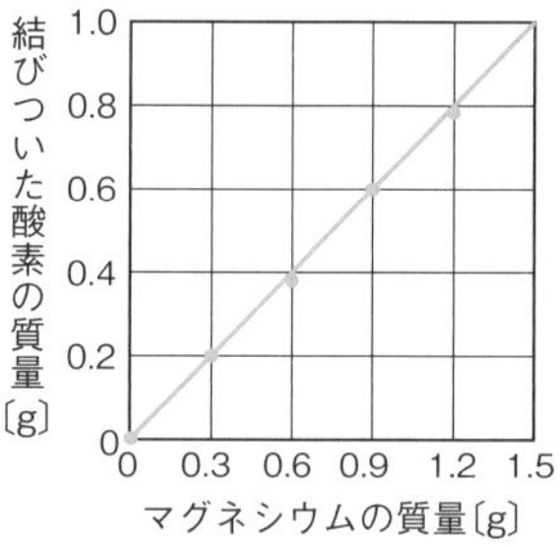

考え方

❶ (1)Aでは，鉄が酸素と結びついて酸化鉄ができる。
Bでは，酸化カルシウムと水が化学変化を起こして水酸化カルシウムができる。
(2)Cでは，炭酸水素ナトリウムとクエン酸が化学変化を起こして二酸化炭素が発生する。
㋑では酸化銀の熱分解が起こり，銀と酸素ができる。㋒では水素が発生する。㋔では酸素が発生する。
(3)熱を発生する化学変化が発熱反応であり，熱を吸収する化学変化が吸熱反応である。
(4)インスタントかいろは鉄の酸化で発生する熱を利用している。酸化は酸素がなければ起こらないので，密封して空気にふれないようにして売られている。

❷ (1)図2より，銅0.4 gから酸化銅0.5 gができていて，結びついた酸素は，
0.5 g－0.4 g＝0.1 gなので，
(銅の質量)：(結びつく酸素の質量)
＝0.4 g：0.1 g＝4：1
(2)銅0.4 gから酸化銅0.5 gができるから，銅2.8 gからできる酸化銅をx〔g〕とすると，
2.8 g：x＝0.4 g：0.5 g　x＝3.5 g
(3)3.2 gの銅と結びつく酸素の最大の質量をx〔g〕とすると，
3.2 g：x＝4：1　x＝0.8 g
(4)(銅の質量)：(できた酸化銅の質量)
＝4：(4＋1)＝4：5
なので，4.5 gの酸化銅をつくるために必要な銅をx〔g〕とすると，
x：4.5 g＝4：5　x＝3.6 g
このとき結びつく酸素は，
4.5 g－3.6 g＝0.9 g

(5)結びついた酸素の質量は，

2.2 g － 2.0 g = 0.2 g なので，酸化した銅をx〔g〕とすると，

$x : 0.2\text{ g} = 4 : 1$　$x = 0.8\text{ g}$

よって，酸化せずに残っている銅の質量は，2.0 g － 0.8 g = 1.2 g

(6)銅はCu，酸素はO_2，酸化銅はCuOである。化学反応式の左右で原子の種類と数がそろっていることにも注意する必要がある。

❸(1)(結びついた酸素の質量) = (酸化マグネシウムの質量) － (マグネシウムの質量) なので，それぞれの結びついた酸素の質量は下の表のようになる。

マグネシウム〔g〕	0	0.30	0.60	0.90	1.20
結びついた酸素〔g〕	0	0.20	0.39	0.60	0.79

この表のそれぞれの値を表す点を図中にかき，全ての印の近くを通るように定規で線をかく。

(2)表より，マグネシウム 0.30 g から酸化マグネシウム 0.50 g ができていて，結びついた酸素は，

0.50 g － 0.30 g = 0.20 g なので，

(マグネシウムの質量)：(結びつく酸素の質量)

= 0.30 g : 0.20 g = 3 : 2

(3)①(マグネシウムの質量)：(できた酸化マグネシウムの質量) = 3 : (3 + 2) = 3 : 5 なので，2.20 g の酸化マグネシウムをつくるために必要なマグネシウムをx〔g〕とすると，

$x : 2.20\text{g} = 3 : 5$　$x = 1.32\text{ g}$

②最初のマグネシウムの質量は 1.50 g なので，こぼしたマグネシウムの質量は，1.50 g － 1.32 g = 0.18 g

生物の体のつくりとはたらき

p.34 **ぴたトレ1**

❶ ①直射日光　②低(い)　③対物レンズ
　④接眼レンズ　⑤細胞　⑥核

❷ ①液胞　②葉緑体　③細胞壁　④細胞膜
　⑤細胞質　⑥細胞の呼吸(内呼吸)

考え方

❶(1)直射日光が当たる場所で顕微鏡を使うと，目をいためる危険があるので，やってはいけない。

p.35 **ぴたトレ2**

❶ (1)ウ　(2)C　(3)イ→ア→エ→ウ

❷ (1)図1　(2)ⓐ細胞壁　ⓒ葉緑体
　(3)ⓑ…B　ⓓ…A
　(4)図1…ⓓ　図2…A　(5)1個

考え方

❶(1)細胞の核は，そのままではほとんど見えない。酢酸カーミン液や酢酸オルセイン液などの染色液を使うと，核が赤色に染まって観察しやすくなる。

(2)細胞壁のないBは動物の細胞なので，頬の内側の粘膜だとわかる。植物の細胞であるAとCのうち，葉緑体が見られるAがオオカナダモの葉と考えられるので，Cがタマネギの表皮である。

(3)顕微鏡の観察手順は，次の通りである。
　①反射鏡やしぼりを使って視野全体を明るくしてから，プレパラートをステージに置く。
　②横から見ながらプレパラートと対物レンズをできるだけ近づける。
　③接眼レンズをのぞきながら対物レンズとプレパラートを離していき，ピントを合わせる。

❷(1)図1は細胞壁や葉緑体が見られるので植物の細胞，図2は動物の細胞である。

(2)図1で，ⓐは細胞壁，ⓑは細胞膜，ⓒは葉緑体，ⓓは核，ⓔは液胞である。

(3)図2で，Aは核，Bは細胞膜，Cは細胞質の一部である。

(4)酢酸カーミン液や酢酸オルセイン液によく染まるのは，細胞の核である。

p.36 **ぴたトレ1**

❶ ①単細胞生物　②多細胞生物　③ゾウリムシ
　④ミカヅキモ　⑤ミジンコ

❷ ①器官　②組織　③細胞の呼吸(内呼吸)

考え方

❶(2)単細胞生物の中には，ミドリムシという植物の特徴と動物の特徴をもつ生物がいる。ミドリムシがもつ植物の特徴は，葉緑体をもち，光合成を行って栄養分を自らつくり出すところである。一方，細胞壁がない点や，べん毛をもち，これを使って移動する点は動物の特徴である。

① (1)Aミジンコ　Cミドリムシ　Eミカヅキモ
　(2)単細胞生物　(3)多細胞生物　(4)A，D

② (1)①細胞　②組織　③器官
　(2)aⓌ　bⓉ　cⒺ　dⒶ
　(3)植物…花(根・茎)
　　ヒト…心臓(脳・肺など)

考え方
① (1)Aはミジンコ，Bはゾウリムシ，Cはミ
　　ドリムシ，Dはオオカナダモ，Eはミカ
　　ヅキモである。
　(2)(3)1つの細胞だけで体ができている生物
　　を単細胞生物，多くの細胞から体ができ
　　ている生物を多細胞生物という。
　(4)A(ミジンコ)とD(オオカナダモ)は多
　　細胞生物であり，B(ゾウリムシ)，C(
　　ミドリムシ)，E(ミカヅキモ)は単細胞
　　生物である。
② (1)形やはたらきが同じ細胞が集まって組織
　　ができ，組織がいくつか集まって器官が
　　でき，さらに器官がいくつか集まって個
　　体となっている。
　(2)植物の器官である葉は，表皮細胞が集ま
　　った表皮組織，光合成を行う葉肉細胞が
　　集まった葉肉組織などが集まってできて
　　いる。また，ヒトの小腸は，養分を吸収
　　する上皮細胞が集まった上皮組織，消化
　　するための運動をする筋細胞が集まった
　　筋組織などが集まってできている。
　(3)植物の器官には，基本となる根，茎，葉
　　のほかに花があり，ヒトの器官には，小
　　腸のほか，心臓，脳，肺，肝臓，目，耳，
　　胃などがある。

① (1)ヒトの頬の内側の粘膜…B
　　オオカナダモの葉…C
　(2)細胞壁がないから。　(3)ウ　(4)液胞

② (1)ⓐ，ⓒ，ⓔ　(2)A，B，C　(3)A，B，D
　(4)ウ　(5)①特定　②細胞

③ (1)形やはたらきが同じであること。
　(2)組織　(3)器官　(4)ⓐ　(5)細胞の呼吸(内呼吸)
　(6)酸素　(7)水，二酸化炭素

考え方
① (1)(2)植物の細胞と動物の細胞の大きな違い
　　は，植物の細胞には細胞膜の外側に丈夫
　　な細胞壁があることである。したがって，
　　細胞壁が見られないBはヒトの頬の内側
　　の粘膜だとわかる。また，緑色の粒(葉
　　緑体)が多数見られるCは葉の細胞(オオ
　　カナダモの葉)だと考えられる。
　(3)A，Bに見られる丸い小さな粒は核で，
　　核は染色しないとほとんど見えない。
② (1)図の小さな生物が多くいるところは，水
　　中にある石や水草の表面，水底に沈んで
　　いる枯れ葉や綿のようなものの表面など
　　である。
　(2)(3)Aは動く単細胞生物のゾウリムシ，B
　　は動く単細胞生物のアメーバ，Cは動く
　　多細胞生物のミジンコ，Dは動かない単
　　細胞生物のミカヅキモである。
　(4)ゾウリムシの大きさは，約0.3mmであ
　　る。
　(5)単細胞生物では，細胞内のそれぞれの部
　　分が特定のはたらきを受けもつことで，
　　全体としては1つの細胞が全てのはたら
　　きを受けもつ。
③ (1)～(3)多細胞生物では，形やはたらきが同
　　じ細胞が集まって組織をつくり，いくつ
　　かの組織が集まって器官ができ，いくつ
　　かの器官が集まって個体が形成されてい
　　る。
　(5)～(7)多細胞生物の体をつくる1つ1つの
　　細胞は，生命活動のためのエネルギーを
　　養分からとり出しており，そのはたらき
　　を細胞の呼吸という。細胞の呼吸では，
　　下図のように，酸素を使って養分を分解
　　してエネルギーを得ている。その結果，
　　水と二酸化炭素ができる。

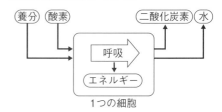

1つの細胞

p.40 ぴたトレ1

1 ①光合成 ②見られる ③見られない ④葉緑体 ⑤葉緑体

2 ①黄 ②緑 ③青 ④対照実験 ⑤青 ⑥二酸化炭素 ⑦酸素 ⑧水

考え方

2 水を入れた青色のBTB液に息をふきこむと黄色になる。これは息の中の二酸化炭素が溶けて，液が酸性になるからである。二酸化炭素がなくなると再び青色に戻る。

p.41 ぴたトレ2

1 (1)葉緑体 (2)ヨウ素デンプン反応 (3)デンプン (4)光合成 (5)行われない

2 (1)黄色 (2)酸素 (3)㋑ (4)二酸化炭素

考え方

1 (1)Aのプレパラートはそのまま観察しているので，細胞内に見られる小さい緑色の粒は葉緑体である。

(2)～(4)ヨウ素液を加えたBのプレパラートでは，光合成によりデンプンができているため，葉緑体はヨウ素デンプン反応によって青紫色に染まっている。

(5)光が当たらないと，光合成は行われない。

2 この実験では，BTB液を溶かした水の色の変化がオオカナダモのはたらきによることを確かめるため，オオカナダモを入れない試験管も用意する。

(1)BTB液は，酸性では黄色，中性では緑色，アルカリ性では青色を示す薬品である。二酸化炭素は水に溶けると酸性を示すので，じゅうぶんに息をふきこむと，BTB液を加えた水溶液中の二酸化炭素の量が増えて黄色に変化する。

(2)光合成に使われる物質とできる物質は，以下のように表すことができる。

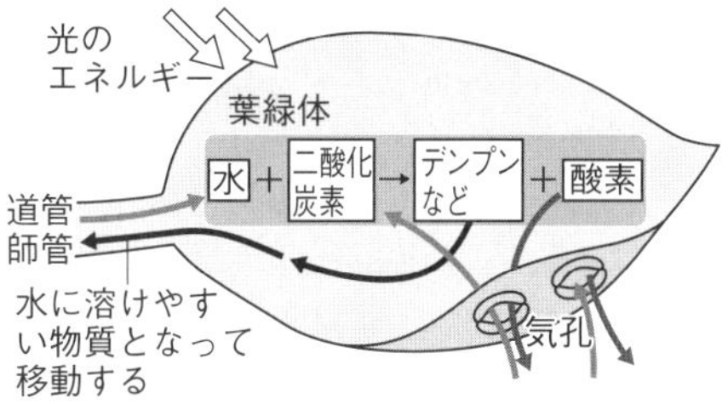

(3)光を当てたオオカナダモは光合成を行うため，水に溶けている二酸化炭素がしだいに減少し，BTB液は黄色から青色に変化する。

(4)BTB液を溶かした水が黄色から青色に変化することから，二酸化炭素が減ったことがわかる。このことから，二酸化炭素は光合成に利用されていると考えられる。

p.42 ぴたトレ1

1 ①石灰水 ②二酸化炭素 ③呼吸 ④光合成 ⑤呼吸 ⑥呼吸 ⑦多い ⑧気体検知管

2 ①蒸散 ②ワセリン ③多い ④表 ⑤裏

考え方

2 ワセリンは脂肪の一種で，油脂性軟膏ともいう。生物の体の表面に塗ると膜のようになって水分の蒸発をおさえる効果がある。そのため，蒸散と吸水を調べる実験では，特定の部位で蒸散をしないようにするために使われる。

p.43 ぴたトレ2

1 (1)図1 (2)A光合成 B呼吸 (3)⇨酸素 ➡二酸化炭素 (4)石灰水に通すと，石灰水が白くにごる。

2 (1)蒸散 (2)表側 (3)㋑ (4)42 mm (5)㋑

考え方

1 (1)(2)植物は，光が当たっているときは呼吸と光合成を行っているが，光が当たっていないときは呼吸だけを行っている。したがって，昼夜を問わず行われている[B]が呼吸で，[A]が光合成とわかる。

(3)[A]は光合成なので，二酸化炭素をとり入れて酸素を出している。[B]は呼吸なので，光合成とは逆に，酸素をとり入れて二酸化炭素を出している。

(4)二酸化炭素を石灰水に通すと，石灰水が白くにごる。

2 (1)植物体内の水が，水蒸気となって体外へ出ていく現象を蒸散という。

(2)チューブの水の減少量が多いほど，吸水量が多いといえる。

(3)(4)ワセリンを塗った部分からは蒸散が起こらないので，蒸散が起こる部分は，
A…葉の柄(茎のような部分)だけ
B…葉の柄と葉の表側
C…葉の柄と葉の裏側
D…葉の柄と葉の表側・裏側
となる。したがって，葉の表側と裏側から出ていった水の量は，
表側　B − A = 14 mm − 3 mm
　　　　　　= 11 mm
裏側　C − A = 45 mm − 3 mm
　　　　　　= 42 mm

(5)水の減少量が多いほど蒸散の量が多いといえる。

p.44 ぴたトレ1

[1] ①道管　②師管　③維管束(葉脈)　④気孔　⑤水　⑥養分(デンプン，有機養分)

[2] ①師管　②道管　③維管束　④根毛　⑤道管　⑥師管　⑦日光　⑧根　⑨水　⑩維管束　⑪茎　⑫水　⑬細胞　⑭種子

考え方

[1] (2)気孔からは，水蒸気や酸素，二酸化炭素が出入りする。なお，気孔を開いたり閉じたりする2つの細長い細胞を孔辺細胞という。

[2] (2)茎は，植物の体全体を支えるはたらきがある。これによって葉を高い位置に保ち，光合成に必要な日光を受けやすいようになっている。

p.45 ぴたトレ2

[1] (1)A道管　B師管　(2)維管束　(3)孔辺細胞　(4)気孔　(5)裏側

[2] (1)トウモロコシ㋑　ホウセンカ㋓　(2)道管
(3)葉でつくられた養分(デンプン)。
(4)細胞の呼吸や成長などのエネルギー源。

考え方

[1] (1)葉の維管束(葉脈)では，葉の表側に道管，裏側に師管がある。

(3)(4)気孔は，2つの細長い細胞(孔辺細胞)のすき間にできた穴で，その細胞の形が変わることで閉じたり，開いたりする。

(5)多くの植物で，気孔は葉の裏側に多く分布している。

[2] (1)(2)単子葉類のトウモロコシの茎の維管束はばらばらに散らばり，水が通る道管は内側にある。双子葉類のホウセンカの茎の維管束は輪のように並んでいて，水が通る道管は内側にある。

(3)葉でつくられたデンプンは，水に溶けやすい物質につくり変えられ，師管を通って移動している。

(4)師管を通って移動する水に溶けやすい物質は，植物の全身へ運ばれて細胞の呼吸や成長のエネルギー源となる。

p.46〜47 ぴたトレ3

[1] (1)デンプン　(2)エタノール　(3)ⓑ　(4)葉緑体　(5)ⓑ，ⓓ

[2] (1)試験管A…青色　　試験管C…黄色
(2)試験管A㋒　　試験管C㋑　(3)酸素
(4)BTB液の色の変化がオオカナダモのはたらきであること。
(5)試験管Bと試験管D

[3] (1)A蒸散　B光合成　C呼吸　(2)気孔
(3)無機養分(肥料)
(4)葉でつくられた養分(デンプン)。
(5)根の表面積が大きくなり，効率よく水などを吸収できる。

考え方

[1] (1)光合成でつくられたデンプンは，水に溶けて師管を通り，茎や根などに運ばれる。この実験は，デンプンができる部分を確認するもので，実験を始めるときにデンプンが残っていると正確な結果が出ない。

(2)ヨウ素デンプン反応を調べるときは，色の変化を見やすくするために，葉の緑色(葉緑体に含まれる葉緑素という物質)をエタノールに溶かし出すことで脱色する。

(3)光合成が行われるのは，光が当たり，緑色をしたⓑの部分だけである。

(4)ⓐは「ふ」の部分で，この部分の細胞には葉緑体がない。ⓑは葉緑体がある細胞が並ぶ緑色をした部分で，この2つを比べることで，光合成には葉緑体が必要であることがわかる。

(5)光の有無以外は光合成を行う条件がそろっている場所を比べればよいので，ⓑ(葉緑体があって光が当たる部分)とⓓ(葉緑体があって光が当たらない部分)があてはまる。

❷ (1)(2)オオカナダモが入っている試験管AとCでは，オオカナダモのはたらきで水溶液中の二酸化炭素量が変化してBTB液を溶かした水の色が変化する。
試験管Aでは呼吸量＜光合成量なので，オオカナダモに吸収される二酸化炭素量が多く，水溶液中の二酸化炭素量が減って青色になる。試験管Cのオオカナダモは光が当たらないので呼吸だけを行っており，水溶液中の二酸化炭素量が増えて黄色になる。

(3)光合成によってできる気体は酸素である。

(4)対照実験は，調べたいこと以外の条件を全く同じにして行う実験である。

(5)試験管BとDのちがいは，光が当たるか当たらないかであり，結果はどちらも緑色のまま変わっていないことから，BTB液は光によって色が変わらないことがわかる。

❸ (1)Aは水蒸気を出しているので蒸散，Bは二酸化炭素をとり入れて酸素を出しているので光合成，Cは酸素をとり入れて二酸化炭素を出しているので呼吸であるとわかる。

(2)植物の体から出たり体の中に入ったりする気体は，気孔を通る。

(3)根からは，水と水に溶けた無機養分(肥料)が吸収される。

(4)師管は，光合成でつくられたデンプンが水に溶ける物質になって移動する通路である。

(5)根の先端には表皮細胞が変形した根毛が多数ある。これにより，土と接する面積が大きくなり，効率よく水や無機養分を吸収することができる。

p.48 ぴたトレ1

[1] ①炭水化物　②脂肪　③タンパク質
④カルシウム　⑤ビタミン
⑥ブドウ糖　⑦アミノ酸

[2] ①消化　②消化器官　③消化管　④消化液
⑤消化酵素　⑥ブドウ糖　⑦アミノ酸
⑧脂肪酸　⑨アミラーゼ　⑩ペプシン
⑪リパーゼ

[考え方]
[1] 炭水化物，脂肪，タンパク質は，全て有機物である。
[2] 胆汁は，消化酵素は含まないが，脂肪を細かい粒にして消化酵素のはたらきを助ける。

p.49 ぴたトレ2

❶ (1)デンプンA　タンパク質B　(2)㋑　(3)㋒

❷ (1)消化管　(2)だ液A　胃液F　すい液G
(3)消化酵素　(4)だ液㋓　胃液㋒
(5)だ液㋐　胃液㋑
(6)デンプン…ブドウ糖
タンパク質…アミノ酸
脂肪…脂肪酸，モノグリセリド

[考え方]
❶ (1)Aはデンプン，Bはタンパク質，Cは脂肪である。デンプンはブドウ糖がたくさんつながってできている。
(2)㋐はタンパク質，㋒は食塩やカルシウム，鉄などの無機物，ビタミンの説明である。

❷ (2)だ液はだ液せん，胃液は胃，すい液はすい臓から出される。なお，Bは食道，Cは肝臓，Dは胆のう，Eは大腸，Hは小腸である。
(4)(5)だ液にはデンプンを分解するアミラーゼ，胃液にはタンパク質を分解するペプシンが含まれる。リパーゼは脂肪，トリプシンはタンパク質を分解する消化酵素で，両方ともすい液に含まれる。

p.50 ぴたトレ1

[1] ①青紫　②加熱　③赤褐　④だ液
⑤ブドウ糖

[2] ①吸収　②柔毛　③毛細血管　④肝臓
⑤脂肪　⑥リンパ管　⑦ブドウ糖
⑧アミノ酸(⑦，⑧は順不同)
⑨モノグリセリド
⑩脂肪酸(⑨，⑩は順不同)
⑪酸素　⑫水　⑬エネルギー　⑭肝臓
⑮グリコーゲン

考え方

[1] (2)ベネジクト液は，アメリカ人の化学者スタンリー・ベネジクトが糖尿病の診断のために開発した試薬である。

[2] (2)柔毛があることで，小腸の表面積は柔毛がない場合の約600倍になっている。

p.51 ぴたトレ2

[1] (1)B (2)A (3)㋑

[2] (1)柔毛 (2)㋐ (3)A毛細血管 Bリンパ管
(4)①A ②B ③A ④B (5)肝臓
(6)①二酸化炭素，水 ②細胞の呼吸(内呼吸)
(7)グリコーゲン

考え方

[1] (1)ヨウ素液は，デンプンがあると青紫色を示す。デンプン溶液と水を混ぜたものでは，デンプンがそのまま残っているのでヨウ素液による反応が見られる。
(2)(3)ベネジクト液を入れて加熱したとき，ブドウ糖やブドウ糖が2～10個程度つながったものがあると，赤褐色の沈殿ができる。デンプンはたくさんのブドウ糖がつながってできていて，ベネジクト液による反応は起こらない。Aではデンプンがだ液によって分解されて，ベネジクト液による反応を示すものができていると考えられる。

[2] (1)(2)小腸の壁にはたくさんのひだがあり，ひだの表面は柔毛に覆われている。
(3)柔毛の中には毛細血管とリンパ管が通っている。網の目のように張りめぐらされているのが毛細血管である。
(5)毛細血管に入ったブドウ糖やアミノ酸などは，血液とともに肝臓に運ばれる。
(7)グリコーゲンは肝臓や筋肉に貯蔵され，運動などによって多くのエネルギーが必要になったときに，エネルギー源として利用される。

p.52～53 ぴたトレ3

[1] (1)B肝臓 D大腸 E胃 (2)消化管
(3)(口→)A→E→G→D(→肛門)
(4)胆汁 (5)㋒ (6)㋐，㋑，㋒ (7)E
(8)㋑，㋒

[2] (1)体温に近い温度にするため。
(2)デンプンが水によって分解されないことを確かめるため。
(3)B (4)㋐
(5)デンプンを，ブドウ糖がいくつかつながったものに変える。

[3] (1)吸収 (2)柔毛 (3)㋐，㋓
(4)ⓐ酸素 ⓑ二酸化炭素 ⓒ肝臓

考え方

[1] (1)Aは食道，Cは胆のう，Fはすい臓，Gは小腸である。
(2)(3)消化管は，口から始まって，食道，胃，小腸，大腸を通って肛門で終わる。
(4)(5)胆汁には消化酵素は含まれていないが，脂肪を水に溶けやすい細かい粒にすることで消化を助けている。
(6)すい臓から出る消化液はすい液である。すい液には，デンプンを分解するアミラーゼやタンパク質を分解するトリプシン，脂肪を分解するリパーゼが含まれている。
(7)始めは，胃液に含まれるペプシンによって分解される。

[2] (1)だ液のはたらきを調べる実験は，体温に近い温度で行うようにする。これは，体温に近い温度で消化酵素がよくはたらくからである。
(2)(3)BとDは対照実験で，だ液でなく水を入れた場合に，デンプンに変化が起きないことを確かめるために行っている。
(4)(5)デンプン溶液にだ液を入れたものでは，デンプンが分解されてなくなっているため，ヨウ素液による反応は見られない。また，デンプンが分解されたものがあるためにベネジクト液による反応は見られる。

[3] (3)柔毛の毛細血管にはブドウ糖とアミノ酸がとりこまれ，リンパ管には脂肪酸とモノグリセリドが再び脂肪になってとりこまれる。
(4)酸素と吸収した養分を使い，生きるために必要なエネルギーをとり出すことを，細胞の呼吸という。

p.54 ぴたトレ1

[1] ①筋肉　②横隔膜　③気管　④気管支
⑤肺胞　⑥表面積

[2] ①動脈　②静脈　③弁　④毛細血管
⑤組織液　⑥二酸化炭素　⑦酸素
⑧赤血球　⑨白血球(⑧，⑨は順不同)
⑩血しょう　⑪細菌　⑫固める
⑬ヘモグロビン　⑭リンパ管　⑮リンパ液

考え方

[1] (2)肺胞でとりこまれた酸素は，血液によって全身の細胞に送られ，細胞の呼吸に使われる。

[2] (6)ヘモグロビンには，酸素の多いところでは酸素と結びつき，酸素が少ないところでは酸素を放す性質がある。

p.55 ぴたトレ2

[1] (1)A気管　B気管支　C肺胞
(2)ⓐ酸素　ⓑ二酸化炭素
(3)空気とふれる表面積が大きくなり，効率よく気体の交換ができる。

[2] (1)A静脈　B動脈　(2)B　(3)毛細血管

[3] (1)A血しょう　B白血球　C血小板
D赤血球
(2)組織液　(3)①B　②D

考え方

[1] (1)鼻や口から入った空気の通り道が気管，気管が枝分かれしたものが気管支，気管支の先端のうすい膜でできた袋が肺胞である。
(2)肺胞では，酸素が空気中から血液中にとりこまれると同時に，二酸化炭素が血液中から肺胞の中に出される。
(3)肺全体が1つの大きな袋となっていた場合を仮定すると，これと比べて肺胞がある場合の方が，空気とふれる表面積が大きい。

[2] (1)血管の壁の厚さは，静脈より動脈の方が厚い。また，静脈にはところどころに血液の逆流を防ぐ弁がある。
(2)心臓から血液が送り出される血管が動脈，心臓へ血液が戻ってくる血管が静脈である。
(3)動脈は枝分かれを繰り返して体全体に広がっていき，毛細血管で静脈とつながっている。

[3] (1)(2)円盤のような形をしたものが赤血球であり，赤血球や白血球よりも小さい破片のようなものが血小板である。また，血液の液体の成分が血しょうである。血しょうは，毛細血管から一部がしみ出して組織液になる。
(3)①白血球には，体の中に入った細菌などをとらえるはたらきがあり，病気を防ぐのに役立っている。
②赤血球は，酸素と結びついたり，放したりする性質をもつヘモグロビンという物質を含んでおり，これによって，酸素を全身に運ぶことができる。

p.56 ぴたトレ1

[1] ①拍動　②心房　③心室　④右心房
⑤右心室　⑥左心房　⑦左心室　⑧肺循環
⑨体循環　⑩動脈血　⑪静脈血

[2] ①排出　②肺　③ろ過　④尿
⑤腎臓　⑥ぼうこう　⑦アンモニア
⑧尿素　⑨腎臓

考え方

[1] (2)心房と心室，心室と血管の間には，血液の逆流を防ぐための弁がある。

[2] (1)排出とは別に，吸収されなかった食物，腸管の細胞が剝がれ落ちたものなどの不要な物質は，便として体の外へ排出される。

p.57 ぴたトレ2

[1] (1)拍動　(2)A㋐　B㋓　C㋑　D㋒
(3)肺循環　(4)体循環　(5)動脈血　(6)静脈血
(7)A，B　(8)㋑

[2] (1)㋓　(2)アンモニア　(3)㋐　(4)㋑　(5)㋒
(6)㋑

考え方

[1] (2)心臓から血液が送り出される血管が動脈，心臓へ血液が戻ってくる血管が静脈である。
(7)酸素と二酸化炭素は肺で交換される。よって，肺静脈と大動脈を流れる血液では酸素が多くなっており，肺動脈と大静脈を流れる血液では二酸化炭素が多くなっている。

2 (1)二酸化炭素は，肺で血液中からはく息の中に排出される。

(2)〜(4)タンパク質が分解されるときにできるアンモニアは有害なので，血液で肝臓に運ばれて無害な尿素に変えられる。

(5)尿素や不要な物質は，血液で腎臓に運ばれ，腎臓で血液からとり除かれて，尿となる。

(6)腎臓でつくられた尿は，ぼうこうにいったんためられた後，体外に排出される。

p.58 ぴたトレ1

1 ①骨格　②筋肉　③けん　④運動器官
⑤関節

2 ①感覚器官　②耳　③舌（②，③は順不同）
④嗅覚　⑤触覚（④，⑤は順不同）　⑥刺激
⑦感覚細胞　⑧虹彩　⑨レンズ（水晶体）
⑩網膜　⑪耳小骨　⑫鼓膜

考え方
1 (2)けんは漢字で「腱」と書き，あしのふくらはぎにあるアキレス腱が有名である。
2 (3)皮ふには，触られたこと，押される，痛い，冷たい，あたたかいなどの刺激を受けとる部分がある。

p.59 ぴたトレ2

1 (1)運動器官　(2)けん　(3)関節　(4)Q
(5)P 縮む　Q 緩む

2 (1)感覚器官　(2)C　(3)網膜　(4)B　(5)虹彩
(6)F　(7)鼓膜　(8)E　(9)うず巻き管
(10)①イ　②ウ

考え方
1 (2)(3)骨についている筋肉は，両端がけんになっていて，関節をへだてた2つの骨についている。
(4)(5)腕をのばした状態では，Pの筋肉が緩み，Qの筋肉が縮む。逆に，腕を曲げると，Pの筋肉は縮み，Qの筋肉は緩む。
2 (2)〜(5)レンズ（水晶体）は目に入る光を屈折させ，網膜上にピントの合った像を結ばせる。網膜には光の刺激を受けとる感覚細胞がある。また，虹彩は明るさによってひとみの大きさを変え，レンズに入る光の量を調節している。

(6)〜(9)鼓膜は音を受けとって振動し，耳小骨はその振動をうず巻き管に伝える。うず巻き管に振動が伝わると，そこにある感覚細胞で音の刺激を受けとる。

p.60 ぴたトレ1

1 ①中枢神経　②末梢神経　③神経系
④感覚神経　⑤運動神経　⑥感覚
⑦運動　⑧反射　⑨運動神経

2 ①器官　②胃　③鼻　④腸　⑤えら
⑥ひれ　⑦生命　⑧関連

考え方
1 末梢神経の末梢とは，物の端，先端という意味で，末梢神経は中枢神経から枝分かれしている神経のことである。

p.61 ぴたトレ2

1 (1)脊髄　(2)中枢神経　(3)末梢神経
(4)運動神経　(5)感覚神経　(6)①ア　②イ
(7)反射　(8)イ，オ

2 (1)エ　(2)ひれ

考え方
1 (1)〜(3)背骨の中にある神経の束を脊髄という。体の中には，脳と脊髄からなる中枢神経と，そこから枝分かれして全身に行き渡っている末梢神経がある。
(4)(5)感覚器官で受け取った刺激を中枢神経へ伝える神経が感覚神経，中枢神経からの信号を運動器官である筋肉へ伝える神経が運動神経である。
(6)(7)熱いものに触ったときなどに思わず手を引っこめるような反応は，脊髄から出た信号によって筋肉が動いていて，意識とは無関係に起こる。このような反応を反射という。この場合，脳にも信号が伝えられるが，「熱い」という感覚は遅れて意識される。
(8)アでは耳で受けとった音を自分の名前だと意識してからふり向く動作をしている。ウでは映画の内容を脳で理解し，それによって感情が起こっている。エではボールが飛んできたのを認識して，手で受け止めている。
2 (1)魚も酸素をとり入れて二酸化炭素を出して呼吸をしているが，そのための器官は肺ではなく，えらである。

p.62~63 ぴたトレ3

1 (1)(ポリエチレンの袋の中に，)メダカといっしょに水を入れる。
(2)A赤血球　B毛細血管
(3)酸素を運搬する。
(4)ヘモグロビン　(5)静脈

2 (1)A右心房　D左心室　(2)B，D
(3)拍動　(4)血液の逆流を防ぐ。
(5)①大静脈　②肺動脈　③肺静脈　④大動脈
(6)㋓

3 (1)㋔　(2)0.27秒　(5)㋐，㋒，㋓

考え方

1 (1)メダカは水中でえら呼吸をしているので，水がないと呼吸ができない。
(2)全身に張り巡らされたごく細い血管が毛細血管であり，その中を赤血球が一列に並んで一定の速さで流れている。
(5)血管が集まっていく方向に血液が流れているので静脈である。

2 (1)心房は血液が流れこむ部分，心室は血液を送り出す部分である。また，図は心臓を腹側から見ていて，左側にあるものが体の「右」，右側にあるものが体の「左」となる。
(2)心房が縮むと血液が心房から心室へ移動する。心室が縮むと血液が心臓の外へ送り出される。
(4)血液が逆流しそうになると弁は閉じるので，逆流を防ぐことができる。
(5)心臓から血液が送り出される血管を動脈，心臓へ血液が戻ってくる血管を静脈という。
(6)酸素を多く含んだ血液を動脈血という。酸素と二酸化炭素は肺で交換され，肺静脈と大動脈を流れる血液では酸素が多くなっている。

3 (1)皮ふが受けとる「触られる」，「押される」という刺激は，触覚に含まれる。
(2)Aも含めた10人で，刺激を受けとってから手を動かすまでの時間はほぼ等しいと考えられるので，1人当たりの時間は，2.70秒÷10人＝0.27秒
(3)意識して行動しているものを選ぶ。体温の調整(㋑)や食べ物を口に入れたときにだ液を出す反応(㋔)は，反射の一種である。

電流とその利用

p.64 ぴたトレ1

[1] ①電流　②回路　③＋　④－　⑤アンペア　⑥電球　⑦スイッチ　⑧電流計　⑨大きさ

[2] ①直列回路　②並列回路　③＝　④＝　⑤＋　⑥＝　⑦等しい　⑧和　⑨等しい

考え方

[1] (3)ミリアンペア(記号mA)を使うこともある。1A＝1000mAである。
(4)電源の電気用図記号は，長い方が＋極，短い方が－極を表す。回路図を作図するときなど，逆にしないように注意する。

p.65 ぴたトレ2

1 (1)回路　(2)ⓑ　(3)アンペア　(4)㋑

2 (1)A直列回路　B並列回路
(2)イ210mA　ウ210mA
(3)ク290mA　ケ570mA　(4)A

考え方

1 (2)電流の向きは，電源の＋極から出て－極に入る向きと決められている。
(4)電源の電気用図記号は，長い方が＋極を表すので，㋐と㋒はまちがいである。また，㋐は豆電球ではなく，抵抗の記号が使われている。

2 (1)電流の流れる道筋が1本の回路を直列回路，途中で枝分かれしている回路を並列回路という。
(2)直列回路では，各点を流れる電流の大きさはどこも同じである。
(3)並列回路では，枝分かれしている部分の電流の大きさの和は，枝分かれしていない部分の電流の大きさと同じになる。

p.66 ぴたトレ1

[1] ①電圧　②ボルト　③＋　④＝　⑤＝　⑥＝　⑦和　⑧電源　⑨同じ　⑩回路全体

[2] ①直列　②5A　③500mA　④50mA　⑤並列　⑥300V　⑦15V　⑧3V
⑨$\frac{1}{10}$

考え方

[1] (1)電圧を表す単位のボルトは，世界初といわれている電池をつくった，アレッサンドロ・ボルタの名前が由来になっている。

p.67 ぴたトレ2

1 (1)①4.0 V　②6.0 V
(2)電熱線 a…8.0 V　電熱線 b…8.0 V

2 (1)＋極側の導線…D　－極側の導線…C
(2)㋐　(3)㋒

3 (1)並列につなぐ。　(2)㋓

考え方

1 (1)直列回路では，回路の各部分に加わる電圧の大きさの和は，電源または回路全体の電圧の大きさに等しい。
(2)並列回路では，回路の各部分に加わる電圧の大きさは，電源や回路全体の電圧の大きさに等しい。

2 (1)A～Cは－端子，Dは＋端子である。電源の＋極は＋端子につなぐ。電流の大きさが予想できないときは，いちばん大きな電流が測れる5Aの端子につなぐ。
(2)電流計を電源に直接つないだり，豆電球などに並列につないだりすると，回路に大きな電流が流れ，針が振り切れて電流計が壊れることがある。電流計は必ず，電流をはかる部分に直列につなぐ。
(3)500mAの－端子を用いているので，最小目盛りは10mAである。目盛りを読むときには，最小目盛りの$\frac{1}{10}$まで読む。

3 (1)電圧計を回路に直列につなぐと，回路に電流が流れなくなってしまう。
(2)300 Vの－端子を用いているので，最小目盛りは10 Vである。目盛りを読むときには，最小目盛りの$\frac{1}{10}$まで読む。

p.68～69 ぴたトレ3

1 (1)B並列つなぎ
C直列つなぎ
(2)右図
(3)ⓐ
(4)㋐

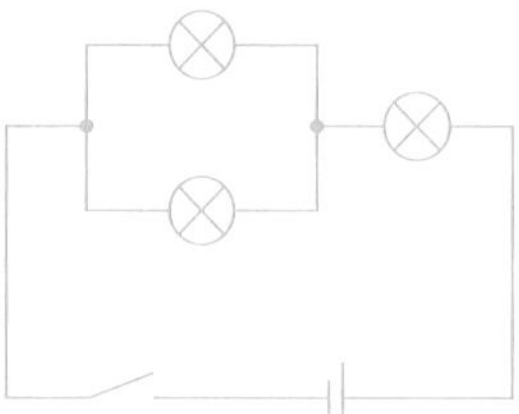

2 (1)㋑
(2)25.0mA　(3)$I = I_a = I_b$　(4)200mA
(5)$V = V_a + V_b$　(6)2.60 V (2.6 V)

3 (1)0.90 V　(2)$I = I_a + I_b$　(3)0.64 A
(4)$V = V_a = V_b$　(5)1.45 V

考え方

1 (1)電流の流れる道筋が1本のつなぎ方を直列つなぎ，電流の流れる道筋が途中で分かれるつなぎ方を並列つなぎという。
(2)主な電気用図記号は次の通り。

電源	電球	スイッチ	電流計	電圧計
─┤├─	⊗	─╱─	Ⓐ	Ⓥ

(3)電流の向きは，電源の＋極から出て－極に入る向きと決められている。
(4)Bをはずしても，AとCを通る道筋は1本につながっているので，AとCは消えない。

2 (1)電流計ははかる部分に直列に，電圧計ははかる部分に並列につながなければならない。したがって，回路に直列につないでであるⓅが電流計，並列につないであるⓆとⓇが電圧計である。
(2)50mAの－端子を用いているので，最小目盛りは1 mAである。目盛りを読むときには，最小目盛りの$\frac{1}{10}$まで読む。
(3)(4)直列回路では，回路のどの点でも電流の大きさが等しいので，I，I_a，I_bの値は等しい。
(5)直列回路では，回路の各部分に加わる電圧の大きさの和は，電源の電圧の大きさに等しい。
(6)1.30 V + 1.30 V = 2.60 V

3 (1)3 Vの－端子を用いているので，最小目盛りは0.1 Vである。目盛りを読むときには，最小目盛りの$\frac{1}{10}$まで読む。
(2)並列回路の途中で分かれた後の電流の大きさの和は，分かれる前の電流の大きさや合流した後の電流の大きさと同じである。
(3)0.32 A + 0.32 A = 0.64 A
(4)(5)並列回路では，各部分に加わる電圧の大きさは，電源や回路全体の電圧の大きさに等しくなる。

p.70 ぴたトレ1

1 ①直線　②比例　③オームの法則
④電気抵抗　⑤抵抗(④，⑤は順不同)
⑥オーム　⑦V　⑧I　⑨V　⑩R　⑪R
⑫I (⑪，⑫は順不同)　⑬種類　⑭導体
⑮絶縁体　⑯不導体(⑮，⑯は順不同)

[2]　①和　②小さく　③＋　④1　⑤R_a　⑥1

[考え方] [1] (6)導体と絶縁体の中間の性質をもつ物質を半導体という。半導体の抵抗の大きさは，光の強さや温度などによって変化する。

p.71　ぴたトレ2

[1]　(1)比例(関係)　(2)オームの法則
(3)電熱線a…20Ω　電熱線b…50Ω
(4)電熱線a…0.25A　電熱線b…0.1A
(5)電熱線a…3V　電熱線b…7.5V

[2]　(1)1.2V　(2)1.8V　(3)9Ω

[3]　(1)1A　(2)2A　(3)3Ω

[考え方] [1] (1)グラフが原点を通る直線になっているので，比例(比例関係)だといえる。

(2)回路を流れる電流の大きさは電圧の大きさに比例する。この関係をオームの法則という。

(3)$抵抗〔Ω〕=\dfrac{電圧〔V〕}{電流〔A〕}$であるから，
aは，10V÷0.5A＝20Ω
bは，10V÷0.2A＝50Ω

(4)$電流〔A〕=\dfrac{電圧〔V〕}{抵抗〔Ω〕}$と(3)から，
aは，5.0V÷20Ω＝0.25A
bは，5.0V÷50Ω＝0.1A

(5)電圧〔V〕＝抵抗〔Ω〕×電流〔A〕と(3)から，
aは，20Ω×0.15A＝3V
bは，50Ω×0.15A＝7.5V

[2] (1)回路全体には0.2Aの電流が流れているので，6Ωの電熱線にも0.2Aの電流が流れている。オームの法則から，
6Ω×0.2A＝1.2V

(2)3Ωの電熱線には0.2Aの電流が流れているので，3Ωの電熱線に加わる電圧は，
3Ω×0.2A＝0.6V
よって，回路全体の電圧は，
0.6V＋1.2V＝1.8V

(3)6Ωと3Ωの電熱線を直列につないだ回路なので，全体の抵抗は，
6Ω＋3Ω＝9Ω
[別解]回路全体では，電圧は1.8V，電流は0.2Aであるから，抵抗は，
1.8V÷0.2A＝9Ω

[3] (1)電源の電圧が6Vなので，それぞれの電熱線に加わる電圧も，回路全体に加わる電圧も6Vである。よって，それぞれの電熱線1つに流れる電流は，
6V÷6Ω＝1A

(2)並列回路なので，それぞれの電熱線に流れる電流の和が，回路全体の電流の大きさになる。
1A＋1A＝2A

(3)回路全体の抵抗をR〔Ω〕とすると，
$$\frac{1}{R}=\frac{1}{6}+\frac{1}{6}=\frac{1}{3}$$
$R=3$〔Ω〕
[別解]回路全体では，電圧は6V，電流は2Aであるから，抵抗は，
6V÷2A＝3Ω

p.72　ぴたトレ1

[1]　①電気エネルギー　②電力　③ワット
④電圧　⑤電流　⑥熱量　⑦少なく
⑧電力　⑨時間　⑩ジュール　⑪電力
⑫時間

[2]　①電力量　②ジュール　③電力　④時間
⑤60　⑥60000　⑦キロワット時　⑧4.2

[考え方] [1] (2)電力の単位ワットは，イギリスの発明家ジェームズ・ワットにちなんで名づけられた。

(5)水をあたためている間も，熱は空気中に逃げていくので，保温効果のある材質のコップを使う。

p.73　ぴたトレ2

[1]　(1)6W　(2)6J　(3)360J　(4)㋒　(5)㋒

[2]　(1)18000Ws　(2)18000J　(3)1.6kWh
(4)1600Wh　(5)5760000J

[考え方] [1] (1)電力〔W〕＝電圧〔V〕×電流〔A〕であるから，
1.5V×4A＝6W

(2)1Wの電力で電流を1秒間流すと，1Jの熱が発生する。

(3)熱量〔J〕＝電力〔W〕×時間〔s〕であるから，
6W×60s＝360J

(4)電力が一定の場合，水の上昇温度(電熱線から発生する熱量)は，電流を流した時間に比例する。60秒電流を流したときの上昇温度が0.5℃なので，600秒電流を流したときの上昇温度をx〔℃〕とすると，

60 s：600 s = 0.5℃：x　x = 5℃

(5)電流を流す時間が一定の場合，水の上昇温度(電熱線から発生する熱量)は，電力の大きさに比例する。180秒電流を流したときの上昇温度が1.4℃なので，電力を2倍にして180秒行ったときの上昇温度をy〔℃〕とすると，

1：2 = 1.4℃：y　y = 2.8℃

❷(1)電力量〔J〕= 電力〔W〕×時間〔s〕であるから，300W × 60 s = 18000Ws

(2)1Ws = 1 Jである。

(3)(4)800W × 2 h = 1600Wh = 1.6kWh

(5)1600Wh = 1600W ×（60 × 60）s
　　　= 5760000Ws
　　　= 5760000 J

---

p.74〜75　　　**ぴたトレ3**

❶ (1)電熱線a
(2)a…10Ω　b…50Ω
(3)①0.08 A　②8.3Ω
(4)①60Ω　②9 V

❷ (1)外部に逃げる熱量を少なくするため。
(2)右図
(3)1080 J
(4)1080 J

❸ (1)A，C
(2)150W　(3)0.6kWh

考え方

❶(1)同じ大きさの電圧を加えたとき，流れる電流が大きいほど電流が流れやすいといえる。
(2)図1から，加えた電圧に対する電流の大きさを読みとって計算する。
aは，5 V ÷ 0.5 A = 10Ω
bは，5 V ÷ 0.1 A = 50Ω

(3)①点Pに0.40 Aの電流が流れたことから，電熱線aには0.40 Aの電流が流れたことがわかる。図1から，電熱線aに0.40 Aの電流が流れたときの電圧は4 Vである。このとき，電熱線b(点Q)にも同じように4 Vの電圧が加わるので，4 V ÷ 50Ω = 0.08 A

②電熱線a，bの抵抗は(2)より10Ω，50Ωなので，回路全体の抵抗をR〔Ω〕とすると，

$$\frac{1}{R} = \frac{1}{10} + \frac{1}{50} = \frac{3}{25}$$

$R = 8.33\cdots$Ω

［別解］①より，回路全体では，電圧は4 V，電流は
0.40 A + 0.08 A = 0.48 A
よって抵抗は，
4 V ÷ 0.48 A = 8.33⋯Ω

(4)電熱線a，bの抵抗は(2)よりそれぞれ10Ω，50Ωなので，回路全体の抵抗は，
10Ω + 50Ω = 60Ω
このとき，回路全体を流れる電流は0.15 Aなので，電源の電圧は，
60Ω × 0.15 A = 9 V
［別解］直列回路なので，電熱線a，bに流れる電流も回路全体に流れる電流も0.15 Aである。電熱線a，bに加わる電圧は，
aは，10Ω × 0.15 A = 1.5 V
bは，50Ω × 0.15 A = 7.5 V
よって，電源の電圧は，
1.5 V + 7.5 V = 9 V

❷(1)金属製のコップなどを使うと，金属が熱を伝えやすいために，多くの熱がコップの外に逃げていき，本来の値からのずれが大きくなってしまう。

(2)一定の電圧で電流を流し続ける場合には，電熱線から発生する熱量は，電流を流した時間に比例する。よって，水の上昇温度は，電流を流した時間に比例し，グラフは原点を通る直線となる。また，AとBでは電熱線の電力が異なるので，グラフの傾きも異なる。

(3)1分 = 60 sであるから，
18W × 60 s = 1080 J

(4)3分 = 180 sであるから，
6.0W × 180 s = 1080 J

[3] (1)点Pで回路が切れると，AとCは電流の流れる道筋が途切れてしまうため，使用できなくなる。

(2)全体で使用できる最大の電力は，
$100\,\mathrm{V} \times 5\,\mathrm{A} = 500\,\mathrm{W}$
コンセントDで使用できる電気器具の最大の消費電力を x〔W〕とすると，
$40\,\mathrm{W} + 60\,\mathrm{W} + 250\,\mathrm{W} + x = 500\,\mathrm{W}$
$x = 150\,\mathrm{W}$

(3) $(40 + 60)\,\mathrm{W} \times 6\,\mathrm{h} = 600\mathrm{Wh}$
$= 0.6\mathrm{kWh}$

p.76 ぴたトレ1

[1] ①磁力 ②磁界（磁場） ③磁界の向き ④磁界の向き ⑤磁力線 ⑥N ⑦S ⑧間隔

[2] ①電流 ②強く ③強く ④円状 ⑤電流 ⑥磁界 ⑦電流 ⑧強く ⑨強い ⑩鉄心 ⑪電流 ⑫磁界

考え方
[2] (2)電流の向きと磁界の向きの関係は，ねじの進む向きとねじの回る向きの関係と同じである。
(4)電流が流れる向きに右手の4本の指を合わせると，親指の向きが磁界の向きになる。

p.77 ぴたトレ2

[1] (1)磁力 (2)磁界（磁場） (3)磁力線 (4)B (5)㋓ (6)磁界の向き (7)㋑

[2] (1)A (2)B (3)弱くなる。 (4)C (5)強くなる。 (6)強くなる。

考え方
[1] (3)磁界のようすや磁力の大きさ，向きを表す曲線を磁力線という。磁力線は方位磁針のN極が指す向き（磁界の向き）を順につないでできるもので，N極から出て，S極に入る向きに矢印で表す。

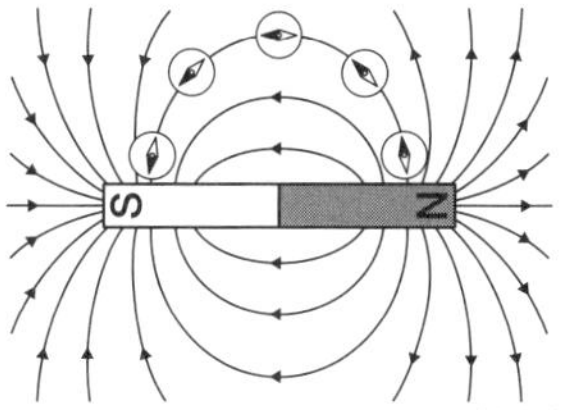

(7)磁界が強いほど，磁力線の間隔が狭い。

[2] (1)(2)導線に電流を流したときにできる磁界の向きは，電流の向きによって決まるので，電流の向きを逆にすると，磁界の向きも逆になる。
(3)導線のまわりにできる磁界の強さは，導線に近いほど強い。
(4)「磁界の向き」と「電流の向き」の関係は，下の図のように，「右手の親指の向き」と「握った右手の他の4本の指の向き」の関係と同じである。

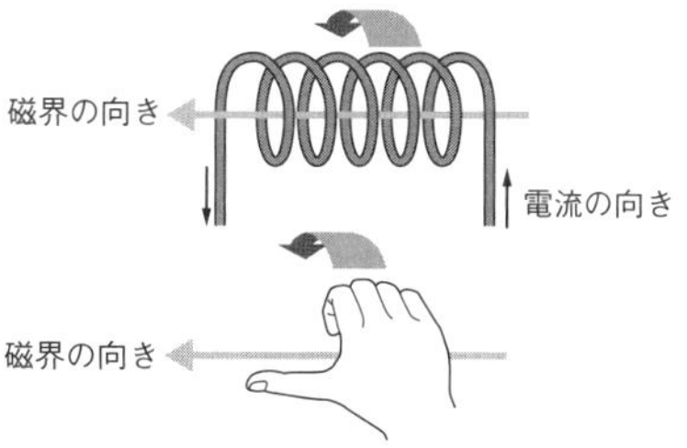

(5)(6)磁界の強さは，電流が大きいほど強く，コイルの巻数が多いほど強い。また，コイルの中に鉄心を入れても強くなる。

p.78 ぴたトレ1

[1] ①力 ②垂直 ③逆 ④大きく ⑤電流 ⑥磁界 ⑦力

[2] ①向き ②磁界の向き ③向き ④整流子 ⑤ブラシ ⑥勢い ⑦電流

考え方
[2] モーターやスピーカーに使われているコイルは，電流が磁界から受ける力を利用して動いている。

p.79 ぴたトレ2

[1] (1)㋓ (2)㋒ (3)㋒ (4)㋐ (5)㋑，㋓

[2] (1)磁界の向き (2)Aブラシ B整流子 (3)コイルに流れる電流の向きを切りかえる。 (4)㋐ → ㋒ → ㋑

考え方
[1] (2)～(4)磁界の中の電流は，電流の向きと磁界の向きに垂直な力を磁界から受ける。ここで，電流の向きが逆になると，力の向きは逆になる。また，磁界の向きが逆になった場合も，力の向きは逆になる。

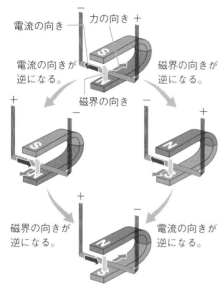

電流の向き ── 力の向き ＋

電流の向きが
逆になる。

磁界の向きが
逆になる。

磁界の向き

磁界の向きが
逆になる。

電流の向きが
逆になる。

(5)磁界の中の電流が受ける力は，次のとき
に大きくなる。
・電流を大きくしたとき
・磁界を強くしたとき

2 (1)矢印Xは，N極から出てS極へ向かう磁
力線（りょくせん）を表しているので，磁界の向きであ
る。
(2)(3)整流子とコイルは，コイルに流れる電
流の向きを切りかえるためのものである。
(4)電流が磁界からの力を受けることで時計
回りの回転を始め，コイルは⑦のように
なる。⑦では電流は流れないのでコイル
は力を受けないが，勢いで⑦まで回転す
る。⑦では，整流子とブラシのはたらき
でコイルに流れる電流の向きが入れかわ
り，再び時計回りの力を得て，⑦まで回
転する。⑦では，⑦と同様にコイルは力
を受けないが，勢いで回転する。

ぴたトレ1

1 ①電圧　②電磁誘導　③誘導電流　④逆
⑤逆　⑥速く　⑦強く　⑧多く　⑨誘導電流
⑩モーター　⑪発電機

2 ①直流　②交流　③直流　④交流　⑤周波数
⑥ヘルツ　⑦交流

考え方

1 (4)磁石やコイルが動いていないときは，コ
イル内の磁界の変化は起こらないので，
電流（でんりゅう）は発生しない。

2 (4)乾電池（かんでんち）から流れる電流は直流（ちょくりゅう）である。

ぴたトレ2

1 (1)誘導電流　(2)電磁誘導
(3)①ⓐ　②ⓐ　③ⓑ　(4)流れない。
(5)⑦，⑦，⑦

2 (1)A　(2)A交流　B直流　(3)周波数

考え方

1 (3)誘導電流（ゆうどうでんりゅう）の向きは，磁石を動かす向きを
逆にしたり，磁界（じかい）の向きを逆にすると，
逆になる。
(4)棒磁石を静止させたときには，磁界が変
化しないので，誘導電流は発生しない。
(5)誘導電流の大きさは，磁界の変化が大き
い（磁石を速く動かす）ほど，磁界が強い
（磁力が強い）ほど，大きくなる。また，
コイルの巻数（まきすう）が多いほど，大きくなる。

2 (1)家庭用のコンセントから得られる電流は
交流（こうりゅう）であり，電流の流れる向きが周期的
に入れかわる。
(2)乾電池（かんでんち）につないだ回路（かいろ）に流れる電流のよ
うに，流れる向きが一定で変わらない電
流を直流といい，直流は常に＋極（プラス）から−
極（マイナス）の向きに流れる。これに対して，コン
セントから流れる電流のように，流れる
向きが周期的に入れかわる電流を交流と
いう。

ぴたトレ3

1 (1)磁界（磁場）　(2)⑦　(3)⑦　(4)前

2 (1)⑦　(2)①⑦　②⑦
(3)コイルが半回転するごとに電流が流れる向
きを切りかえるはたらき。

3 (1)⑦　(2)直流　(3)①周波数　②50Hz
(4)交流　(5)⑦，⑦，⑦

考え方

1 (2)(3)図のコイルのまわりの磁界（じかい）と，いろ
いろな位置に方位磁針を置いたときの針の
ようすは，下の図のようになる。

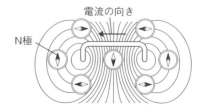

電流の向き

N極

(4)磁界がコイルの軸を通って後ろから前の向きに生じるので，コイルの前がN極，後がS極になるような電磁石ができる。

❷ (1)ａｂの部分もｃｄの部分も磁界の向きは同じである。電流は，ｂ→ａ→ｄ→ｃと流れているので，ａｂの部分とｃｄの部分では電流の向きは逆であり，力の向きも逆になる。そのため，コイルは回転する。

(2)ｃｄの部分もａｂの部分も磁界の向きは(1)のときと同じである。電流は，ｃ→ｄ→ａ→ｂと流れているので，ｃｄの部分とａｂの部分での電流の向きは，それぞれ(1)のときとは逆であり，力の向きはそれぞれ逆になる。その結果，(1)と同じ向きにコイルを回転させる力がはたらく。

(3)図１，図２の状態から$\frac{1}{4}$回転した瞬間に回路が切れるが，回転の勢いで回り，そのときにコイルに流れる電流の向きが切りかわって回転が続く。

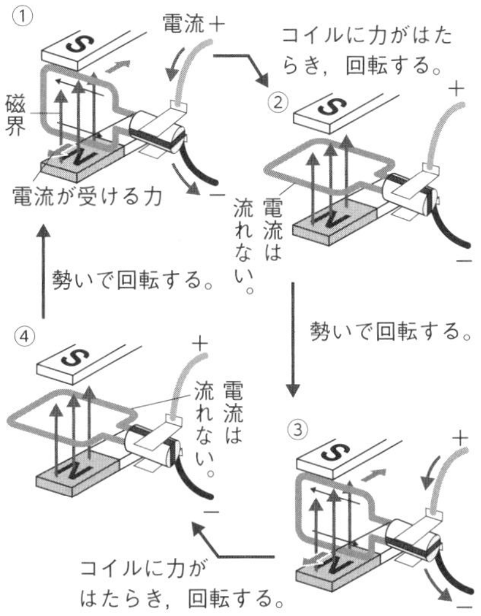

❸ (1)発光ダイオードは，長いあしに直流電源の＋極，短いあしに直流電源の－極をつなぐと光る。

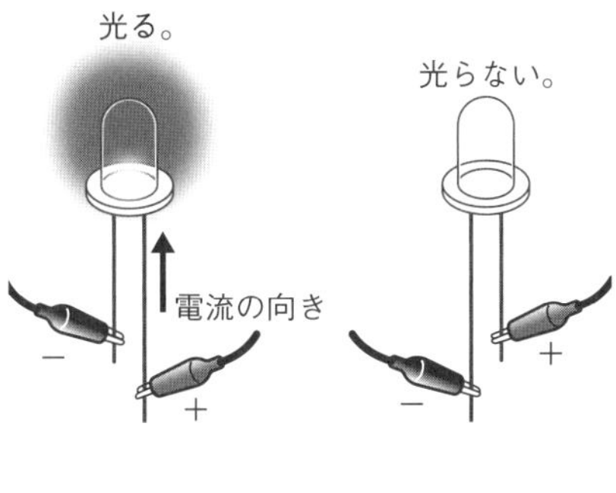

(2)図２のようになったのは，一方の発光ダイオードだけが点灯し，もう一方は消えたままだったからである。このようになるのは，電流の流れる向きが一定で変わらないからであり，このような電流を直流という。

(3)①交流の流れる向きの変化が１秒間に繰り返す回数を交流の周波数という。

②周波数の単位はヘルツ(記号Hz)である。
１秒間の電流の変換をx〔回〕(x〔Hz〕)とすると，
１回：x＝0.02秒：１秒
x＝50回

(4)図３のように，発光ダイオードが交互に点灯するのは，電流の流れる向きが周期的に変化しているからである。このような特徴のある電流は交流である。

(5)乾電池につないだ回路に流れるのは直流である。

p.84 ぴたトレ1

[1] ①静電気　②退け合う　③引き合う　④電気の力　⑤－　⑥＋　⑦－　⑧同じ　⑨異なる

[2] ①放電　②雷　③真空放電　④電気

[考え方]
[1]「＋」はより多い，「－」はより少ないを意味するラテン語である。記号の由来は，船乗りが樽に入れた水について，使って減った位置に「－」の記号をつけ，水を足したときには，縦線を引いて「＋」にしたのが始まりといわれている。

p.85 ぴたトレ2

◆1 (1)㋑　(2)同じ種類の電気　(3)㋒
(4)異なる種類の電気　(5)①－　②－　③＋

◆2 (1)(短時間)光った。 (2)電気
(3)何も起こらない。

考え方
[1] ストローをティッシュペーパーで摩擦すると，－の電気をもった粒子がティッシュペーパーからストローへ移動する。すると，－が減ったティッシュペーパーは＋の電気を帯び，－が増えたストローは－の電気を帯びる。なお，どちらが＋，－を帯びるかは，摩擦する物質の組み合わせによって異なる。
(1)(2)ストローA，Bは同じ種類の電気を帯びているので，退け合う。
(3)(4)ストローとティッシュペーパーは異なる種類の電気を帯びているので引き合う。
[2] (1)(2)摩擦した下敷きには静電気がたまり電気を帯びている。この電気がネオン管へ流れるため，ネオン管が光る。
(3)一度放電すれば，下敷きにたまっていた電気はなくなるので，再び下敷きとネオン管をつけても，放電は起こらない。

p.86 ぴたトレ1

[1] ①－ ②電子 ③－ ④＋ ⑤－ ⑥＋ ⑦電子線(陰極線) ⑧電子 ⑨＋ ⑩電子 ⑪－ ⑫＋

[2] ①放射線 ②放射性物質 ③α線 ④β線 ⑤γ線 ⑥自然放射線 ⑦透過性 ⑧滅菌

考え方
[1] (2)電子線が発見された当時，その正体は知られていなかったため，－極(陰極)から出ていることにちなんで「陰極線」と名づけられた。
[2] (1)放射線の量の単位であるシーベルト(記号Sv)は，スウェーデンの研究者，ロルフ・シーベルトの名前に由来している。

p.87 ぴたトレ2

[1] (1)電子線(陰極線) (2)電子 (3)－ (4)B，D
[2] (1)電子 (2)(1)の粒子㋑ 電流㋐
(3)電子の流れ
[3] (1)放射性物質 (2)㋐ (3)㋑，㋒，㋔

考え方
[1] (1)(2)(3)－の電気をもつ電子が，蛍光板に当たることで蛍光板が光ってできる線を電子線(陰極線)という。
(4)電子が出てくるAが－極で，電子が入るBが＋極になる。また，－の電気をもつ電子がつくっている電子線が下へ曲がっていることから，－が引きつけられるDは＋極とわかる。
[2] (1)(3)電流の正体は，導線の中を移動する電子の流れである。
(2)電流の向きは＋極→－極と決められている。電子は－極から出て＋極に向かって流れる。
[3] (1)放射線を出す物質を，放射性物質という。
(2)α線は紙を透過することもできず，β線は，紙は透過するがうすい金属板を透過できない。γ線やX線が透過できないのは厚い鉛の板で，うすい金属板は透過する。
(3)放射性物質は空気中や食物中にもあるので，㋐は誤り。空港の手荷物検査は，放射線の透過性を利用しているので，㋓は誤り。

p.88～89 ぴたトレ3

[1] (1)裂いたひもどうしが同じ種類の電気を帯びて退け合っているから。
(2)①電子 ②－
(3)互いに引きつけられる。
(4)細く裂いたポリエチレンのひもとティッシュペーパーが，異なる種類の電気を帯びているから。
[2] (1)静電気 (2)放電
(3)下敷きでセーターを摩擦する回数を多くする。
(4)㋑，㋓
[3] (1)－極から出ているものがある。
(2)現れない。 (3)電子線(陰極線)
(4)明るい線が(上へ)曲がる。

考え方
[1] (1)ティッシュペーパーで摩擦したことで，細く裂いたひもの1本1本が同じ種類の電気を帯び，互いに退け合うため，図2のように広がる。

(2)ティッシュペーパーで摩擦したことで，ティッシュペーパーの電子がポリエチレンのひもへ移動した。電子は－の電気をもつので，－が減ったティッシュペーパーは＋の電気を帯び，ポリエチレンのひもは－が増えて－の電気を帯びた。

(3)(4)ティッシュペーパーと細く裂いたポリエチレンのひもは，異なる種類の電気を帯びているので，引き合う。

❷ (1)摩擦によって起こる電気を静電気という。

(2)たまっていた電気が流れ出す現象を放電という。

(3)静電気をたくさんためればよい。

❸ (1)十字形の金属板が，－極から出たものを遮ったために影ができている。

(2)十字形の金属板の真下から電子が放出されることになるので，影はできない。

(4)磁界の中の電流は，磁界から力を受けるので，その力の向きに電子線が曲がる。

気象のしくみと天気の変化

p.90 ぴたトレ 1

[1] ①気温　②気象要素　③快晴　④晴れ　⑤くもり　⑥快晴　⑦くもり　⑧雪　⑨霧

[2] ①ヘクトパスカル　②障害物　③16　④13　⑤1.5　⑥直射日光　⑦差　⑧(乾湿計用)湿度表　⑨26　⑩84

考え方

[2] (7)乾球が26℃，湿球が24℃なので，乾球と湿球の差は，26℃－24℃＝2℃

下のように表を使って，湿度を読みとる。

乾球の読み〔℃〕	乾球と湿球との目盛りの読みの差〔℃〕 0	1	2	3
26	100	92	84	76
25	100	92	84	76
24	100	91	83	75
23	100	91	83	75

p.91 ぴたトレ 2

◆1 (1)A㋐　B㋒　C㋔

(2)A快晴　B晴れ　Cくもり

(3)A㋐　B㋓　C㋒

◆2 (1)A㋒　B㋑　(2)A㋒　B㋓

◆3 (1)27℃　(2)77％

考え方

◆1 (1)(2)雲量とは，空全体を10としたときの雲が占める割合のことである。雲量が0と1のときは快晴，2～8のときは晴れ，9と10のときはくもりとなる。

(3)晴れ(⦶)とくもり(◎)はまちがえやすいので注意が必要である。

◆2 (1)(2)A：気圧を測定するときは，アネロイド気圧計などの気圧計を使う。単位にはヘクトパスカル（hPa）を用いる。1気圧は1013 hPaである。

B：風向は，風のふいてくる方向を16方位で表す。風力階級は13段階に分かれていて，風速から求める方法と，周辺のようすから調べる方法がある。

◆3 (2)乾球が27℃，湿球が24℃を示しているので，その差は3℃である。よって，湿度表の乾球の示す温度(27℃)と，乾球と湿球の示す温度の差(3℃)の交点にある77が湿度の値となる。

p.92 ぴたトレ 1

[1] ①気圧　②気温　③湿度　④下がる　⑤上がる　⑥小さい　⑦低く　⑧熱　⑨日の出　⑩地面　⑪気温　⑫2

考え方

[1] 1日の中でも，気温や湿度などの気象要素は変化し，天気によっても変化のしかたは変わる。

p.93 ぴたトレ 2

◆1 (1)ⓐ　(2)㋐

(3)①湿度　②気温　(4)㋓

(5)気温と湿度の変化が小さく，午後には気温が上がっているから。

◆2 (1)A湿度　B気温　C気圧

(2)2日目　(3)放射冷却

(4)晴れたときは気圧が高くなり，くもりや雨のときは気圧が低くなることが多い。

考え方

◆1 (1)9日は，ⓐが高くなるとⓑが低くなり，午後2時ごろにⓐが最高になっているので，ⓐが気温，ⓑが湿度である。

(2)(3)晴れた日の気温は，日の出とともに上昇し，午後2時ごろに最も高くなる。また，湿度の変化は，気温の変化とほぼ逆になる。

(4)(5)18日は，気温，湿度ともに変化が小さく，午後から気温が少しずつ上がるので，㋓が最も適している。

[2] (1)気温が上がると湿度は下がり，晴れた日には気温が山のような形になるので，B は気温，A は湿度と考えられる。

(2)気温(B)がほとんど上がらず湿度(A)が高い状態が続いている2日目は雨かくもりと考えられる。

(3)雲がない夜は，熱が宇宙空間へ逃げていく放射冷却によって気温が下がる。

p.94〜95 ぴたトレ3

[1] (1)晴れ　(2)⦶　(3)南西　(4)㋒

[2] (1)A　(2)14℃　(3)89%

(4)A 11℃　B 13℃　(5)小さくなる。

(6)㋒

[3] (1)b　(2)㋑

(3)日の出とともに気温が上昇し，午後2時ごろに最高に達しているから。

(4)①太陽放射(太陽光)　②空気　③正午

考え方

[1] (1)図1の雲量は4〜5なので，晴れである。

(3)風向は，風がふいてくる方角である。ふき流しが北東へたなびいているときは，南西から風がふいている。

(4)㋐は風力7，㋑は風力10，㋒は風力3，㋓は風力0のようすである。

[2] (1)湿球は乾球よりも低い温度を示す。したがって，A は湿球，B は乾球である。

(2)乾球の示す温度は，その場の気温である。

(3)乾球が14℃，湿球が13℃を示しているので，その差は1℃である。よって，乾湿計用湿度表の乾球の温度(14℃)と，乾球と湿球との目盛りの読みの差(1℃)の交点にある89が湿度の値となる。

(4)乾湿計用湿度表より，湿度が77%になるのは，乾球が13℃で，乾球と湿球との目盛りの読みの差が2℃のときだとわかる。

(5)乾湿計用湿度表より，湿度が上がるほど，乾球と湿球との目盛りの読みの差が小さくなることが読みとれる。

[3] (1)晴れた日は，日中に気温が上がるにつれて湿度が下がるので，a が湿度，b が気温だとわかる。

(2)(3)1日目は，最高気温が午後2時で，気温が高くなると湿度が低くなり，気温が低くなると湿度が高くなっているので，晴れていたと考えられる。

p.96 ぴたトレ1

[1] ①質量　②気圧　③ヘクトパスカル　④大気　⑤気圧　⑥同じ　⑦大きく　⑧圧力　⑨パスカル　⑩1　⑪力　⑫面積　⑬同じ　⑭1013　⑮大きく　⑯小さく

考え方

[1] (1)地球をとりまく気体を大気といい，その中で地表面に近い部分の大気を一般に空気という。

p.97 ぴたトレ2

[1] (1)20 N　(2)0.01 m^2　(3)2000 Pa

(4)①0.0025 m^2　②8000 Pa　③㋐

(5)①2000 Pa　②㋒

[2] (1)山頂　(2)気圧(大気圧)　(3)㋐

考え方

[1] (1)100 g の物体にはたらく重力の大きさが1 N なので，2 kg = 2000 g の物体にはたらく重力は20 N になる。

(2)10 cm = 0.1 m なので，

$0.1\,m \times 0.1\,m = 0.01\,m^2$

(3)$\frac{20\,N}{0.01\,m^2} = 2000\,Pa$

(4)①5 cm = 0.05 m なので，

$0.05\,m \times 0.05\,m = 0.0025\,m^2$

②$\frac{20\,N}{0.0025\,m^2} = 8000\,Pa$

③圧力が大きくなるので，スポンジのへこみ方も大きくなる。

(5)①ペットボトルの向きを変えても，質量は変わらないので，圧力は(3)と同じ2000 Pa になる。

②圧力が(3)と同じなので，へこみ方は変わらない。

[2] (3)気圧は地表が最も大きく，標高が高くなるほど小さくなる。

p.98 ぴたトレ1

[1] ①高気圧 ②低気圧 ③等圧線 ④4
⑤20 ⑥北東 ⑦3 ⑧天気図

[2] ①下降気流 ②上昇気流 ③時計 ④反時計
⑤高い ⑥低い ⑦晴れる ⑧雨 ⑨強く

[考え方]
[1] (2)等圧線は，2 hPaごとに引かれるときは点線になる。

p.99 ぴたトレ2

◆1 (1)くもり (2)南西 (3)3 (4)等圧線
(5)A高気圧 B低気圧 (6)1012 hPa

◆2 (1)a (2)㋑
(3)㋑ (4)㋐

[考え方]
◆1 (1)記号◎は，くもりを表す。
(2)南西の向きにかかれた矢羽根は，南西からふいてくる「南西の風」を表している。
(3)矢羽根が3本かかれているので，風力は3を表している。
(5)Aはまわりから中心へ1016 hPa，1020 hPaと高くなっているので高気圧，Bはまわりから中心へ1008 hPa，1004 hPaと低くなっているので低気圧である。

◆2 (1)等圧線の間隔が狭いほど強い風がふく。
(2)図では左側には低気圧，右側には高気圧がある。北半球では，低気圧のまわりの風は，低気圧の中心に向かって，反時計回りにふきこんでいる。
(3)高気圧では，中心から時計回りに風がふき出し，中心付近では下降気流ができる。
(4)雲は上昇気流ができるところに発生するので，下降気流が生じる高気圧(X)の中心付近にはできず，晴れになる。

p.100~101 ぴたトレ3

❶ (1)㋒ (2)500 Pa (3)10倍

❷ (1)大きくなる。(増える。) (2)㋐ (3)㋑

❸ (1)4 hPaごと (2)低気圧
(3)最も強い地点…A
最も弱い地点…C
(4)等圧線の間隔が狭いほど，強い風がふくから。
(5)A地点㋐ B地点㋒ (6)①○ ②× ③○

[考え方]
❶ (1)三角フラスコの向きを反対にしても，質量の400 gは変化しないので，スポンジを押す力は等しい。
(2)400 gの物体にはたらく重力は4 Nであり，80 cm² = 0.008 m²なので，

$$\frac{4\ \mathrm{N}}{0.008\ \mathrm{m}^2} = 500\ \mathrm{Pa}$$

(3)8 cm² = 0.0008 m²なので，

$$\frac{4\ \mathrm{N}}{0.0008\ \mathrm{m}^2} = 5000\ \mathrm{Pa}$$

❷ (1)(2)火のついたマッチを入れたために，コップの中にあった空気が，あたためられて体積が大きくなり，コップの外へ出ていく。このとき，出ていった空気の質量の方が，マッチが燃えて残った灰(燃えがら)よりも多かったと考えられる。
(3)コップの中にあってあたためられた空気の温度が下がったために体積が小さくなった。そのため，コップの中の気体の圧力が，コップの外の気圧よりも小さくなり，外側から押されることになった。

❸ (2)まわりよりも中心の気圧が低いところを低気圧という。
(3)(4)等圧線の間隔が狭いところほど，強い風がふいている。
(5)高気圧の中心からは時計回りに風がふき出し，低気圧の中心へは反時計回りに風がふきこむ。また，高気圧の中心付近では天気はよく，低気圧の中心付近は，雨やくもりになる。
(6)1000 hPaと1004 hPaのほぼ中間にあるA地点は1002 hPaと推定できる。同様に，B地点は1018 hPa，C地点は1014 hPa，D地点は1017 hPaと推定できる。
①1気圧は1013 hPaなので正しい。
②C地点は1014 hPaなので誤り。
③D地点は1017 hPaなので正しい。

p.102 ぴたトレ1

[1] ①凝結 ②露点 ③室温 ④くもり
⑤露点 ⑥水蒸気

[2] ①飽和 ②飽和水蒸気量 ③凝結
④飽和水蒸気量 ⑤高く ⑥湿度 ⑦水蒸気
⑧飽和水蒸気量 ⑨気温 ⑩湿度

考え方

[1] (2)くみ置きの水を使う理由は，冷えた水を使用すると，すでに室温の露点より低い可能性があるため，露点の測定ができなくなるからである。

[2] (5)空気中の水蒸気が水滴になるときの湿度は100％である。

p.103 ぴたトレ2

[1] (1)室温 (2)㋒ (3)露点

[2] (1)30.4 g (2)㋒ (3)25℃ (4)100％ (5)5.8 g (6)㋑

考え方

[1] (1)水温が室温の露点に達していると，露点の測定ができなくなるため，室温と同じになった水を使用する必要がある。

(2)コップのまわりの空気が冷やされて，水蒸気が凝結して水滴になったものである。

[2] (1)表から，30℃の飽和水蒸気量を読みとればよい。

(2) $\dfrac{23.1\ \mathrm{g}}{30.4\ \mathrm{g}} \times 100 = 75.98\cdots$〔％〕

(3)飽和水蒸気量が23.1 g / m^3である温度を表から読みとる。

(4)空気が露点に達したとき，飽和水蒸気量は実際に含まれている水蒸気量なので，湿度は100％になる。

(5)20℃の飽和水蒸気量は17.3 g / m^3なので，23.1 g − 17.3 g = 5.8 g

p.104 ぴたトレ1

[1] ①質量 ②低く ③する ④低下 ⑤(くもりが)消えた ⑥下がった ⑦しぼむ ⑧気圧 ⑨露点 ⑩氷 ⑪雲 ⑫霧

[2] ①上昇気流 ②雨 ③雪 ④太陽 ⑤循環 ⑥水蒸気

考え方

[1] (3)水蒸気が冷えて水滴や氷の粒になるとき，芯となる微粒子(凝結核)が必要になる。線香の煙は，その微粒子の役割を果たしている。

p.105 ぴたトレ2

[1] (1)㋒

(2)フラスコの中…白くくもる。
ゴム風船…膨らむ。

(3)フラスコの中…くもりが消える。
ゴム風船…しぼむ。

(4)①膨張 ②下がる ③雲 (5)霧

[2] (1)①㋑ ②㋐ ③㋓ ④㋒

(2)太陽のエネルギー

考え方

[1] (1)雲をつくるには，水蒸気のほかに，水滴の核となる物質が必要になる。その核となる物質として線香の煙を使用する。

(2)ピストンを引くと，フラスコ内の空気が膨張し，温度が下がって露点に達する。その結果，水滴が生じて白くくもる。また，フラスコ内の空気が膨張するとき，気圧が低くなるので，ゴム風船の中の空気が膨張して，風船が膨らむ。

(3)ピストンを押すと，(2)のときとは逆になる。フラスコ内の空気は圧縮され，温度が上がる。白いくもりである水滴は，再び水蒸気に戻って見えなくなる。

[2] (1)(2)水は気体，液体，固体とそのすがたを変えながら，常に地球上を循環している。水を循環させるエネルギーのもとは太陽放射である。

p.106 ぴたトレ1

[1] ①気団 ②寒気団 ③暖気団 ④前線面 ⑤前線 ⑥停滞前線 ⑦温暖前線 ⑧寒冷前線

[2] ①寒冷前線 ②温暖前線 ③強い ④短い ⑤北 ⑥下がる ⑦広い ⑧上がる

考え方

[2] (2)積乱雲はかみなり雲，入道雲ともよばれ，雷やひょう，大雨をもたらす。

p.107 ぴたトレ2

[1] (1)ⓐ暖気団 ⓑ寒気団 (2)停滞前線

(3)①前線B…寒冷前線 前線C…温暖前線
②前線B…㋐ 前線C…㋒

[2] (1)㋒ (2)寒冷前線

(3)前線A－B…㋑ 前線A－C…㋐ (4)㋑

考え方

1 (3)①日本列島付近では，ふつう，低気圧の東側（進む方向）に温暖前線，西側（後方）に寒冷前線ができる。

2 (1)B－A－Cの前線を境に，南の方が暖気で，北の方が寒気である。

(2)日本列島付近では，ふつう，低気圧の東側（進む方向）に温暖前線，西側（後方）に寒冷前線ができる。

(4)P地点はこの後，温暖前線が通過して雨がやみ，暖気に覆われるので気温が上がる。

p.108 ぴたトレ1

1 ①西　②東　③西　④寒冷　⑤温暖　⑥閉塞前線　⑦寒気　⑧閉塞前線　⑨気象要素　⑩寒冷前線　⑪気圧

2 ①偏西風　②西　③東　④偏西風　⑤風　⑥10

考え方

2 (2)温帯低気圧とは，中緯度の偏西風帯に沿って発生・発達する低気圧のことで，前線をともなう。また，移動性高気圧とは，温帯低気圧の後から低気圧とともに移動してゆく高気圧のことである。

p.109 ぴたトレ2

1 (1)西から東　(2)寒冷前線　(3)閉塞前線　(4)㋒

2 (1)14時ごろ　(2)㋒

3 (1)偏西風　(2)㋒　(3)㋐

考え方

1 (1)日本付近の低気圧は，偏西風の影響によって，西から東に移動する。

(4)㋐は寒冷前線，㋑は停滞前線，㋒は閉塞前線，㋓は温暖前線の記号である。

2 (1)14時と15時の間に気温が急に下がったこと，風向の変化，気圧の変化に注目する。

(2)気温が急に下がっているので，寒冷前線が通過したと考えられる。逆に，前線が通過した後に気温が上がっていたなら，それは温暖前線であると考えられる。

3 (1)日本が位置する中緯度の上空には西風がふいている。この西風を偏西風という。偏西風は，地球規模での大気の動きの一部で，日々の天気変化と関係が深い。

p.110～111 ぴたトレ3

1 (1)露点　(2)12.8 g　(3)55%　(4)㋐，㋓

2 (1)大きくなる。

(2)フラスコ内の空気に含まれる水蒸気量を多くするため。

(3)㋐　(4)㋒　(5)100%

(6)雲は空気のかたまりが上昇して温度が下がってできるが，霧は地表付近で空気が冷やされてできる。

3 (1)A－B寒冷前線　A－C温暖前線

(2)㋐　(3)㋑

考え方

1 (1)空気が冷えて，空気中の水蒸気が水滴になり始めるときの温度を露点という。

(2)表から，15℃のときの飽和水蒸気量の値を読みとればよい。

(3)25℃での飽和水蒸気量が23.1 g / m³なので湿度は，

$$\frac{12.8\ \mathrm{g}}{23.1\ \mathrm{g}}\times 100 = 55.4\cdots \text{〔\%〕}$$

(4)湿度を下げるには，温度を上げて飽和水蒸気量を増やすか，空気中の水蒸気量を減らすとよい。

2 (1)空気は上昇すると，体積が膨張して温度が下がる。

(2)フラスコ内の空気に含まれる水蒸気量を飽和水蒸気量に近づけることで，少しの温度変化でもすぐに露点に到達させることができ，変化が見やすくなる。

(3)ピストンを引くと，フラスコ内の空気が膨張して温度が下がる。このとき，空気が露点に達して，水蒸気が水滴になるため，フラスコの中がくもって見える。逆に，ピストンを押すと，フラスコ内の空気が圧縮されて温度が上がる。すると，水滴は再び水蒸気に戻り，くもりが消える。

(4)空気が露点に達して，水蒸気が水滴になり始めるところなので，㋒である。

(5)水蒸気で飽和している状態なので，100%である。

3 (1)日本列島付近では，ふつう，低気圧の東側（進む方向）に温暖前線，西側（後方）に寒冷前線ができる。

(2)A－Bは寒冷前線である。寒冷前線付近では積乱雲が発達し，せまい範囲に強い雨が短い時間降る。突風や雷をともなうこともある。寒冷前線の通過後は，風向は南寄りから西または北寄りに急変し，気温が下がる。

p.112 ぴたトレ1

[1] ①上海　②冬

[2] ①上昇気流　②海から陸(陸)　③下降気流　④陸から海(海)　⑤季節風　⑥夏　⑦冬　⑧シベリア気団　⑨オホーツク海気団　⑩小笠原気団　⑪太平洋　⑫南東　⑬大陸　⑭北西

考え方

[2] (2)「オホーツク」は狩猟という意味のロシア語で，ロシアのハボロフスク地方にある町の名前にもなっている。

p.113 ぴたトレ2

[1] (1)上海は降水量が他の都市と同じ程度だが，リヤドは極端に少ない。

(2)降水量は東京では夏から秋に多く，新潟では冬に多い。

[2] (1)気団A…シベリア気団

気団B…オホーツク海気団

気団C…小笠原気団

(2)気団A…㋔　気団B…㋑，㋓

気団C…㋒

(3)気団A…㋓　気団B…㋒　気団C…㋐

(4)①上昇　②大陸　③下がる　④南東

(5)放射冷却　(6)北西

考え方

[1] (1)リヤドの降水量が，他の都市と比べて極端に少ないことが読みとれる。

(2)新潟の冬は大雪となることが多く，降水量が多い。

[2] (3)大陸の上空にできる気団は乾燥しており，海洋の上空にできる気団は湿潤である。また，北半球では，北にできる気団は寒冷で，南にできる気団は温暖である。

(5)(6)冬は，大陸は弱い日射と放射冷却により，海洋よりも気温が下がる。すると，海洋では上昇気流，大陸では下降気流が生じ，海洋の気圧が下がり，陸から海に向かって風がふく。その風向は気団Aから気団Cへ向かう北西になる。

p.114 ぴたトレ1

[1] ①春　②つゆ　③夏　④秋　⑤冬　⑥高気圧(移動性高気圧)　⑦低気圧　⑧つゆ　⑨梅雨前線　⑩東西　⑪蒸し暑い　⑫秋雨　⑬移動性高気圧(高気圧)　⑭西高東低　⑮乾いた　⑯台風

[2] ①高潮　②竜巻　③水　④降水

考え方

[1] (7)台風は，温帯低気圧と異なり，等圧線は同心円状で前線はない。

[2] 日本は雨や雪による災害が多いが，豊富な降水によって豊かな自然が育まれている。

p.115 ぴたトレ2

[1] (1)A㋔　B㋒　C㋓　D㋑

(2)Aシベリア気団　B小笠原気団

(3)西高東低

(4)太平洋側…乾燥した晴天が続く。

日本海側…大量の雪が降る。

(5)①熱帯低気圧　②17.2　③台風

(6)梅雨前線

(7)小笠原気団，オホーツク海気団

[2] (1)㋐　(2)㋒

考え方

[1] (1)～(3)(6)Aはユーラシア大陸にあるシベリア気団(シベリア高気圧)とオホーツク海上の低気圧が見られ，等圧線が縦じまのように見える西高東低の気圧配置となっていることから冬である。

Bは太平洋上から日本列島までを広く覆う大きな太平洋高気圧(小笠原気団)が見られることから夏である。

Cは台風が見られ，移動性高気圧と低気圧が西から東に向かって交互に日本列島を通過していることから秋である。

Dは東西にのびる停滞前線が見られることからつゆである。

(4)冬は，シベリア気団からふき出した風が日本海を渡るときに大量の水蒸気を含み，日本列島にぶつかって上昇気流となるため雲ができ，日本海側に大雪をもたらす。日本列島を越えた風は下降気流となって太平洋側にふき下りるため，雲が消えて乾燥した晴天となる。

[2] (1)雷は，夕立などの局所的な積乱雲の発達によって起こることが多く，台風ではほとんど起こらない。

(2)大雪が降ると，交通網が遮断され，物流などが停滞することがある。また，雪下ろしの際の事故や雪崩などが起こることもある。

p.116～118 ぴたトレ3

[1] (1)夏 (2)太平洋高気圧(小笠原高気圧)
(3)㋐ (4)南東 (5)㋓

[2] (1)㋑ (2)梅雨前線
(3)小笠原気団，オホーツク海気団
(4)西高東低 (5)台風

[3] (1)冬 (2)シベリア気団 (3)㋓ (4)A㋒ B㋓
(5)a㋕ b㋑

[4] (1)(台風の)目 (2)㋓ (3)㋐
(4)①凝結(状態変化) ②熱
(5)太平洋高気圧(小笠原気団)のへりを回るように進むから。

[5] (1)太陽(のエネルギー) (2)㋒ (3)積乱雲
(4)㋒

考え方

[1] (1)(2)図のXは，太平洋高気圧(小笠原高気圧)であり，夏の天気図である。

(3)図の３か月後は秋であり，太平洋高気圧(小笠原高気圧)の勢力は衰えている。

(4)夏は，太平洋高気圧(小笠原高気圧)からユーラシア大陸に向かって南東の季節風がふく。

(5)夏は，強い日差しであたためられた地表近くの大気が上昇気流となり，積乱雲ができて雷雨が起こることがある。

[2] (1)東西にのびた停滞前線があるA，Cのうち，台風(X)があるCが10月(秋)であり，Aは５月(つゆ)である。
Bは，西の大陸上の高気圧と東のオホーツク海上の低気圧による西高東低の縦じまのような等圧線が見られるので，１月(冬)である。

(2)(3)Aは５月(つゆ)なので，この天気図の停滞前線は梅雨前線である。梅雨前線は，オホーツク海気団と小笠原気団がぶつかってできる。

[3] (3)～(5)シベリア気団は北極圏に近い大陸にできるので寒冷・乾燥である。シベリア気団からふき出す季節風は，日本付近では北西の風となる。この風が日本海を渡るときに大量の水蒸気を含むので，Aは寒冷・湿潤になる。その後，日本列島を越えるときに上昇気流となって雲ができ，日本海側に雪を大量に降らせて，水蒸気を失う。そのため，太平洋側へはBの寒冷・乾燥の下降気流としてふき下りるため，太平洋側は乾燥した晴天となることが多い。

[4] (3)(4)台風(熱帯低気圧)は，高温・多湿の熱帯の海上で発生する。高温の海面から蒸発する水蒸気が凝結(気体から液体への状態変化)するときの熱をエネルギー源としている。

(5)台風は太平洋高気圧(小笠原気団)を突っ切って進むことはできないので，太平洋高気圧のへりを回るような進路をとる。このため，太平洋高気圧が日本付近に大きく張り出している７～９月は遠回りするようなコースを通ることが多い。

[5] (1)自然界における水の循環や大気を動かすエネルギー源の多くは，太陽のエネルギーである。

定期テスト予想問題 〈解答〉 p.120～135

p.120～121 予想問題 1

1 (1)CO_2 (2)水
(3)青色の塩化コバルト紙をつけると赤色になる。
(4)発生した液体(水)が加熱部分に流れこむと試験管が割れることがあるから。
(5)㋐，㋓

2 (1)4目盛り (2)陽極
(3)(純粋な水は)電流を流すために大きな電圧が必要だから。
(4)○●○ ○●○ ⟶ ○○ ○○ ＋ ●●

3 (1)化学変化により鉄がなくなっているから。
(2)試験管A㋓ 試験管B㋑
(3)Fe ＋ S ⟶ FeS

4 (1)試験管内の気体の温度が下がって，気体の体積が小さくなるから。
(2)空気中の酸素が試験管に入るのを防ぐため。
(3)酸化銅…還元 炭素…酸化
(4)物質…銅
方法と結果…こすると光る(金属光沢が出る)。
(5)2CuO ＋ C ⟶ 2Cu ＋ CO_2

考え方

1 (1)(2)炭酸水素ナトリウムを加熱すると分解して，炭酸ナトリウム，二酸化炭素，水が生じる。
(4)加熱で生じた水が試験管の加熱部分にふれると，急激な温度変化により試験管が割れることがある。
(5)炭酸水素ナトリウムが熱分解した後に残るのは炭酸ナトリウムである。

2 (1)水を電気によって分解すると，陽極からは酸素が，陰極からは水素が発生する。このときの体積の比は，酸素：水素＝1：2である。
(2)火のついた線香が激しく燃えるのは，酸素の性質である。
(3)純粋な水はほとんど電流を通さず，通すためには大きな電圧が必要になる。
(4)化学反応式では，$2H_2O \longrightarrow 2H_2 + O_2$であり，これをモデルで表す。

3 (1)鉄と硫黄の化学変化でできる硫化鉄は，鉄とは別の物質なので，磁石を引きつけるという鉄の性質はない。
(2)試験管Aには鉄と硫黄の混合物が入っていて，鉄がそのまま存在しているので，塩酸を加えると鉄と反応して水素が発生する。試験管Bでは硫化鉄と塩酸が反応して硫化水素が発生する。

4 (2)試験管の中に生じた銅は，反応の直後は高温で，酸素と結びつきやすい。そのため，ピンチコックでゴム管を閉じないと空気が流れこみ，銅が酸化銅に戻ってしまう。
(4)生じた銅は金属であり，こすると光って金属光沢が出る。

出題傾向

炭酸水素ナトリウムの熱分解や水の電気による分解，鉄と硫黄の混合物を加熱する実験はよく出る。実験操作の目的をよく理解し，化学変化に関係する物質の名前と化学式，化学反応式はしっかり頭に入れておこう。

p.122～123 予想問題 2

1 (1)①鉄(粉) ②酸素 ③酸化 (2)発熱反応
(3)反応熱 (4)㋑，㋓

2 (1)㋒ (2)㋒ (3)質量保存の法則
(4)発生した気体が空気中に逃げていくので，質量が減る。

3 (1)2Cu ＋ O_2 ⟶ 2CuO
(2)右図
(3)4：1
(4)0.6 g
(5)28.0 g

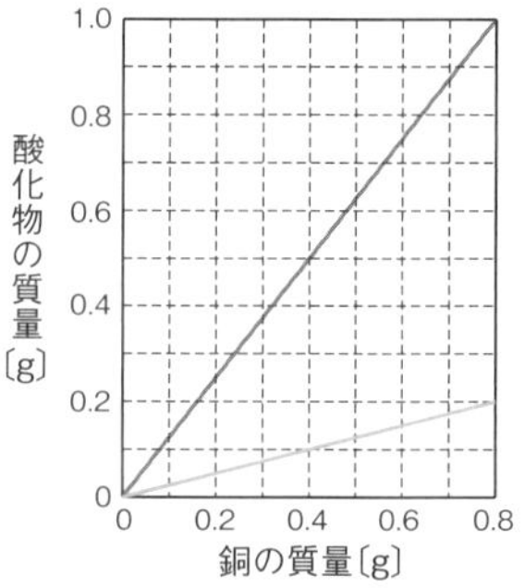

考え方

1 (1)インスタントかいろは，鉄粉と酸素の化学変化(酸化)で出る熱を利用している。
(3)化学変化において出入りする熱を，反応熱という。

(4)㋐，㋒は吸熱反応，㋑，㋓は発熱反応である。

[2] (1)この実験で起こった化学変化は，次のとおりである。
炭酸水素ナトリウム＋塩酸
$\longrightarrow$塩化ナトリウム＋二酸化炭素＋水

(2)(3)密閉していて物質の出入りがないので，化学変化が起きても質量は変化しない。このことを，質量保存の法則という。

(4)ふたをあけたまま実験を行うと，発生した二酸化炭素は空気中へ逃げていく。そのため，化学変化が進めば進むほど，全体の質量は減っていく。

[3] (1)銅はCu，酸素はO_2，酸化銅はCuOである。酸素原子の数をそろえるためにCuOは2個として，それにともないCuも2個とする。

(2)(銅と結びついた酸素の質量)＝(酸化銅の質量)－(銅の質量)である。

(3)(銅の質量)：(結びついた酸素の質量)
$= 0.8\ g : 0.2\ g = 4 : 1$

(4)2.4 gの銅と結びつく酸素の最大質量をx〔g〕とすると，
$2.4g : x = 4 : 1 \quad x = 0.6\ g$

(5)35.0 gの酸化銅を得るために必要な銅の質量をx〔g〕とすると，
$x : 35.0 = 4 : 5 \quad x = 28.0\ g$

出題傾向

金属の質量と結びつく酸素の質量の比を調べる実験はよく出る。実験操作の目的や実験結果の測定値が何を意味しているのかを理解しておこう。また，表やグラフをもとにした計算問題にも慣れておこう。

p.124～125 予想問題 3

[1] (1)図1 (2)A (3)C液胞 D葉緑体
(4)①B ②核
③酢酸カーミン液(酢酸オルセイン液)
(5)形やはたらきが同じ細胞。

[2] (1)対照実験 (2)A (3)光合成 (4)デンプン
(5)液の色が変わったのはオオカナダモのはたらきであること。

[3] (1)蒸散 (2)気孔 (3)裏側 (4)57 mm
(5)根で吸収した水が道管を通ってやってくる。

[4] (1)根毛 (2)ⓑ，ⓓ (3)道管 (4)維管束
(5)双子葉類
(6)表面積が大きくなり，水や水に溶けた無機養分を効率よく吸収できる。

考え方

[1] (1)(3)図2には，Cの液胞，Dの葉緑体，Eの細胞壁が見られるので，植物の細胞である。これらが見られない図1が，動物の細胞である。

[2] (2)(3)BTB液は，液中の二酸化炭素が多いと黄色(酸性)，少ないと青色(アルカリ性)に変化する。試験管Aではオオカナダモが光合成を行うため，水に溶けている二酸化炭素が使われて減るので，液の色は黄色から緑色，その後青色に変化する。

(5)液の色が変わるのがオオカナダモのはたらきによるものであることを確かめるためには，オオカナダモの有無以外の条件を同じにした試験管を用意して，液の色が変化しないことを示せばよい。このような実験を対照実験という。

[3] (3)Bの葉は，裏側にワセリンを塗ったことで裏側の気孔がふさがれ，葉の表側と葉の柄(茎のような部分)から蒸散が起こる。Cの葉は表側にワセリンを塗ったことで表側の気孔がふさがれ，葉の裏側と葉の柄から蒸散が起こる。この2つを比べると，葉の裏側からの蒸散が多いことがわかる。

(4)Aは葉の両側にワセリンを塗っているので，蒸散は葉の柄だけから起こる。したがって，葉の表側からの蒸散による水の減少は，
$B - A = 14\ mm - 3\ mm = 11\ mm$
葉の裏側からの蒸散による水の減少は，
$C - A = 46\ mm - 3\ mm = 43\ mm$
である。Dは，葉の表側＋葉の裏側＋葉の柄から蒸散した場合なので，
$11\ mm + 43\ mm + 3\ mm = 57\ mm$
になると考えられる。

[4] (2)(3)根が吸収した水と水に溶けた物質は，道管を通って葉へ運ばれるので，道管が赤色に着色した水によって染まる。

(5)維管束が輪のように並ぶのは双子葉類で，単子葉類は散らばっている。

出題傾向

細胞のつくりについて問う問題や実験・観察について問う問題がよく出る。植物の細胞と動物の細胞の共通点やちがいをまとめ，光合成，呼吸，蒸散の実験の結果を正しく理解しておこう。

p.126〜127　予想問題 4

[1] (1)消化管
(2)①アミラーゼ　②㋐　③グリコーゲン
④水
(3)①消化液Bペプシン　消化液Cトリプシン
②すい臓　③㋐
(4)①リパーゼ　②モノグリセリド

[2] (1)肺胞　(2)血管B　(3)ヘモグロビン
(4)①血しょう　②組織液

[3] (1)D感覚神経　E運動神経
(2)①耳　②皮ふ　(3)B→D→G→E→C
(4)㋐，㋒

考え方

[1] (2)①口の近くにあるだ液せんから出るだ液には，デンプンをブドウ糖が2〜10個つながった物質に分解するアミラーゼという消化酵素が含まれている。
②③吸収されたブドウ糖は，肝臓に運ばれる。肝臓では，ブドウ糖の一部がグリコーゲンという物質につくり変えられ，貯蔵される。
④１つ１つの細胞では，ブドウ糖などを分解して細胞の呼吸が行われ，生きていくために必要なエネルギーをつくる。その結果，二酸化炭素と水が生じる。
(3)①タンパク質は，胃液に含まれるペプシン，すい液に含まれるトリプシンなどに分解されてアミノ酸となる。
③タンパク質は窒素を含む化合物で，細胞の活動で分解されると体に有害なアンモニアが生じる。このアンモニアは血しょうに溶けて肝臓へ運ばれ，体に無害な尿素につくり変えられる。

[2] (1)肺の中の気管支の先端は，無数の小さな袋状の肺胞になっている。
(2)血管Aは全身をまわってきた血液であり，二酸化炭素を多く含んでいるので，暗い赤色をした血液が流れている。一方，血管Bは肺から心臓へ戻る血液であり，酸素を多く含む鮮やかな赤色の血液が流れている。
(4)①二酸化炭素は，血しょうに溶けこんで運ばれる。
②血しょうは，壁が非常にうすい毛細血管から組織の細胞の間へしみ出し，組織液となる。

[3] (1)Dは感覚器官と脊髄をつないでいるので感覚神経である。Eは筋肉(運動器官)と脊髄をつないでいるので運動神経である。
(2)①ではやかんのふたが鳴る音を耳で聞いて反応している。②では水蒸気の熱さを手の皮ふで感じて反応している。
(3)②の反応は，刺激に対して意識とは関係なく起こっているので反射である。このとき，手の皮ふの感覚細胞からの信号が感覚神経を伝わって脊髄に伝わり，脊髄から手の筋肉につながっている運動神経に直接信号が伝わり，手が動いている。
(4)反射は，意識して反応する場合と比べて信号の通る経路が短いため，危険から体を守るために役立っていると考えられる。また，体温の調節や消化・吸収のはたらきなど，無意識に行われる体の調節にも役立っている。

出題傾向

養分がどのように消化，吸収されるか，刺激に対する反応では信号がどのような経路を伝わるかなどが問われる。消化器官と消化液，消化酵素，分解する養分などは表で整理して覚え，感覚器官と神経系，運動器官のつながりは模式図などを使って理解しておこう。

❶ (1)

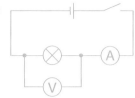

(2)（豆電球から流れこむ電流と豆電球から流れ出る電流の大きさは）等しくなっている。

(3)① 3.60A　② 3600mA　③ 1.50V

❷ (1)図1…25Ω　図2…6Ω

(2)P 0.18A　Q 0.75A

(3)a 3.6V　b 0.9V　c 4.5V　d 4.5V

❸ (1)1.2A　(2)7.2W　(3)2160J

(4)水が得た熱量の方が，電熱線から発生した熱量より少ない。

(5)ウ

考え方

❶(1)図のそれぞれの器具の電気用図記号は次の通りである。

電源	電球	スイッチ	電流計	電圧計
⊣⊢ (−極)(+極)	⊗	─╱─	Ⓐ	Ⓥ

(2)回路に流れる電流は，水の流れにたとえて考えることができ，水(電流)の流れが分かれたり合わさったりしなければ，水量(電流の大きさ)は変わらない。

(3)① 5Aの−端子を用いているので，最小目盛りは 0.1A である。目盛りを読むときには，最小目盛りの $\frac{1}{10}$ まで読む。

② 1A = 1000mA なので，3.60A = 3600mA

③ 15Vの−端子を用いているので，最小目盛りは 0.5V である。目盛りを読むときには，最小目盛りの $\frac{1}{10}$ まで読む。

❷(1)抵抗の大きさが R_a と R_b の2個の抵抗を直列につなぐと，全体の抵抗 R は，$R = R_a + R_b$ と表せるので，図1の回路全体の抵抗は，20Ω + 5Ω = 25Ω

抵抗の大きさが R_c と R_d の2個の抵抗を並列につなぐと，全体の抵抗 R は，

$$\frac{1}{R} = \frac{1}{R_c} + \frac{1}{R_d}$$

と表せるので，図2の回路全体の抵抗は，

$\frac{1}{10} + \frac{1}{15} = \frac{1}{6}$ で，6Ω となる。

(2)図1の回路全体では，電圧は 4.5V，抵抗は 25Ω であるから，電流の大きさは，4.5V ÷ 25Ω = 0.18A

図2の回路全体では，電圧は 4.5V，抵抗は 6Ω であるから，電流の大きさは，4.5V ÷ 6Ω = 0.75A

(3)抵抗 a では，20Ω × 0.18A = 3.6V

抵抗 b では，5Ω × 0.18A = 0.9V

また，並列回路の抵抗 c，d に加わる電圧は，電源の電圧と等しいので，どちらも 4.5V である。

❸(1)オームの法則から，

6.0V ÷ 5Ω = 1.2A

(2)6.0V × 1.2A = 7.2W

(3)7.2W × (5 × 60)s = 2160J

(4)一般に，電熱線で熱を発生させると，一部が容器の外に逃げてしまう。そのため，水が得た熱量は，電熱線から発生する熱量と比べて少なくなる。

(5)金属は熱を伝えやすいので，発泡ポリスチレンのコップよりも金属のコップの方が外部に逃げる熱量は多くなる。そのため，金属のコップの場合は水の温度が上昇しにくくなる。

出題傾向

> オームの法則を使った計算問題や，電流による発熱の問題などがよく出題される。オームの法則の公式は1つを確実に覚えて，変形して他の2つを導けるようにしておこう。また，直列回路と並列回路での電流・電圧・抵抗の基本的な関係や，電力の公式，発熱量(電力量)の公式も確実に覚えておこう。

p.130〜131 予想問題 6

❶ (1)[イ] (2)[エ] (3)[カ] (4)[シ]

❷ (1)誘導電流 (2)電磁誘導 (3)[イ]，[ウ]
(4)[ア]，[エ]，[キ]

❸ (1)b…＋ c…－ d…－ (2)静電気

❹ (1)－極 (2)電子線(陰極線)
(3)電子が－の電気をもっているから。
(4)明るい線は上に曲がる。

考え方

❶ (1)電流(でんりゅう)を流した導線のまわりにできる磁界(じかい)の向きと電流の向きの関係は，ねじにたとえると，ねじの回る向きとねじの進む向きの関係と同じである。
(2)電流の向きが逆になると，磁界の向きも逆になる。
(3)電流を流した導線のまわりにできる磁界の向きは(1)のようになるので，Qの部分ではその磁界が合わさり，輪の中心を通るような磁界ができる。

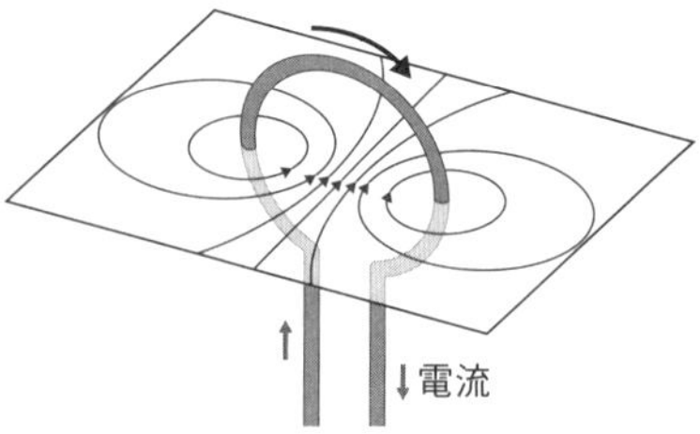

(4)電流を流したコイルのまわりにできる磁界の向きと電流の向きの関係は，親指を立てて，握(にぎ)った右手にたとえると，親指が指す向きと他の４本の指の向きの関係と同じである。

❷ (1)(2)コイルをつらぬく磁界が変化すると，コイルに電圧(でんあつ)が生じて電流が流れる。この電流を誘導電流(ゆうどうでんりゅう)といい，この現象を電磁誘導(でんじゆうどう)という。
(3)検流計の針の振れが＋(プラス)側から－(マイナス)側に変わっているので，誘導電流の向きが逆になるものを選ぶ。誘導電流の向きが逆になるのは，「磁石を動かす向きを逆にしたとき([イ])」と「磁界の向きを逆にしたとき([ウ])」である。また，[ア]のように動かしたときには，棒磁石のN極をコイルに近づけたときと同じ向きの誘導電流が生じる。
(4)検流計の針の振れが大きくなるのは，誘導電流の大きさが大きくなるときである。誘導電流の大きさが大きくなるのは，「コイルの巻数を多くしたとき」，「磁界の変化が大きいとき(棒磁石の動きを速くしたとき)」，「磁界を強くしたとき(棒磁石を磁力が強いものに変えたとき)」である。

❸ (1)同じ種類の電気の間では退け合う力がはたらき，異なる種類の電気の間では引き合う力がはたらく。bはa(＋)と退け合っているので＋，cはaと引き合っているので－，dはcと退け合っているので－だとわかる。
(2)摩擦(まさつ)によって物体にたまった電気を静電気(せいでんき)という。

❹ (1)電子(でんし)は－の電気をもった粒子(りゅうし)で，－極から＋極へ向かって飛び出す。
(3)異なる種類の電気は引き合い，同じ種類の電気は退け合う。電子線(でんしせん)(陰極線(いんきょくせん))が＋極の側に曲がったのは，－の電気をもつ電子が＋極と引き合い，＋極の側に引きよせられたからである。
(4)磁界の向きが逆になっているので，電子線(陰極線)が磁界から受ける力の向きは逆になる。そのため，電子線(陰極線)は図２とは逆の向きに曲がる。

出題傾向

磁界の中で流れる電流にはたらく力の向きや大きさ，電磁誘導で流れる誘導電流の向きや大きさについての問題がよく出る。何が変化すると向きが変わるのか，何が変化すると大きさが変わるのか，ポイントを押さえて整理して理解しておこう。

p.132〜133 予想問題 7

❶ (1)①[ア] ②[エ] ③[オ]
(2)北東
(3)晴れ
(4)右図
(5)1.5 m

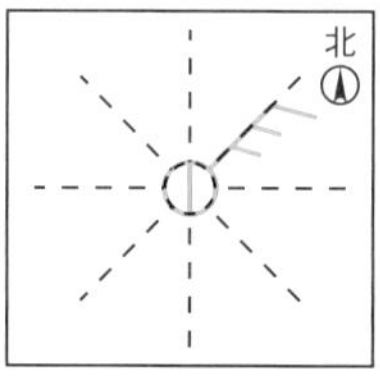

❷ (1)10 N (2)1.5 (3)2000 Pa (4)反比例
(5)0.75 cm (6)[ウ] (7)[ウ]

❸ (1)X (2)[エ] (3)[エ] (4)D (5)[イ]

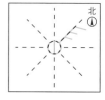

❶(2)ふき流しは，風がふいてくる方角とは反対側（ふいていく方角）へたなびく。図1は，ふき流しが南西へたなびいているので，反対側の北東からふいてくる北東の風である。

(3)雲量は，空全体を10として雲が占める割合であり，雲量0～1は「快晴」，雲量2～8は「晴れ」，雲量9～10は「くもり」である。図2での雲量はほぼ5なので，晴れである。

(4)風力3なので，矢羽根は3本かく。また，(2)より風向は北東，(3)より天気は晴れである。

❷(1)100 gの物体にはたらく重力の大きさが1 Nなので，1000 gの物体にはたらく重力の大きさは10 Nである。

(2)表で，板の面積（cm²）×スポンジのへこみ（cm）の値は，

10×3.0＝30
30×1.0＝30
50×0.6＝30

と，一定になっている。したがって，板の面積が20cm²のときのスポンジの凹みをx〔cm〕とすると，

20×x＝30　x＝1.5cm

(3)50 cm²＝0.005 m²なので，

$$\frac{10 \text{ N}}{0.005 \text{ m}^2} = 2000 \text{ Pa}$$

(4)板の面積が2倍，3倍になると，スポンジのへこみは$\frac{1}{2}$，$\frac{1}{3}$になっている。つまり，反比例の関係となっている。

(5)40 cm²の板を使ったときのスポンジのへこみをy〔cm〕とすると，(2)と同様に考えて，

40×y＝30　y＝0.75cm

(6)(7)びんを上下反対向きにしても質量の1000 gは変わらないので，びんにはたらく重力の大きさも10 Nで変わらない。びんは板に力を加え，板がスポンジに力を加えているので，板がスポンジに加える圧力も変わらない。したがって，スポンジのへこみ方は同じになる。

❸(1)(2)高気圧は，まわりよりも中心の気圧が高いところであり，図では1020 hPaのXになる。

(3)北半球では，高気圧からは時計回りに風がふき出し，低気圧には反時計回りにふきこんでいる。また，中心付近の風は，高気圧では下降気流，低気圧では上昇気流である。

(4)等圧線の間隔が狭いところほど強い風がふいている。

(5)Xは高気圧の中心なので，地表付近の風は時計回りに風がふき出している。

出題傾向

気圧配置の問題が出題されやすい。高気圧と低気圧付近の風のふき方は模式図とセットで覚えておくとよい。圧力を求める計算問題もよく出題されるので，公式をしっかり押さえておこう。

---

p.134～135　予想問題 8

❶(1)ウ　(2)空気中の水蒸気　(3)21℃
(4)79%　(5)2.0 g

❷(1)a寒冷前線　b温暖前線
(2)a積乱雲　b乱層雲（高層雲）
(3)aイ　bウ　(4)A　(5)ウ

❸(1)偏西風　(2)エ　(3)停滞前線（梅雨前線）
(4)①オホーツク海気団　②小笠原気団
(5)ア　(6)ウ

❶(1)コップの表面に水滴がつき始めるときの空気の温度を正確にはかるためには，コップのまわりの空気の温度と水温ができるだけ近い値でなければならない。よって，熱が伝わりやすい金属製のコップを使う。

(2)コップのまわりの空気が冷やされて，空気に含まれる水蒸気が凝結して水滴になったものである。

(3)露点とは，空気が冷えて，空気中の水蒸気が水滴になり始めるときの温度である。

(4)露点の飽和水蒸気量は，空気1 m³に含まれる水蒸気量と等しい。室内の空気の露点が21℃なので，室内の空気1 m³に含まれる水蒸気量は18.3 gである。室温25℃での飽和水蒸気量は23.1 g/m³なので室内の湿度は，

$$\frac{18.3 \text{ g}}{23.1 \text{ g}} \times 100 = 79.2\cdots 〔\%〕$$

(5)露点が21℃なので，室内の空気 1 m³ に
含まれる水蒸気量は18.3 g である。気温
が19℃のときの飽和水蒸気量は
16.3 g／m³なので，
18.3 g － 16.3 g ＝ 2.0 g

❷(1)日本列島付近では，ふつう，低気圧の東
側（進む方向の前方）に温暖前線，西側
（後方）に寒冷前線ができる。

(2)(3)寒冷前線付近では，寒気が暖気を激し
く押し上げるため，上昇気流ができ，積
乱雲が発達して狭い範囲に強いにわか雨
が降る。温暖前線付近では，暖気が寒気
の上に緩やかな角度ではい上がるため，
広い範囲にわたって，層状の乱層雲や高
層雲などができ，穏やかな雨が降る。

(4)寒冷前線と温暖前線を境に，南側が暖気
で，北側が寒気となっている。よって，
Aが冷たい空気，Bがあたたかい空気に
なる。

❸(2)㋐陸風の説明である。陸風が起こるのは，
陸と海のあたたまり方のちがいに関係
している。

㋑冬に西高東低の気圧配置になるのは，
シベリア気団が発達するためである。

㋒季節風がふくのは，気団がつくる高気
圧や陸と海のあたたまり方のちがいに
関係している。

(3)(4)南側の小笠原気団と北側のオホーツク
海気団の勢力がほぼ同じであるため，前
線はあまり動かず，東西に長い停滞前線
ができる。これが梅雨前線である。

(5)7 月下旬になると，オホーツク海気団の
勢力が衰えて北に退いていく。また，小
笠原気団は勢力が強くなり，南から大き
くはり出す。梅雨前線はオホーツク海気
団と同じように北に追いやられ，つゆが
明ける。

(6)梅雨前線は，オホーツク海気団と小笠原
気団がぶつかってできる。この 2 つの気
団はどちらも海上の気団で水蒸気を大量
に含んでいるので，たえ間なく雲ができ
雨が降り続く。北海道にはつゆの影響が
あまりない。

日本の季節ごとの天気図の気圧配置と前線のよう
すは頻出。寒冷前線と温暖前線，日本列島付近で
発達する 4 つの気団など，対比されるもののそれ
ぞれの特徴をきちんと覚えておこう。

大日本図書版・中学理科2年